AF466456

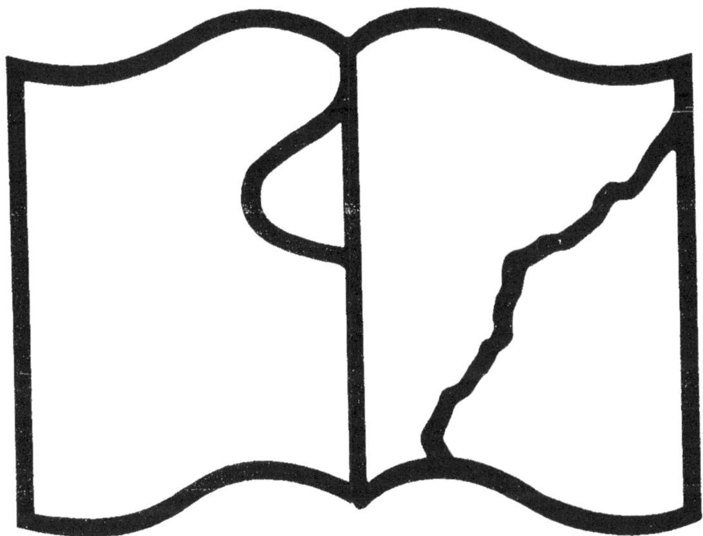

N° D'ORDRE. 464.

THÈSES

PRÉSENTÉES

A LA FACULTÉ DES SCIENCES DE PARIS

POUR OBTENIR

LE GRADE DE DOCTEUR ÈS-SCIENCES NATURELLES

PAR R. MONIEZ.

DOCTEUR EN MÉDECINE

MAÎTRE DE CONFÉRENCES A LA FACULTÉ DE MÉDECINE DE LILLE.

1re THÈSE. — MÉMOIRES SUR LES CESTODES.

2e THÈSE. — PROPOSITIONS DONNÉES PAR LA FACULTÉ.

Soutenues le Juillet 1884 devant la Commission d'examen.

MM. MILNE EDWARDS. *Président,*
DUCHARTRE,
HÉBERT, } *Examinateurs.*

PARIS.

OCTAVE DOIN, ÉDITEUR,

8, Place de l'Odéon, 8,

1884.

MÉMOIRES SUR LES CESTODES.

PREMIÈRE PARTIE.

N° D'ORDRE.
464.

THESES

PRÉSENTÉES

A LA FACULTÉ DES SCIENCES DE PARIS

POUR OBTENIR

LE GRADE DE DOCTEUR ÈS-SCIENCES NATURELLES

PAR R. MONIEZ,
DOCTEUR EN MÉDECINE
MAÎTRE DE CONFÉRENCES A LA FACULTÉ DE MÉDECINE DE LILLE.

1re THÈSE. — MÉMOIRES SUR LES CESTODES.
2e THÈSE. — PROPOSITIONS DONNÉES PAR LA FACULTÉ.

Soutenues le juillet 1881 devant la Commission d'examen.

MM. MILNE EDWARDS, *Président*,
DUCHARTRE, HÉBERT, *Examinateurs*.

PARIS.
OCTAVE DOIN, ÉDITEUR,
8, Place de l'Odéon, 8,
1881.

ACADÉMIE DE PARIS.

FACULTÉ DES SCIENCES DE PARIS.

Doyen	MILNE EDWARDS, Professeur.	Zoologie, Anatomie, Physiol. comparée.
Professeurs honoraires	DUMAS.	
	PASTEUR.	
Professeurs	P. DESAINS	Physique.
	LIOUVILLE	Mécanique rationnelle.
	PUISEUX	Astronomie.
	HÉBERT	Géologie.
	DUCHARTRE	Botanique.
	JAMIN	Physique.
	SERRET	Calcul différentiel et intégral.
	N.	Chimie.
	DE LACAZE-DUTHIERS	Zoologie, Anatomie, Physiol. comparée.
	BERT	Physiologie.
	HERMITE	Agèbre supérieure.
	BRIOT	Calcul des probabilités, Physique mathématique.
	BOUQUET	Mécanique et physique expérim.
	TROOST	Chimie.
	WURTZ	Chimie organique.
	FRIEDEL	Minéralogie.
	OSSIAN BONNET	Astronomie.
	DARBOUX	Géométrie supérieure.
Agrégés	BERTRAND	Sciences mathématiques.
	J. VIEILLE	Id.
	PELIGOT	Sciences physiques.
Secrétaire	PHILIPPON	

A Mr A. GIARD,

PROFESSEUR A LA FACULTÉ DES SCIENCES ET A LA FACULTÉ DE MÉDECINE DE LILLE.

Hommage respectueux et reconnaissant de son élève.

ACADÉMIE DE PARIS.

FACULTÉ DES SCIENCES DE PARIS.

Doyen	MILNE EDWARDS, Professeur.	Zoologie, Anatomie, Physiol. comparée.
Professeurs honoraires	DUMAS.	
	PASTEUR.	
Professeurs	P. DESAINS	Physique.
	LIOUVILLE	Mécanique rationnelle.
	PUISEUX	Astronomie.
	HÉBERT	Géologie.
	DUCHARTRE	Botanique.
	JAMIN	Physique.
	SERRET	Calcul différentiel et intégral.
	N.	Chimie.
	DE LACAZE-DUTHIERS	Zoologie, Anatomie, Physiol. comparée.
	BERT	Physiologie.
	HERMITE	Agèbre supérieure.
	BRIOT	Calcul des probabilités, Physique mathématique.
	BOUQUET	Mécanique et physique expérim.
	TROOST	Chimie.
	WURTZ	Chimie organique.
	FRIEDEL	Minéralogie.
	OSSIAN BONNET	Astronomie.
	DARBOUX	Géométrie supérieure.
Agrégés	BERTRAND	Sciences mathématiques.
	J. VIEILLE	Id.
	PELIGOT	Sciences physiques.
Secrétaire	PHILIPPON.	

A Mr A. GIARD,

PROFESSEUR A LA FACULTÉ DES SCIENCES ET A LA FACULTÉ DE MÉDECINE DE LILLE.

Hommage respectueux et reconnaissant de son élève.

TABLE DES MATIERES.

PRÉFACE.

Malgré les nombreux travaux publiés jusqu'ici sur les Cestodes, ce groupe d'animaux reste très mal connu, et il n'en est point au sujet desquels les naturalistes soient aussi peu d'accord. Nous avons cherché à combler quelques lacunes de leur histoire et nous publions aujourd'hui la première partie de nos résultats. L'insuffisance de nos connaissances et le manque de documents (tels que nous les comprenons), ne nous permettant pas de traiter l'histoire générale de ces parasites, nous nous sommes décidé à exposer nos observations dans une série de mémoires particuliers. Nous attendrons pour tirer des conclusions que nous ayons fait l'étude des principaux types de la famille.

Il est facile de comprendre pourquoi, malgré de nombreux travaux, la science est restée pauvre en données exactes sur l'anatomie et l'histologie des Cestodes : les anciens naturalistes n'avaient pas à leur disposition les procédés que la science moderne nous a donnés, et beaucoup d'auteurs récents, n'ont pas voulu profiter de ces avantages. On sait, d'une part, que l'on ne peut étudier convenablement les Cestodes par transparence, et d'autre part qu'il est tout à fait impossible d'isoler leurs organes par la dissection. Comme nous le verrons plus loin, la méthode des injections est souvent chanceuse, et a conduit à des erreurs graves; elle n'est d'ailleurs applicable qu'à un de leurs appareils. On conçoit après cela, comment, malgré de longues recherches, on est arrivé à ne savoir presque rien de certain sur chacun des types de cette famille. C'est ainsi par exemple, que les opinions les plus diverses ont été émises à propos de l'ouverture vaginale du Bothriocéphale large : ESCHRICHT, considère comme vagin celle des deux ouvertures de l'utérus qui sert à la ponte; KÜCHENMEISTER l'appelle une vulve, sans en donner la raison ; van BENEDEN la regarde comme l'ouverture mâle ; LEUCKART ne la mentionne pas et BŒTTCHER nie formellement son existence. Affirmations et négations presqu'aussi absolues, s'opposent, pour ainsi dire, à propos de chaque organe, ou de chaque appareil ! C'est aux difficultés inhérentes au sujet, qu'il faut attribuer ces divergences ou ces confusions, et c'est à l'application des procédés scientifiques actuels, que nous devons d'avoir pu faire un peu progresser l'étude des Cestodes.

Nous pourrions répéter ici ce que nous écrivions à propos des Cysticerques sur l'encombrement de la littérature helminthologique. Fidèle à notre principe, nous nous garderons d'étendre notre texte en retraçant un historique qui a été fait ailleurs, et nous discuterons seulement les travaux récents faits à notre point de vue.

Ajoutons que beaucoup des observations formant le sujet des mémoires qui suivent, ont été publiées dans une série de notes préliminaires que nous reprenons pour les étendre, les modifier ou les rectifier (1).

---

(1) R. MONIEZ. Note sur l'embryogénie des Cestodes. *Comptes-rendus de l'Académie des Sciences*, 19 novembre 1877.

— Note sur les spermatozoïdes des Tœniens, *Comptes-rendus de l'Académie des Sciences*, 15 juillet 1878.

— Contribution à l'anatomie et à l'embryogénie des Tænias, *Bulletin scientifique du Nord*, 1878, p. 220.

— Note sur les Bothriocéphaliens et sur un type nouveau du groupes des Cestodes, les Leuckartia, *Bulletin scientifique du Nord*, 1879, p. 67.

— Sur quelques points de l'organisation du *Solenophorus megacephalus*, *Bulletin scientifique du Nord*, 1879, p. 113.

— Note sur le *Tænia Giardii* et sur quelques espèces du Groupe des Inermes, *Comptes-rendus de l'Académie des Sciences*, 26 mai 1879.

— Sur quelques particularités de la formation des œufs chez la Ligule, *Bulletin scientifique du Nord*, 1878, p. 329.

— Note sur l'histologie des Tétrarhynques, *Bulletin scientifique du Nord*, 1879, p. 393.

— Embryogénie de la Ligule, *Bulletin scientifique du Nord*, 1880, p. 112.

— Etudes sur les Cestodes : I. Description du *Tænia wimerosa*, *Bulletin scientifique du Nord*, 1880, p. 240.

— — II. Nouvelles observations sur l'embryogénie des Cestodes.

— — III. Les organes segmentaires des Cestodes.

— — IV. Varia, *Bulletin scientifique du Nord*, 1880, p. 356.

— — V. Corpuscules calcaires, vitellogènes et oviducte, spermatozoïdes et spermiducte, cordons nerveux, *Bulletin scientifique du Nord*, 1880, p. 407.

— Note sur les vaisseaux de l'*Abothrium Gadi*, *Bulletin scientifique du Nord*, 1880, p. 448.

I.

SUR L'EMBRYOGÉNIE DES CESTODES.

ESPÈCES DU TYPE *TÆNIA SERRATA*,

L'ovule du *Tænia marginata* se présente sous la forme d'une cellule riche en granulations vitellines. Après la fécondation, cet élément se divise en deux parties, d'égal volume, mais dont les caractères optiques ne tardent pas à devenir dissemblables. Dans l'un des segments (Pl. I, fig. 1, *vt.*) les granules sont très réfringents et nettement circonscrits; dans l'autre (Fig. 1, *vt'*.) ils ont un aspect moins brillant et sont moins bien délimités. Ces deux éléments, qui ne feront point partie du corps de l'embryon, vont donner naissance aux cellules blastodermiques. On voit s'élever à leur surface un tubercule, indice de la première cellule embryonnaire (Pl. I, fig. 2, *bl.*). Celle-ci se dégage, en même temps qu'apparaît la membrane vitelline; elle ne tarde pas à se diviser et bientôt un grand nombre d'éléments prennent naissance.

Les cellules embryonnaires ont des caractères assez uniformes; elles sont indépendantes les unes des autres, leur protoplasme est finement grenu, leur noyau très net; leur nucléole est très-petit et a l'aspect huileux. Ces éléments sont amassés à côté des deux gros sphérules marqués *vt* et *vt'*, que nous appellerons, pour la briéveté du langage, les *masses vitellines* (Pl. I, fig. 5, 6, 8). En se multipliant par division, les cellules blastodermiques arrivent à former une sorte de *morula* dépourvue de membrane propre (Fig. 10).

Les deux masses vitellines renfermées avec les éléments embryonnaires sous une enveloppe commune, la *membrane vitelline*, ont peu modifié leurs caractères. Elles ont, toutefois, sensiblement diminué de volume au cours de cette multiplication d'éléments, et, désormais, elles ne prendront plus part à la vie de l'embryon. Souvent la masse *vt'*, qui semble plus que l'autre sous l'influence de la dégénérescence, est déjà plus ou moins complètement désagrégée à ce stade (Pl. I, fig. 6, 7, 9), bien que, dans le processus normal, elle doive persister avec ses caractères (Pl. I, fig. 8, 10).

C'est exclusivement dans la masse blastodermique que se passent tous les phénomènes qui conduisent à la formation de l'embryon. Les cellules embryonnaires, au fur et à mesure qu'elles se multiplient, deviennent de plus en plus petites et semblent acquérir plus de cohérence entre elles ; la masse qu'elles forment par leur réunion s'arrondit, puis leur couche périphérique se sépare des éléments sous-jacents, en formant ainsi une sorte de membrane cellulaire autour des autres cellules blastodermiques (1). Voyez pl. I, fig 11, *cd*).

La couche cellulaire délaminée ne tarde pas à subir d'importantes modifications ; les éléments qui la forment se chargent de granulations graisseuses, augmentent de volume, perdent leur contour et se transforment en très petits corps qui n'ont pas la valeur de cellules et que nous considérons comme des granulations (Pl. I, fig. 12, *cd*).

Ceux de ces granules qui se trouvent à la périphérie de la membrane délaminée, prennent vite des caractères particuliers ; ils se soudent entre eux et acquièrent une grande réfringence (Pl. 1, vg. 13, *cd'*). Ils augmentent ensuite de volume, perdent leur forme sphérique, et se transforment en corps très allongés (Pl. I, fig. 14, *bt*). C'est l'origine de la membrane de bâtonnets qui entoure l'embryon des Tænias du type *Tænia serrata* et dont on attribuait jusqu'ici la formation à des glandes spéciales.

La partie interne de la membrane délaminée, celle qui n'est pas employée à la formation des bâtonnets (Pl. I, fig. 13, *cd* et fig. 14, *ed'*), forme une couche granuleuse qui ne se résorbe pas. Du côté de l'embryon, cette couche granuleuse prend peu à peu l'aspect d'une lame chitineuse mince.— Je crois peu probable, du moins, que cette lame chitineuse soit secrétée par l'embryon lui-même.

L'amas de cellules blastodermiques circonscrit par la couche délaminée dont nous venons d'étudier les transformations, formera à lui seul l'embryon

(1) Dans les figures 11, 12 et 13 de la pl. 1, on n'a pas représenté la membrane vitelline ni les deux masses de même nom, qui existent à côté de l'embryon dans chaque œuf.

hexacanthe tout entier. Les six crochets caractéristiques apparaissent à peu près en même temps que la couche des bâtonnets, mais nous n'avons pu jusqu'ici étudier leur formation. L'embryon se présente comme une petite masse de cellules, identiques en apparence, au sein de laquelle on ne peut distinguer aucune trace d'organisation. Il est probable que cet embryon n'est pas une masse cellulaire solide, qu'il est organisé, mais la petitesse de sa taille, l'épaisseur de sa coque, etc., constituent de très grandes difficultés pour l'étude. — Nous verrons plus loin que les embryons de certaines espèces appartenant à d'autres groupes nous ont été plus favorables à ce sujet.

Les œufs dans lesquels l'une des deux masses vitellines s'est désagrégée, nous permettent d'observer une particularité intéressante de ces corps. On voit (Pl. I, fig. 7 et 15, en *a*), un sphérule très réfringent, pourvu d'un petit noyau, qui ne présente pas trace de granulations et est insensible aux réactifs colorants. Pour nous, ce sphérule est une véritable cellule, homologue d'un corpuscule polaire. Quand l'une des masses est désagrégée, on voit constamment cet élément réfringent; mais si, par des manœuvres, on détruit la cohésion des granules de la seconde masse, il apparaît un second sphérule, en tout semblable au premier (1). Chacune des deux masses vitellines cache donc, au sein de ses granulations, un élément cellulaire profondément modifié.

En résumé, l'embryon complet des espèces de la section du *Tænia serrata*, se présente, directement protégé par son épaisse coque de bâtonnets et revêtu d'une membrane vitelline. Celle-ci, outre l'embryon, renferme encore les deux masses vitellines dont nous connaissons l'origine et la structure (Pl. I, fig. 14). Dans des cas très rares, nous avons rencontré trois masses vitellines.

Nous avons observé, en tout ou en partie, les phénomènes que nous venons de décrire, chez plusieurs autres espèces de la même section, chez les *Tænia marginata*, *serrata*, *solium*, *saginata*, *Felis-pardi*, *Krabbei*. Nous sommes donc autorisé à conclure, que les processus que nous venons de tracer sont les mêmes pour toutes les espèces du groupe.

Avant d'aller plus loin dans l'étude de l'embryogénie des Cestodes, je crois utile de revenir sur les premiers phénomènes que présente le dévelop-

(1) Nous avons dit que l'une des deux masses vitellines se désagrège avec beaucoup moins de facilité que l'autre.

pement de l'espèce que nous venons d'étudier. Chez le type du *Tænia serrata*, en effet, le mode de segmentation paraît s'éloigner, à la période initiale, de ce que l'on observe généralement pour l'œuf des autres animaux; quelques-unes des formes que nous allons étudier, présenteront des phénomènes analogues. Nous croyons utile de donner de ces faits, dès maintenant, une interprétation dont nous démontrerons plus loin l'exactitude : les processus d'évolution deviendront ainsi plus intelligibles et la comparaison des différents types de développement de ces animaux se fera plus facilement. Nous verrons, en réalité, que les processus embryogéniques présentés par l'œuf de certains Cestodes, sont beaucoup moins aberrants qu'ils ne le paraissent à première vue.

A la suite de la fécondation, l'ovule, qui jusqu'alors assez finement granuleux, donne naissance, par division, à deux éléments formés de gros granules vésiculeux qui constituent, en réalité, les deux premières cellules embryonnaires. Les gros granules qui cachent le noyau de ces éléments ne sont pas des produits brusquement surajoutés, ils ne proviennent pas d'une rapide multiplication du vitellus de l'ovule, et la nutrition cellulaire ne peut expliquer leur subit accroissement; ils vont d'ailleurs rester stationnaires ou se désagréger.

Il n'est pas douteux, pour nous, que les granules vitellins des deux premières cellules ne soient dus à une modification des particules nutritives adjointes à l'ovule. L'acte de la fécondation, le retrait du vitellus, la formation du globule polaire, la division du jeune œuf en deux éléments, usent tout ce qui est nutritif dans les matières de réserve, et les granules prennent alors, en augmentant de volume, cette réfringence spéciale, cet aspect vésiculeux que nous observerons souvent chez divers éléments des Cestodes frappés de dégénérescence. Les granules vitellins ainsi modifiés, ne se comportent plus de la même façon avec les réactifs, et les colorants n'ont plus d'action sur eux. En réalité, dès ce moment, les particules vitellines épuisées vont rester en dehors de l'œuf et, comme elles sont devenues inutiles et forment une grosse masse, la division cellulaire ne les entraînera pas et se fera en dehors d'elles.

Il semble donc que le noyau de la cellule joue seul un rôle actif, puisque seul il se divise; en réalité, les granules vitellins qui l'entourent ne représentent nullement le protoplasme des cellules ordinaires; ils sont en dehors de la cellule, et, ce que l'on prendrait à première vue pour le noyau, forme en réalité la cellule entière. Il est donc tout simple que cette partie seule se divise ; pareil phénomène n'est pas rare à observer, même chez des animaux très-différents de ceux-ci.

Que se passe-t-il maintenant au sein des deux masses vitellines qui, nous le savons, contiennent chacune un élément dû à la division de l'ovule fécondé ? Dans l'une d'elles, la cellule incluse se partage en deux cellules-filles qui n'ont pas le même sort : l'une s'échappe au dehors pour former la première cellule du blastoderme, la seconde reste incluse dans la masse vitelline dont elle sera, en quelque sorte, le noyau. L'élément inclus dans l'autre masse vitelline, ne sera pas employé à la formation de l'embryon, et partagera le sort de la masse qui l'entoure : en réalité il est rejeté. Pour des raisons que nous développons plus loin, nous considérons les cellules qui restent enfermées dans les deux masses vitellines comme homologues du corpuscule polaire.

Le corpuscule polaire qui accompagne chacune des deux masses vitellines a-t-il terminé sa vie active ? Je suis très-porté à le croire, car je n'ai rien vu qui puisse me permettre de supposer le contraire. Je ne puis dire, toutefois, si l'amas de cellules, origine de l'embryon, est dû uniquement à la première cellule sortie de l'une des deux masses vitellines, ou si l'élément qui reste enfermé, continue à se segmenter pendant quelque temps, et fournit d'autres cellules blastodermiques. Il n'est pas douteux qu'il cesse de se reproduire dans celle des masses vitellines qui a plus de tendance à se désagréger, mais il n'est pas certain qu'il en soit de même pour le corpuscule polaire enfermé dans l'autre masse vitelline. J'ajoute que je n'ai pas vu les deux masses vitellines bourgeonner chacune une cellule blastodermique, et mon observation a seulement porté sur celle des deux masses qui semble moins frappée de dégénérescence. En résumé, je crois, mais seulement *a priori*, qu'une seule des deux masses vitellines est l'origine du blastoderme, par la cellule unique qu'elle fournit.

ESPÈCES DU TYPE DU *TÆNIA EXPANSA*.

L'ovule du *Tænia expansa* est un élément cellulaire chargé de granulations vitellines ; son noyau, excentrique, est assez finement grenu, les caractères optiques du nucléole indiquent une condensation de protoplasme et non pas une matière huileuse. (Pl. I, fig. 38).

La fécondation détermine l'apparition d'une membrane vitelline et est le point de départ de la division cellulaire, mais la segmentation n'est pas complète, en ce sens que ce qui paraît le noyau se divise seul. — Ici encore, ce que l'on prendrait facilement pour le noyau, est une véritable cellule qui revêt des carectères particuliers par suite de la présence d'éléments accessoires, les granules vitellins, L'une des deux cellules formées fait de suite saillie au dehors (Pl. I, fig. 40), ou bien elle persiste pendant quelques temps, à l'intérieur de la masse vitelline (Pl. I, fig. 42) ; on peu alors l'observer par transparence. De toutes façons, on ne tarde pas à voir de nombreux éléments cellulaires en dehors de la masse vitelline.

L'un des deux premiers éléments produits par la segmentation de la cellule-œuf, celui qui reste constamment inclus dans la masse vitelline, se fait bien vite remarquer par son volume ; il grandit rapidement, devient très réfringent, et perd toute apparence de granulations. Il prend ainsi, sauf la taille, plus considérable, tous les caractères de l'élément cellulaire modifié, inclus dans les masses vitellines de l'œuf du *Tænia serrata*; cet élément a d'ailleurs aussi la signification d'un corpuscule polaire (Pl. I, fig. 41).

La masse vitelline se divise de bonne heure en deux parties qui présentent bientôt chacune un gros élément cellulaire vitreux, mais cette division peut ne se produire que plus tard ; dans tous les cas, les cellules blastodermiques se multiplient de la même façon que chez le *Tænia serrata*, c'est-à-dire par division et en dehors des masses vitellines. Nous avons représenté un certain nombre de stades fréquents ou instructifs : dans la fig. 41 (Pl. I), par exemple, on voit à côté d'une sphère réfringente de volume considérable, correspondant à un corpuscule polaire, deux éléments cellulaires, granuleux, dont l'un sortira au dehors pour former la première cellule blastodermique, et dont l'autre se transformera bientôt en un second corpuscule polaire. Dans la fig. 42 (Pl. I), on ne voit pas encore de sphère réfringente, et la cellule qui sera le premier élément blastodermique, ne s'est pas encore séparée du second corpuscule polaire. Dans la fig. 43, plusieurs cellules blastodermiques se sont dégagées de la masse vitelline, mais les corpuscules polaires n'ont pas encore acquis leurs caractères. Les fig. 44 et 45 montrent des stades analogues. L'espèce que nous étudions semble donc présenter une certaine variabilité dans les premiers phénomènes embryogéniques, mais, en somme, ils restent fondamentalement semblables à ceux que nous avons indiqués chez les espèces du type de *Tænia serrata*.

Nous avons représenté fig. 46, pl. I, un stade qui, s'il n'est le plus fré-

fréquent, nous semble le stade normal ; l'embryon montre deux masses vitellines, à côté de plusieurs éléments cellulaires et les corpuscules polaires n'ont pas encore acquis tous les caractères qu'ils posséderont un peu plus tard. A ce moment, on ne saurait guère distinguer l'œuf d'une espèce du type du *Tænia expansa*, d'une autre espèce au même stade, appartenant au type du *Tænia serrata* ; plus tard, les différences deviennent très marquées.

Les stades représentés fig. 49 et 50. (pl. I), suivent normalement ceux que nous venons de décrire. On y observe un amas de cellules embryonnaires et deux masses vitellines semblables à celles que nous avons étudiées chez le *Tænia serrata*. Toutefois, la cellule réfringente incluse dans chacun des deux derniers corps, au lieu d'être petite, dissimulée, et de n'apparaître qu'après leur désagrégation, est ici volumineuse et se voit avec la plus grande netteté. Les deux masses vitellines elles-mêmes, ont une forme un peu différente, et manifestent déjà une tendance à glisser sur les côtés pour envelopper le rudiment de l'embryon ; elles semblent présenter une égale résistance à la désagrégation contrairement à ce qui se passe chez le type étudié précédemment.

On reconnaît dans ces processus, tous les phénomènes que nous avons décrits chez le *Tænia marginata*. Il n'y a d'autre différence qu'un retard dans la division de la masse vitelline, — encore ce partage se fait-il quelque-de bonne heure(1).

A un stade ultérieur, tel que nous le donne la fig. 51, (Pl. I), l'œuf, qui a maintenant acquis un volume beaucoup plus considérable, se caractérise par la forme régulière du rudiment de l'embryon et par le développement des deux masses vitellines, dont tous les granules ont augmenté de volume. Celles-ci, tendent à aller se rejoindre au pôle opposé de l'œuf, en décrivant une figure virguliforme. Il est essentiel de remarquer que les masses vitellines ne tendent pas à envelopper complètement l'embryon et qu'elles se disposent seulement sur les côtés. Les deux globules polaires, maintenant très développés, ont une situation constante et ne sauraient, en aucun cas, être

(1) La figure 49, (pl. I), représente une masse vitelline avec deux globules polaires. On sait que le nombre de ces productions n'est pas toujours constant, et nous nous expliquons ainsi qu'il puisse y avoir quelquefois trois masses vitellines à côté d'un embryon, chaque globule polaire servant de centre à une certaine quantité de granules. Signalons certains cas dans lesquels la masse vitelline s'est partagée en une dizaine d'éléments également pourvus de granulations. Ces cas semi-pathologiques ne sont pas sans intérêt, car ils se rattachent aux faits de segmentation totale que nous étudierons plus loin.

confondus avec les granulations vitellines même lorsqu'elles deviennent encore plus vésiculeuses.

C'est un peu plus tard que se passe l'important phénomène de la délamination, (Pl. I, fig. 52). Comme nous l'avons vu pour le *Tænia marginata*, une couche de cellules se détache de la masse embryonnaire et forme une sorte de membrane cellulaire aux éléments sous-jacents.

J'insiste sur ce point important que la délamination n'a pas lieu par division tangentielle des cellules périphériques, mais bien par le rejet d'une couche entière de ces éléments. Les cellules de la couche délaminée gardent pendant quelque temps les traits des cellules-sœurs, mais elles deviennent ensuite granuleuses, perdent leurs limites et arrivent à former une véritable membrane continue qui entoure l'embryon. Cette membrane acquiert peu à peu un plus grand développement, à mesure qu'elle devient plus finement grenue: nous comparons volontiers les phénomènes qui déterminent sa transformation, aux processus de cuticularisation.

La membrane délaminée est formée d'une seule couche de cellules, avons-nous dit; c'est ce que l'on observe presque constamment, mais il arrive, du moins, parfois que en certains points, plusieurs cellules se superposent (Pl. I, fig. 5 etc.) Je pense que ce sont là des faits accidentels, dus au glissement de certaines cellules de la lame rejetée, et que le phénomène n'a aucune signification morphologique. La même observation peut se faire aussi, mais moins souvent peut-être, chez les espèces du type *Tænia serrata*. Cette différence est peut-être due à ce que, chez les espèces du type du *Tænia expansa*, il se détache de l'embryon une seconde lame de cellules dont nous allons parler.

Un peu après la première délamination, et par un phénomène que ne présentent pas les espèces du type *Tænia serrata*, on voit se détacher de l'embryon du *Tænia expansa*, une seconde couche (Pl. I, fig. 54 *cd''*), formée d'une rangée de cellules qui subissent d'abord aussi la dégénérescence granuleuse, mais dont le sort va être très différent de celui de la première couche délaminée. On voit d'abord la sphère creuse que forme primitivement cette deuxième couche délaminée, s'aplatir sur une grande étendue, presque sur sa moitié, (Pl. I, fig. 54 *cd''*). En deux points opposés, situés aux deux extrémités de la partie aplatie, on voit alors les cellules ou les granules qui en proviennent, s'amasser pour former deux proéminences qui vont s'accentuer de plus en plus, en même temps qu'elles s'aminciront à leur extrémité (Pl. I, fig. 55 *cr*, *cd''*). Ces deux cornes décrivent une courbe en marchant l'une vers l'autre (Pl. I, fig. 56), mais la résistance de la masse granuleuse compacte provenant de la première lame cellulaire rejetée, s'oppose à ce qu'elles puissent venir au contact l'une de l'autre, et elles continuent à s'accroître en se redressant, jusqu'à perdre complètement leur courbure primitive. Les figures 56, 57 et 58, Pl. I, montrent la direction que présentent successivement les cornes dont nous venons de décrire le mode de formation. Pendant que se passent ces phénomènes, la masse granuleuse provenant de la première délamination continue à augmenter de volume et devient plus granuleuse.

A mesure que la seconde couche délaminée subit les modifications de forme que nous venons de décrire, un changement remarquable s'effectue dans les éléments ou les débris d'éléments qui la forment. Les granulations se modifient et disparaissent, laissant en leur place une enveloppe absolument homogène, fortement réfringente, qui enveloppe l'embryon et se prolonge de la façon que nous avons dite. A ce moment, cet appareil est complètement développé ; il forme l'organe que nous avions appelé *l'appareil pyriforme* (1).

Bientôt, on commence à apercevoir entre les pointes des deux cornes une masse grenue, creusée de petites vacuoles (Pl. I, fig. 57 *ry*). Cette masse se colore généralement d'une manière uniforme par le picrocarminate d'ammoniaque ; elle tranche ainsi sur le reste de l'œuf, puisque l'enveloppe formée par la première couche délaminée ne se colore pas et que l'appareil chitineux formé aux dépens de la seconde couche cellulaire rejetée, empêche la matière colorante d'arriver à l'embryon. Cette masse formée de vacuoles et de granules, n'est pas toujours exactement arrondie ; quand les deux cornes sont écartées, elle s'étale et modifie ainsi sa forme. On peut se convaincre, sur les embryons complètement développés, que les cornes de l'enveloppe chitineuse ne se perdent pas dans cette formation, mais qu'elles la traversent sans rien perdre de leurs caractères (Pl. I, fig. 58). La figure 60 montre, d'ailleurs, que les deux cornes vont s'amincissant et peuvent même se recourber en se croisant. Ce dernier dessin représente l'appareil pyriforme du *Tænia wimerosa*.

On voit, sur des embryons complètement développés, des sortes de stries qui rayonnent de tous les points de l'amas granuleux fixé entre les extré-

(1) R. Moniez, Note sur l'embryogénie des Cestodes. *Compte-Rendus de l'Académie des Sciences*, 19 novembre 1877.

mités de l'appareil pyriforme. Ces stries, ou plutôt ces filaments, vont se perdre tous dans la masse granuleuse ambiante qui tire son origine de la première couche cellulaire délaminée. (Pl. I, fig. 58, *ry*). On peut se demander la signification et l'origine de cet organe d'aspect bizarre. Pour nous, qui l'avons observé à différents degrés de son évolution, il n'est pas douteux qu'il ne provienne de la première couche délaminée Il ne faut pas perdre de vue que les éléments granuleux de cette couche sont cohérents entre eux, et il faut se rappeler que, après avoir d'abord marché l'une vers l'autre, les deux cornes de l'appareil pyriforme se sont ensuite redressées et allongées : elles ont ainsi entraîné la portion de matière granuleuse qui se trouvait d'abord comprise entre elles. (Fig. 56, pl. I, en *ry*).

Nous n'émettons pas là une simple hypothèse ; ce que nous avançons est démontré par la comparaison des fig. 55 et 56, dans lesquelles la matière granuleuse se trouve entre les cornes et descend jusqu'à leur base, avec les fig. 57 et 58, dans lesquelles les granulations ont complètement abandonné ces points. Pour une raison que nous ne pouvons pas encore expliquer, cette portion granuleuse, déplacée et maintenue au haut de l'appareil pyriforme, ne suit pas complètement la transformation du reste de la lame cellulaire rejetée. Aussi, elle n'augmente pas beaucoup de volume, et sa constitution histologique est bientôt assez différente pour qu'elle ne présente plus les mêmes réactions que la couche délaminée. Les filaments qui rayonnent de cette petite masse confirme aussi notre interprétation : ils marquent le passage insensible de cette matière moins modifiée, à la substance homologue qui l'entoure (1). Ces diverses raisons nous font refuser toute signification morphologique spéciale, à l'amas granuleux dont nous venons de parler.

Après le rejet de ces deux couches cellulaires périphériques, l'embryon du *Tænia expansa* acquiert ses caractères ordinaires et montre les six crochets caractéristiques ; on ne tarde pas à le voir se remuer vivement au milieu de l'enveloppe chitineuse. Cet embryon nous a paru présenter une cavité à son intérieur, mais nous n'avons rien distingué de l'organisation intime : son mode de formation force d'admettre que, ici aussi, les cellules centrales de la masse morulaire entrent en régression. Cette régression

(1) En écrasant des embryons au stade convenable, on voit parfaitement la continuité du sphérule, qui est maintenu entre les cornes de l'appareil pyriforme, avec les autres portions de la première lame cellulaire qui lui restent attachées comme des lambeaux.

précoce, marque d'une abréviation embryogénique, cache les processus à la suite desquels, les six crochets caractérisques apparaissent dans l'embryon.

Quoiqu'il en soit, l'embryon étant complètement différencié, les masses vitellines, qui ont perdu peu à peu leur régularité de forme, se creusent de vacuoles de plus en plus grandes et fondent entre elles leurs vésicules. Elles s'appliquent souvent contre les deux prolongements de l'appareil pyriforme, tandis qu'une portion des granules vitellins reste presque toujours appliquée contre la partie arrondie de cette enveloppe. Les masses vitellines prennent volontiers une disposition générale triangulaire. Cependant il est loin d'en être toujours ainsi, (Pl. I, fig. 58 et Pl. II, fig. 1.)

Les faits généraux de l'embryogénie sont les mêmes chez toutes les espèces du type *Tænia expansa*. Nous avons retrouvé tous les phénomènes que nous venons de décrire chez le *Tænia denticulata*, par exemple, et nous avons observé de nombreux stades fort analogues, chez les *Tænia alba*, *Benedeni*, *pectinata* *rimerosa*. Ces deux dernières espèces ne nous ont point présenté cette masse grenue située entre les deux cornes, que nous avons longuement étudiée plus haut. Une membrane particulière, de nature gélatineuse, sur laquelle nous ne sommes pas encore suffisamment édifié, s'ajoute extérieurement à l'embryon du *Tænia pectinata* (Pl. II, fig. 68). Cette membrane est absolument transparente et offre une assez grande résistance ; elle présente une légère dépression aux parties antérieure et postérieure et est relevée sur les côtés. Nous l'avons d'abord observée sur de très nombreux embryons, trouvés vivants dans l'appendice cœcal d'un Lapin de garenne, et nous nous sommes assurés depuis, que cette membrane prenait naissance dans le corps de l'animal-mère. Nous reviendrons sur ce sujet.

Tænia cucumerina

Le développement de l'œuf du *Tænia cucumerina* présente de notables différences avec ce que nous avons observé chez les espèces appartenant au types des *Tænia expansa* et *serrata*.

Aussitôt la fécondation, et conformément à ce qui se passe chez les autres animaux, l'ovule (Pl. I, fig. 16) se rétracte, et se détache ainsi de la couche périphérique un peu modifiée de son protoplasme, qui prend dès lors le nom de membrane vitelline L'ovule émet en même temps un très petit élément d'aspect réfringent, que nous n'avons pas rencontré, sous cette forme du moins, chez les deux types étudiés plus haut (Pl. I, fig. 17). Ce petit élément n'est autre que le globule polaire : il présente chez le *Tænia cucumerina*, les caractères qu'il a généralement chez les autres animaux.

Aussitôt après l'expulsion de ce corps, l'œuf se segmente en deux éléments qui se séparent l'un de l'autre : ces deux éléments sont égaux en dimensions, pourvus chacun d'un noyau et d'un nucléole (Pl. I, fig. 18). Rien dans ces cellules ne rappelle la modification particulière que les matières vitellines subissent au stade correspondant, dans l'œuf des *Tænia serrata* ou *expansa*, Bientôt, ces deux éléments qui sont à proprement parler, les deux premières cellules blastodermiques, annonçant leur division par la segmentation du noyau (Pl. I, fig. 19), et l'on voit l'œuf acquérir trois cellules (Pl. I. fig. 21); puis quatre (Pl. I. fig. 23). La segmentation continue d'une façon assez irrégulière et l'on peut observer successivement les stades figurés pl. I, fig. 24, 25, 26, stades qui aboutissent à la formation d'une sorte de morula (Pl. I, fig. 27) à éléments très semblables.

Les cellules blastodermiques continuent leur segmentation ; elles deviennent très nombreuses et finissent par descendre à de très petites dimensions. C'est alors que se fait la délamination, par un processus très semblable à celui que nous avons décrit chez les deux types précédents. Nous avons représenté (Pl. I, fig. 28 et 29) la délamination de l'embryon du *Tænia cucumerina* à deux stades successifs. C'est vers ce moment que les crochets apparaissent.

La couche blastodermique délaminée termine son évolution en subissant une modification très analogue à celle que nous avons indiqué pour les masses vitellines, chez les espèces que nous venons d'étudier. Les éléments tombés en dégénérescence granuleuse deviennent vitreux, perdent la faculté de se colorer, augmentent beaucoup de volume et prennent l'aspect vésiculeux représenté en *cd* fig. 30, pl. I. Du côté de l'embryon, ces éléments sont limités par une couche mince, d'aspect chitineux, secrétée peut être par le jeune animal.

Certains embryons du *Tænia cucumerina* m'ont présenté très nettement l'aspect figuré en coupe optique, pl. I, fig. 34. Les six crochets s'insèrent deux à deux et par la base, dans une sorte de bulbe qui se prolonge vers le pôle opposé de l'embryon et s'y étale pour se continuer avec la couche cellulaire périphérique. Ce fait offre des analogies avec ce qu'une autre espèce nous révèlera sur la structure de l'embryon.

Il n'est pas rare d'observer parmi les œufs du *Tænia cucumerina* des stades que je considère comme anormaux et que je cite seulement pour mémoire. La fig. 31 donne l'un des cas les plus aberrants que j'aie vus ; il rappelle ce que l'on observe chez le *Tænia marginata* et doit être expliqué par l'arrêt du développement de deux cellules ; la fig. 33, (Pl. I), montre quelque chose de semblable. Ces stades ne sont pas bien rares, à la vérité, mais le phénomène ne tarde pas à se régulariser, et l'œuf reprend son aspect ordinaire. Dans la figure 20, un élément cellulaire assez gros se trouve à côté de très petits corps *cp* : nous considérons cet élément comme le corpuscule polaire, mais il correspond peut être à la première cellule blastodermique. Ce fait, n'a d'ailleurs pas d'importance ; une formation accidentelle ne mérite pas que nous nous arrêtions plus longtemps.

En résumé, et pour le caractériser d'un mot, nous dirons que le développement de l'embryon du *Tænia cucumerina* suit une marche régulière ; nous remarquerons en outre que la segmentation de l'œuf est précédée par l'émission de globules polaires qui ont les caractères ordinaires.

Tænia multistriata *Rud.*

Le développement de l'embryon de cette espèce rappelle, à beaucoup d'égards, ce que nous venons de décrire pour le *Tænia cucumerina*.

Le premier stade que nous ayons observé, est celui dans lequel le jeune œuf, revêtu de sa membrane vitelline, a émis de très petits corps réfringents nucléés, les globules polaires. (Fig. 3, pl. II).

L'ovule fécondé se segmente en deux, trois, quatre parties, jusqu'à ce qui arrive à former une masse cellulaire qui rappelle le stade *morula* de l'œuf de beaucoup d'animaux. Il n'est pas rare, toutefois, de voir une ou plusieurs sphères blastodermiques rester en arrière, pour se diviser plus ou moins tardivement. Il se produit ainsi des aspects qu'il faut savoir interpréter, et au sujet desquels on n'est pas embarrassé, lorsqu'on a examiné un grand nombre d'œufs de cette espèce. La fig. 7, (Pl. 2), représente le stade trois au moment où il va passer au stade quatre, la fig. 8 donne le stade quatre parfait ; dans la fig. 9, le stade quatre est sur le point de passer au stade cinq ; la fig. 12 montre le stade neuf parfaitement régulier ; la fig. 13 représente un état ultérieur de la segmentation, et la fig. 14 fait voir le stade morulaire, alors que la délamination est effectuée. Cette succession de stades, indique bien certainement le processus normal, ou, si l'on veut, la marche la plus habituelle de la segmentation chez cette espèce. Les stades représentés aux fig. 4, 5, 6 (Pl. II) stades que l'on rencontre fréquemment, montrent des œufs dans lesquels un ou plusieurs éléments sont restés stationnaires. Il en est de même des fig. 10, 11, 15 (Pl. II). La fig. 16 est intéressante en ce sens qu'elle fait voir un embryon dont les deux cellules supérieures, restées jusque-là en arrière, sont maintenant en voie de division. Ces différents stades montrent que l'on ne peut porter de jugement sur l'embryogénie des Cestodes, qu'après l'examen d'un grand nombre d'œufs de chaque espèce. A première vue, on pourrait en effet, rapprocher ces derniers stades que nous considérons comme aberrants, de figures analogues que présentent normalement les espèces appartenant aux types des *Tænia serrata* et *expansa*.

Le développement de l'œuf du *Tænia multistriata* est parfaitement régulier comme celui du *Tænia cucumerina*. Nous ferons la remarque que, ici encore, la division du jeune œuf est précédée de l'émission de globules polaires typiques. Nous avons constaté chez cette espèce aussi la délamination d'une couche périphérique de cellules embryonnaires, mais nous n'avons pas suivi l'évolution de cette lame cellulaire détachée.

Tænia anatina.

Cette espèce nous a paru typique au point de vue de la régularité des phénomènes embryogéniques.

L'ovule du *Tænia anatina* (Pl. II, fig. 17), après avoir émis son globule polaire, se segmente jusqu'à ce qu'il ait formé une masse de cellules blastodermiques petites et serrées telles qu'elles sont représentées Pl. II, fig. 26. Les fig. 19, 20, 21, 22, 23, 24, 25, montrent assez nettement les stades successifs de la segmentation pour qu'il soit inutile que nous les décrivions autrement. Nos dessins représentent schématiquement les éléments blastodermiques, en ce sens qu'ils suppriment les granulations vitellines; celles-ci, à mesure que la segmentation avance, se réduisent de plus en plus, sans toutefois sortir des cellules et s'agglomérer en masses distinctes.

La fig. 27 (Pl. II) nous permet de constater la délamination blastodermique chez le *Tænia anatina*. Dans ce dessin, les cellules de la couche délaminée sont déjà frappées de dégérescence granuleuse et l'on aperçoit seulement quelques rares noyaux. La fig. 28 représente l'embryon complètement développé, avec sa membrane propre (*mc*); la partie la plus interne de la couche délaminée a pris un aspect chitineux déjà indiqué au stade représenté par la fig. 27.

Tænia *Sp.*

Un Tænia trouvé à Lille, chez le Canard domestique, nous a offert une segmentation complète, mais dans laquelle les corpuscules polaires ne présentent pas les caractères que nous avons constatés chez les *Tænia cucumerina*, *multistriata* et *anatina*.

Nous représentons Pl. II, fig. 33-36, différents stades du développement de cette espèce. La fig. 33 fait voir un œuf formé de sept cellules égales en dimensions. L'une de ces cellules possède des caractères spéciaux : elle est très réfringente, reste absolument incolore après l'action des réactifs et ne présente pas trace de granulations protoplasmiques ou vitellines, en un mot, elle semble avoir subi une modification analogue à celle des éléments qui, dans le *Tænia expansa*, par exemple, restent enfermés au sein de la masse vitelline. On se rappelle que nous avons considéré ces derniers éléments comme homologues des corpuscules polaires.

La cellule réfringente que nous venons de signaler, augmente de volume à mesure que le nombre des éléments blastodermiques s'accroît. A un certain moment, elle donne même à l'embryon un aspect qui rappelle le phénomène de l'épibolie. Les fig. 34, 37, 38 (Pl. II), sont très caractérisées à cet égard.

Les fig. 35 et 36 ne montrent pas la grosse cellule réfringente ; cet élément est détruit, ou simplement caché par les cellules blastodermiques, peut-être n'est-il pas devenu aussi vésiculeux qu'il l'est normalement chez cette espèce.

Je n'ai pu suivre davantage l'évolution embryonnaire de ce Tænia. Il n'est pas douteux que la grosse vésicule réfringente représente un véritable corpuscule polaire ne différant de celui de l'œuf des *Tænia cucumerina*, *multistriata* et *anatina*, que par le grand volume qu'il acquiert. La dimension de cet élément rapproche l'œuf de l'espèce que nous venons d'étudier du type *Tænia expansa* (1).

---

(1) Un Tænia de l'*Hirundo riparia*, que je n'ai pas encore étudié, m'a présenté, dans une segmentation complète, la même grosse cellule réfringente.

Tænia colliculorum, *Krabbe.*

J'ai déjà parlé du stade représenté fig. 56, pl. II, stade qui met en évidence le corpuscule polaire chez *le Tænia colliculorum*; la fig. 57 montre la délamination effectuée et la couche de cellules rejetées en dégénérescence graisseuse. Les prolongements situés à droite et à gauche de la couche délaminée, dus à l'accumulation de ses éléments, sont le point de départ des deux grands bras que présente l'œuf complètement développé (fig. 58, pl. II). Chez cette espèce, la membrane vitelline est intimement appliquée sur l'embryon. Dans les œufs plus développés encore, le contenu des bras, d'abord granuleux, devient très réfringent et ne se colore plus.

L'embryon du *Tænia colliculorum* ne présente pas de crochets, du moins n'en ai-je pu trouver, bien que j'en aie observé un très grand nombre sur des animaux qui présentaient tous les caractères de la maturité.

Tænia serpentulus.

Le développement de cette espèce suit une marche particulière. Le globule polaire, en devenant vésiculeux, donne à l'embryon l'aspect que nous avons observé et décrit chez un Tænia indéterminé du Canard. La délamination s'effectue ici, comme dans toutes les espèces que nous avons étudiées (Pl. II, fig. 39). A mesure que l'embryon se développe, la couche délaminée devient très finement grenue, diminue de volume et tend à disparaître, en donnant naissance à une membrane d'aspect amorphe, réfringente, qui débute par le côté interne de la lame.

Nous avons pu étudier la structure de l'embryon du *Tænia serpentulus*. dans ses principaux traits. D'abord solide, il se creuse à sa partie postérieure. La cavité formée est circulaire, elle fait le tour de l'embryon en ménageant la portion centrale. Au stade représenté par la figure 40, (Pl. II), on voit la partie antérieure du jeune animal formant une masse solide, au-dessus de laquelle sont les crochets. A la base de la paire médiane de crochets, on remarque un amas ovoïde, délimité par une zone réfringente à double contour, d'où partent deux lignes du même aspect, qui vont se perdre à la partie postérieure du corps.

Pour que l'embryon acquière ses caractères définitifs, il faut qu'il y ait résorption de l'amas cellulaire appuyé de chaque côté du bulbe qui supporte les crochets médians ; les éléments dont il est formé se distinguent très bien de ceux qui tapissent la plus grande partie de la cuticule de l'embryon. De même, les éléments interposés aux crochets doivent se modifier pour que l'œuf termine son évolution.

Au stade définitif (pl. II fig. 41), l'embryon présente un plus grand volume ; sa cavité s'est étendue, le bulbe situé à la base des crochets médians, a accentué ses caractères, la zone appliquée contre la cuticule s'est proportionnellement amincie et elle fait une petite saillie à la partie postérieure. La portion antérieure semble s'être rétractée et avoir détaché une cuticule nouvelle. La cavité de l'embryon paraît aussi en partie revêtue d'une couche cuticulaire, et, de la base du bulbe, partent deux cordons de nature probablement musculaire, qui vont s'attacher à la partie postérieure du corps. Les crochets sont plongés dans la masse cellulaire de la partie antérieure.

J'ai cru voir parfois les deux crochets médians réunis au bulbe par de courts prolongements ; il se peut que, dans l'individu représenté, ces prolongements soient rétractés. (1)

Tænia lœvigata

Je cite ici, le *Tænia lœvigata*, bien que j'aie très peu suivi son embryogénie. La marche de la segmentation et les caractères des globules polaires, chez cte espèce, concordent avec ce que nous avons vu chez les *Tænia anatina* et *multistriata* (pl. II fig. 30 et 31). Le phénomène très particulier qu'elle présente, consiste en ce que les pointes de la paire médiane des crochets sont tournées vers la partie postérieure de l'embryon, contrairement à ce qui existe dans l'œuf de tous les Cestodes connus. J'ai vérifié cette orientation des crochets sur des centaines d'œufs, pris sur des anneaux différents, et je n'en ai pu voir un seul avec une autre disposition (pl. II fig. 32). Nous ne croyons pas que le fait ait une grande importance morphologique

(1) Il y a quelque chose d'analogue chez le *Tænia cucumerina*, nous en avons parlé à propos de cette espèce. J'ai cru voir aussi, chez le *Tænia lævigata* une disposition rappelant celle que je viens de décrire, pas assez nettement toutefois pour que je puisse la figurer. Une autre espèce de Tænia, m'a montré une disposition complètement différente que je veux étudier à nouveau avant de rien publier à son sujet. — En somme, il nous paraît impossible de tirer des conclusions générales au sujet de l'embryon des Tænias, en partant des connaissances beaucoup trop insuffisantes que l'on possède aujourd'hui. C'est une étude que je poursuis.

et nous pensons que les crochets retournés n'ont pas une autre valeur que les crochets dûment orientés des autres espèces. Il n'en serait pas moins intéressant de rechercher la cause de cette curieuse disposition. Si l'on voulait hasarder une explication, on pourrait supposer que le renversement des crochets est dû à ce que ces organes sont normalement très saillants dans le *Tænia lævigata* et que les muscles destinés à les mouvoir d'arrière en avant sont très courts. L'observation de stades plus jeunes appuiera peut-être cette supposition.

Phyllobothrium thridax (1).

J'ai pu étudier les premiers stades de développement de ce Cestode, trouvé à Wimereux dans le *Squatina angelus*; il présente des particularités importantes au point de vue des phénomènes intimes qui se passent dans l'œuf au début de sa segmentation. On voit à l'évidence, chez cette espèce, la signification de ces grosses vésicules que présentent plusieurs types de Cestodes et que nous considérons comme homologues des corpuscules polaires.

Le stade le plus jeune que j'aie observé chez le *Phyllobothrium thridax* est un œuf après l'imprégnation; il est représenté fig. 50 (Pl. II). Au milieu d'abondants granules vitellins, on voit deux éléments finement grenus, cellules complètes ou noyaux. Ces éléments sont en contact, et il semble qu'ils viennent de prendre naissance aux dépens d'une cellule primitive. Les caractères de l'œuf, d'ailleurs, ne permettent pas une autre supposition.

A un stade ultérieur, l'un des deux éléments a pris ce facies vésiculeux que nous avons décrit à plusieurs reprises; il est devenu excentrique et fait même une forte saillie à la surface de l'œuf, tandis que l'autre a conservé ses caractères en augmentant un peu de volume (Pl. II fig. 51 et 53). La membrane vitelline apparaît alors (Pl. II fig. 52). Le développement embryonnaire ne semble pas aller plus loin à l'intérieur du corps maternel, et les œufs que nous avions placés dans l'eau, afin de pouvoir suivre leur évolution, se sont détruits avant de montrer la plus légère différentiation

(1) Bien que la description du *Phyllobothrium thridax* donnée par van Beneden ne convienne pas complètement au parasite dont nous allons parler, nous croyons cependant qu'il s'agit bien de la même espèce.

(1). Nous pouvons cependant dire, en raisonnant par analogie, qu'il existe chez cette espèce une masse vitelline analogue à celle que présentent le type du *Tænia expansa*, ou que la segmentation est totale et ressemble à celle de ce Tænia du Canard précédemment étudié.

Le stade représenté Pl. II fig. 54 a-t-il la même signification que les stades donnés fig. 51 et 53, et faut-il admettre que la cellule vésiculeuse y est détruite ? ou bien, s'agit-il simplement d'un ovule sur lequel la division cellulaire n'a point encore agi ? Je penche pour la seconde hypothèse, à cause de l'absence de membrane vitelline et du volume plus considérable de l'ovule, deux faits qui s'expliquent facilement si l'œuf n'a pas subi la rétraction vitelline.

On remarquera, dans le cas du parasite du *Squatina angelus*, que les globules polaires sont absents, du moins, ils ne présentent pas leurs caractères histologiques ordinaires. Nous avons constaté le même phénomène dans les cas de segmentation que nous appelons irrégulière, improprement il est vrai, mais pour plus de commodité (type des *Tænia expansa* et *serrata*) nous l'avons aussi rencontré dans certains cas de segmentation régulière, alors qu'une grosse cellule réfringente se mêle aux cellules blastodermiques. Nous ne pouvons douter que, dans ce dernier cas, la cellule réfringente n'ait rien de blastodermique et ne soit destinée à être éliminée de l'embryon; nous la comparons à la vésicule que nous venons de décrire chez le parasite du *Squatina angelus*. Il est certain que le corpuscule polaire avec ses caractères normaux, et les autres formations que nous lui avons successivement homologuées, s'excluent dans l'embryogénie des Cestodes, et que, ces diverses formations ont l'origine et le destin des globules polaires de l'œuf des autres animaux. Il nous paraît donc évident que la grosse cellule réfringente des masses vitellines des espèces du type *Tænia expansa*, le petit élément réfringent caché à l'intérieur des masses vitellines, dans l'œuf des Tænia du type *Tænia serrata*, la grosse cellule réfringente que nous avons trouvée chez certaines espèces, et le corpuscule polaire de l'œuf des *Tænia cucumerina*, *multistriata* et *anatina* sont des éléments de valeur morphologiquement identique.

---

(1) Van Beneden a figuré la vésicule dont nous parlons, sur les œufs des *Phyllobothrium thridax et lactuca*, mais il n'y attache pas d'importance et n'a pas cherché à se rendre compte de sa sa signification, le texte même n'y fait pas allusion. (*Mémoire sur les vers intestinaux*, pl. XVI).

Le globule polaire, chez les espèces des types *Tænia expansa* et *serrata*, est le centre d'une masse vitelline de volume considérable; or, nous ne retrouvons nulle part ailleurs un phénomène semblable. En réalité, comme nous l'avons montré et comme nous le verrons encore plus loin, la masse vitelline est formée d'une substance rejetée, inutile désormais à l'embryon. Le corpuscule polaire est dans le même cas, et c'est évidemment par un phénomène purement mécanique, que ce dernier se place au centre de la masse vitelline.

Dans certaines espèces que nous étudierons plus loin, nous verrons que, chez des types où l'analogie ne permet pas de douter que le globule polaire existe, mais où il est impossible de le distinguer des autres éléments qui entourent l'œuf, il y a aussi de grandes masses vitellines rejetées. Seulement, dans la plupart des cas, ces masses ne se disposent plus sous des figures régulières. Il n'y a donc pas de dépendance absolue entre les globules polaires et le vitellus rejeté.

Mais, l'on sait que le corpuscule polaire est constamment dû à la segmentation de la cellule-œuf, et qu'il est formé par un des deux éléments produits aux dépens de cette cellule. Retrouvons-nous ce caractère chez les Cestodes dans les formations auxquelles nous avons donné le nom globules polaires ?

Si nous n'avons pu voir la naissance du corpuscule polaire chez les types comme T. *cucumerina* ou T. *expansa*, si nous n'avons suivi pas à pas la grosse cellule réfringente de l'œuf de certaines espèces, du moins, avons-nous vu se former le corpucule polaire chez le parasite du *Squatina angelus*. Il naît chez cette espèce aux dépens de la cellule-œuf, et cette observation nous paraît trancher la question.

Nous allons maintenant passer à l'histoire embryogénique de types qui diffèrent nettement de ceux que nous avons étudiés jusqu'ici, par l'adjonction à l'œuf de produits vitellins fournis par des appareils particuliers. Citons auparavant un certain nombre d'espèces que nous n'avons pas suffisamment étudiées pour pouvoir leur consacrer des chapitres spéciaux, mais qui nous ont présenté des stades embryogéniques concordant avec ceux que nous avons décrit plus haut. Nous nous contenterons de renvoyer le lecteur aux dessins consacrés au *Tænia bacillaris* Pl. II, fig. 59, 60, 61,

62; au Tænia du Rôle de Baillon (1) Pl. II, fig. 65 et 66; au *Tænia dispar* (2) Pl. II, fig. 64; au *Tænia Barroisii* Pl. II, fig. 63. Le *Tænia bacillaris*, comme on peut le voir, offre une segmentation régulière et des globules polaires; il a une délamination régulière. Chez l'embryon développé, les granules réfringents formés par la couche délaminée, prennent souvent une disposition spéciale, sur laquelle nous reviendrons. Chez le *Tænia Barroisii*, il semble que deux couches soient successivement rejetées. Il serait curieux de vérifier s'il en est ainsi, et si une forme aussi éloignée, a des points communs avec les espèces du type du *T. expansa*. Cela est tout ou moins douteux.

Leuckartia.

Le *Leuckartia* offre plusieurs particularités embryogéniques intéressantes. Comme nous le verrons dans la suite, l'ovule de cet animal s'assimile les granules de vitellus nutritif qui, à un moment donné, inondent l'ovaire; lorsque l'ovule s'engage dans le pavillon pour gagner la matrice, il est constitué par un nucléole réfringent, un gros noyau granuleux et un protoplasme chargé d'éléments vitellins nombreux, mais assimilés et faisant corps avec lui, contrairement à ce qui se passe chez le Bothriocéphale et la Ligule. L'ovule, ne reçoit plus d'éléments nutritifs dans l'oviducte. A la vérité, on peut voir dans ce tube quelques granules introduits par le pavillon, et, pour qui connaît la structure et la disposition de ces organes, il n'en peut être autrement, mais ce fait accidentel n'est nullement comparable à ce que nous observons chez les types que nous venons de citer. Aussitôt l'imprégnation, il se produit dans les œufs des modifications particulières sur lesquelles nous devons nous arrêter un instant.

L'œuf subit la rétraction habituelle, et la membrane vitelline se détache; entre l'œuf et cette dernière, on remarque des éléments, d'abord peu nombreux, puis plus abondants, qui n'ont rien de cellulaire et dont l'origine nous avait d'abord fort embarrassé. Ces éléments assez volumineux, vésiculeux et très réfringent, ne présentent aucune espèce de

---

(1) Tænia *sp. nov.*

(2) Nous laissons de côté les quelques observations embryogéniques, en grande partie erronées, faites sur le *Tænia dispar*, par Oscar Schmidt, (Ueber den Bandwurm der Frosche. *Zeitsch. f. die gesam. Naturwiss.* 1855, t. V.) Nous nous proposons de publier bientôt nos observations sur cette espèce.

granulations à leur intérieur et sont rebelles à l'action des réactifs colorants.

S'agit-il ici d'éléments surajoutés à l'œuf dans le trajet de l'oviducte? les faits s'opposent à cette manière de voir : il n'existe aucun appareil qui amène le vitellus dans l'oviducte, et le pavillon ne laisse passer qu'un nombre relativement petit de granules. D'ailleurs les éléments vitellins eux-mêmes, tels qu'on peut les mesurer dans le parenchyme ou dans les follicules qui leur donnent naissance, sont beaucoup plus petits que les éléments enfermés sous la membrane vitelline; leur réfringence a un caractère différent et, après l'action du picrocarminate d'ammoniaque, ils sont colorés en rouge-brun.

Les faits observés chez d'autres espèces, nous ont conduit à admettre que les granules dont nous cherchons l'origine, sont des éléments vitellins, épuisés, rejetés en suite du travail que détermine l'imprégnation, et devenus inutiles au développement de l'embryon. Ces granules épuisés, sont devenus vésiculeux, par un phénonène que nous avons déjà plusieurs fois observé pour les globules polaires de certains Cestodes et pour les éléments des masses vitellines rejetées que nous avons étudiées chez les espèces du type des *Tænia serrata* et *expansa*.

Pour nous, dans des œufs de structure en apparence si différente, il se passe un phénomène absolument comparable, identique même, à celui que nous avons observés dans l'embryogénie des derniers types que nous venons de citer, seulement, le processus est ici plus simple. D'un côté comme de l'autre, il y a rejet d'éléments nutritifs épuisés dès le début de la vie embryonnaire, que ces éléments aient été progressivement assimilés par l'ovule lui-même, ou qu'ils lui aient été fournis tout d'un coup par des organes spéciaux ; il n'y a d'autre différence que le groupement des granules vitellins, et les rapports dans lesquels le globule polaire entre avec eux, — nous verrons bientôt que cette différence est effacée par ce qui se passe chez le Bothriocéphale large.

Notre manière de voir est corroborée par une autre considération. Quelle est la signification de la coque du *Leuckartia?* Si les granules vitellins sont surajoutés à l'ovule dans l'oviducte, il n'est pas douteux que la coque doit être sécretée de l'extérieur et surajoutée aussi. Dans ce cas, nous devons nous demander d'une part, où sont les glandes qui sécrètent cette coque, et d'autre part, ce que devient la membrane vitelline qui a dû se détacher après la fécondation. Dans cette hypothèse, il n'y a pas d'homologie, entre la coque du *Leukartia* et la membrane commune à l'embryon et aux masses vitellines, dans les types des *Tænia serrata* et *expansa* Ce que nous disons pour le *Leuckartia* peut, comme nous le montrerons plus loin, s'appliquer aussi au Bothriocéphale et à la Ligule.

Or, il n'existe pas de glandes coquillères chez le *Leuckartia*, et il n'y a pas trace de membrane vitelline dans l'œuf. Les difficultés que nous venons de signaler tombent, si l'on admet que les vésicules vitellines enfermées sous la coque du *Leukartia*, ont été rejetées par le jeune œuf. En effet, dans cette hypothèse, la membrane vitelline a dû se détacher d'abord, et les vésicules vitellines rejetées aussitôt ont dû la distendre, absolument comme dans le cas des *Tænia serrata* et *expansa*. Nous nous expliquons ainsi l'absence de glandes coquillères et d'une membrane vitelline qui devrait, à un moment donné, être enfermée sous la coque. Pour nous, la coque de l'œuf du *Leuckartia* n'est autre chose que la membrane vitelline, et son homologie avec l'enveloppe mince de l'œuf des Tænias précédemment étudiés, n'est pas douteuse. La coque formée de bâtonnets qui protége l'embryon du *Tænia serrata*, l'enveloppe chitineuse de l'embryon du *Tænia expansa*, pour ne citer que deux exemples, n'ont aucun rapport d'homologie avec la coque du *Leuckartia*; nous savons d'ailleurs que les deux premières formations ne sont pas non plus homologues entre-elles.

L'œuf du *Leuckatia* se trouve donc intimement rattaché par ces considérations, à celui des espèces précédemment étudiées et très différentes en apparence. (1).

Abothrium Gadi.

La fig. 8, Pl. X, représente, à 400 diamètres, l'œuf de l'*Abothrium Gadi* au moment où il vient de s'envelopper d'une membrane à son entrée dans la matrice. Un peu d'endosmose a soulevé la membrane vitelline, mais on n'en voit que mieux les rapports.

Dans cet œuf, la cellule ovarienne, très volumineuse, présente nettement un noyau et un nucléole; elle est entourée par un certain nombre de vésicules que l'on pourrait considérer comme des éléments surajoutés. Nous pensons, au contraire, que ce sont des granules épuisés, devenus vésiculeux, et rejetés

(1) Nous avons représenté pl. II, fig. 70, l'œuf du *Leuckartia* un peu distendu par endosmose.

par un processus semblable à celui dont nous venons de parler à propos du *Leuckartia*. Nous devrons répéter au sujet de l'*Abothrium* des considérations fort analogues à celles que nous avons exposées dans les pages précédentes.

D'abord, comme nous le verrons en étudiant son anatomie, il n'y a pas chez l'*Abothrium*, de vitelloducte qui amène l'élément nutritif à l'oviducte. La matière vitelline se répand en fins granules à l'intérieur du parenchyme, pour être assimilée directement par les ovules. On ne trouve pas non plus chez notre espèce de glandes coquillères, et, si l'on compare le volume des vésicules vitellines enfermées sous la coque de l'œuf, avec celui des granules pris dans la glande qui les fournit, on voit que les premières ont un volume énorme, comparativement aux secondes. On constate, de plus, que leurs caractères optiques, aussi bien que leurs propriétés chimiques sont fort différentes.

Comme, d'autre part, il existe au sujet de la coque de l'œuf de l'*Abothrium* les mêmes difficultés que nous avons signalées plus haut à propos du *Leuckartia*, nous n'hésitons pas à admettre que les faits sont identiques de part et d'autre, et que la coque de l'œuf de l'*Abothrium* est une membrane vitelline.

Quoiqu'il en soit, la segmentation de l'œuf marche vite et régulièrement chez cette espèce. Le stade morulaire ne tarde pas à être suivi de la délamination habituelle (Pl. X, fig. 9), et les éléments rejetés acquièrent bientôt une grande réfringence ; ils se désagrègent plus ou moins, en même temps que le volume de l'œuf grandit. L'enveloppe réfringente formée à l'embryon par la couche délaminée est très caractéristique de l'œuf de l'*Abothrium* (Pl. X, fig. 10). Les crochets se montrent avec la disposition ordinaire. Quant aux éléments vitellins rejetés, ils deviennent difficiles à distinguer des éléments de la couche délaminée et se détruisent peut-être.

Bothriocéphale du Saumon.

Plusieurs espèces de Cestodes parasites des Saumons ont été confondues sous un même nom. Nous préciserons plus tard à laquelle s'appliquent les détails que nous allons donner.

La forme que nous avons étudiée est intéressante, en ce sens que des glandes vitellogènes amenées par un conduit spécial, viennent déverser leurs produits dans l'oviducte, à côté des ovules, et que la cellule-œuf est accompagnée, sous la coque, par une grande quantité d'éléments accessoires.

L'ovule, pris dans l'ovaire, (Pl. II, fig. 42), forme une cellule nucléée pourvue d'un noyau un peu saillant, et d'un nucléole très petit et réfringent. Le protoplasme cellulaire est chargé de granules vitellins. Par ces caractères, l'œuf a la plus grande analogie avec l'œuf complet des espèces que nous avons précédemment étudiées.

Le stade ultérieur s'observe dans l'oviducte. De grandes modifications se sont produites dans l'appareil génital. Une quantité considérable de vitellus nutritif s'est annexée à l'ovule (Pl. II, fig. 43), et l'œuf est entouré d'une coque à double contour.

Le développement de la cellule-œuf sous la coque qui la renferme se fait très rapidement, mais l'opacité des éléments qui l'entourent s'oppose à ce que l'on puisse suivre de près les processus. Il est souvent très difficile de distinguer l'œuf proprement dit, et c'est seulement par analogie que nous pouvons parler ici de globule polaire. Les premiers stades du développement nous ont échappés, et nous croyons qu'ils sont un peu différents de ce que nous avons vu jusqu'ici. Il est probable, en effet, qu'un certain nombre de cellules apparaissent en même temps, au lieu de se former successivement.

En effet, si nous n'avons pu rencontrer les stades dans lesquels l'embryon n'est encore formé que de peu de cellules, nous avons toujours trouvé, au bout de peu de temps, et en un point de l'œuf le plus souvent excentrique, une masse finement grenue, de volume variable, mais toujours supérieur à celui de l'ovule. Cette masse est vaguement mais certainement divisée en petits éléments denses, très finement grenus, dans lesquels on ne distingue pas de noyau. Ces élément sont des cellules blastodermiques, différant toutefois beaucoup, par l'aspect, des éléments homologues des Cestodes que nous avons étudiés jusqu'ici. Chez ces derniers, en effet, les cellules blastodermiques sont très nettes et indépendantes. Ce sont les caractères différentiels qui nous font croire à la possibilité d'une segmentation brusque de l'ovule en un assez grand nombre de cellules.

La masse embryonnaire grandit rapidement sans que ses éléments deviennent plus nets, puis il apparaît à l'intérieur de ceux-ci quelques granules réfringents, dont le nombre augmente rapidement, à tel point qu'elle prend à peu près les caractères du blastoderme des Cestodes dans le cas de segmentation régulière. Enfin, les cellulles qui forment la masse embryonnaire se délimitent très nettement et l'embryon se présente avec tous les caractères que nous lui avons reconnus plus haut.

Les fig. 44, 45 et 46 pl. II marquent les stades successifs de cette évolution.

Pendant ce temps, le vitellus nutritif, résorbé ou détruit, refoulé par le développement des cellules embryonnaires, diminue de plus en plus et prend les caractères des vésicules vitellines, telles que nous les avons rencontrées chez les types précédents ; il finit même par disparaître complètement ou à peu près.

Un stade ultérieur à ceux que nous venons de décrire est celui de la délamination (Pl. II, fig. 48). Ce phénomène suit ici la même marche que chez les autres Cestodes.

La couche délaminée devient finement grenue, puis elle se transforme en une membrane qui se plisse très facilement dans tous les sens et prend, par suite, des aspects fort variables. Les six crochets apparaissent pendant ce temps, et achèvent le développement de l'embryon : l'évolution s'est faite toute entière à l'intérieur du corps de la mère.

La présence d'une matière nutritive très abondante sous la coque de l'œuf du Botriocéphale du Saumon et la marche générale de l'embryogénie, rappellent ce que nous allons voir chez la Ligule, à cette différence près, que, chez celle-ci, le développement ne se fait pas dans l'anneau-mère, et que l'embryon mène une vie libre pendant quelques temps Chez le Bothriocéphale du Saumon, la membrane délaminée, homologue de l'enveloppe ciliée de l'embryon de la Ligule, est frappée très tôt de dégénérescence.

Nous croyons que la coque de l'œuf du Bothriocéphale du Saumon a la valeur morphologique d'une membrane vitelline. Signalons cependant une différence avec ce qui se passe chez l'*Abothrium* et le *Leuckartia* : les granules vitellins, que nous supposons encore avoir été assimilés d'abord, puis rejetés après la fécondation, ne semblent pas tous épuisés alors et doivent encore servir à la nutrition de l'embryon. Toutefois, nous ne voyons pas en cela, une bien grande objection à ce que nous avons dit plus haut ; il y a en effet, beaucoup d'exemples d'éléments nutritifs incorporés d'abord à l'œuf qui s'en séparent ensuite, et le phénomène ici est certainement beaucoup plus simple que chez les types auxquels nous faisons allusion.

Ligula simplicissima.

L'ovule de la Ligule, tel qu'il se présente au moment où il franchit le pavillon, est en tout semblable à l'ovule que nous connaissons chez les autres Cestodes. A son entrée dans l'oviducte, il reçoit les spermatozoïdes, en même temps qu'il rencontre les granules vitellins amenés par un canal spécial (Pl. V, fig. 3). Que se passe-t-il alors? cette question, qui peut aussi se poser pour le Bothriocéphale, est bien difficile à résoudre par la constatation directe, à cause de l'abondance de l'élément nutritif qui cache le phénomène. Au bout de quelque temps, l'œuf se montre, entouré d'une membrane à double contour; il a acquis un volume considérable, par suite de l'adjonction d'une très grande quantité de granules et de vésicules vitellines. Un examen attentif permet de le retrouver au milieu de ces éléments accessoires.

L'œuf de la Ligule est pondu sous la forme que nous venons de décrire. Nous avons pu suivre son développement et ajouter ainsi quelques faits nouveaux à l'histoire de cet animal.

L'abondance des matières vitellines, dont les réactifs habituels ne diminuent pas sensiblement l'opacité, avons-nous dit, est un obstacle très sérieux à l'observation ; il faut examiner de très nombreux embryons avant d'en rencontrer qui soient favorables, néanmoins, j'ai été assez heureux pour voir les phases essentielles du développement.

La cellule-œuf, placée dans des conditions favorables, se segmente très rapidement et avec régularité, en un grand nombre de petites cellules aux contours peu nettement accentués, qui paraissent cohérentes entre elles. Il est probable que, chez la Ligule comme chez le Bothriocéphale du Saumon, les cellules blastodermiques apparaissent en grand nombre à la fois, ce qui explique pourquoi elles se montrent avec ces caractères; la masse cellulaire est très reconnaissable à ses granulations très délicates et à son peu de réfringence (Pl. III, fig. 3). Les éléments du blastoderme, se multiplient en même temps qu'ils deviennent plus nettement distincts les uns des autres, et, au fur et à mesure, ils refoulent et réduisent les granules vitellins. La délamination habituelle intervient alors (Pl. III, fig. 4), et les éléments délaminés acquièrent très vite une réfringence spéciale. A ce moment les six crochets sont apparus et l'embryon se meut très activement à l'intérieur de la couche délaminée.

On voit que ces phénomènes concordent complètement avec ce que nous avons décrit chez le Bothriocéphale du Saumon. A partir dé ce moment, les faits ont une marche un peu différente, car les embryons ne s'organisent pas pour le même genre de vie. L'embryon de la Ligule rompt la coque qui le renferme, ce qui lui est facilité par une disposition particulière, connue depuis longtemps, et il s'échappe dans l'eau, enveloppé de la couche délaminée, à laquelle on a donné le nom d'*embryophore*. Une modification très remarquable de cette membrane se produit immédiatement et le jeune animal devient en une seconde beaucoup plus volumineux que l'œuf dont il sort. Grâce à l'endosmose, les éléments qui constituent l'embryophore s'emparent d'une si grande quantité du liquide ambiant, qu'il se forme à leur intérieur d'énormes vacuoles ; elles refoulent sur le champ le protoplasme cellulaire et les disposent en un réticulum très délicat que l'on a pris pour de grandes cellules polyédriques, et qui est formé de fines granulations. Immédiatement se montrent à la périphérie des cils dont je n'ai pu trouver trace sur la membrane embryophore avant l'éclosion. Ces cils entrent aussitôt en vibration et entraînent l'animal. Le revêtement ciliaire de la larve de la Ligule est uniforme, les cils sont très longs, très serrés, très amincis à leur extrémité : on ne les voit bien dans toute leur longueur que lorsque l'animal, arrêté par un obstacle sur le porte-objet, remue ces appendices sur place, ou lorsque, devenant malade, il ralentit ses mouvements. Quand l'animal est en progression rapide, on ne voit bien que la base des cils, et l'on peut croire qu'ils sont courts. C'est ce qui m'était arrivé d'abord.

J'ai assisté plusieurs fois à l'éclosion de l'embryon de la Ligule sur le porte-objet, et j'ai vu à plusieurs reprises le phénomène d'endomose que je viens de décrire. Il est difficile de dire si l'embryon reste longtemps enfermé dans sa membrane ciliée ; la plus légère pression le fait sortir de l'embryophore. Le jeune animal se meut alors par une sorte de mouvement amiboïde. Il n'est aucunement cilié ; on peut facilement étudier au microscope et sans réactifs, les éléments dont il est formé.

Nous ne répèterons pas, à propos de la Ligule ce que nous avons dit concernant le vitellus et la membrane vitelline chez l'*Abothrium* et chez le Bothriocéphale du Saumon. Nous croyons qu'ici aussi, de même que chez le Bothriocéphale large, les phénomènes sont absolument analogues, que la coque représente la membrane vitelline, et que les granules vitellins, épuisés ou non, sont d'abord incorporés à l'ovule (1).

Bothriocephalus latus.

On peut observer dans la formation de l'œuf du Botriocéphale large des faits très analogues à ceux que nous avons décrits chez la Ligule. Nous avons figuré l'ovule Pl. V, fig. 7 : c'est une très belle cellule, au protoplasme granuleux, dont nous étudierons plus tard les origines. L'œuf complet, représenté Pl. VIII, fig. 6, a des caractères différents par suite de l'adjonction de nombreux éléments vitellins.

Ici aussi, le vitellus est amené par un canal spécial et déversé en abondance à l'entrée de l'oviducte, au point où se rencontrent les ovules, amenés par le pavillon, et les spermatozoïdes, débouchant du vagin. On observe souvent, un peu au-delà de ce point, des amas de vitellus en fins granules, au milieu desquels on distingue plus ou moins nettement, des ovules et même parfois des œufs pourvus d'une membrane mince. Ça et là, parmi les granules vitellins, on en distingue qui ont pris l'aspect vésiculeux que nous avons déjà plusieurs fois rappelé.

C'est évidemment en ce point particulier, aussitôt après la rencontre des produits sexués, que l'œuf complet s'organise, mais l'observation directe des faits ne nous a pas été possible. Plus loin les œufs sont parfaitement isolés, et leur coque, qui a acquis son épaisseur définitive, renferme la jeune cellule-œuf avec tout le vitellus accessoire. La coque est encore molle, elle n'est pas solidifiée comme elle le sera plus tard, et la figure ovoïde qu'elle décrit est souvent irrégulière.

Nous avons représenté cet œuf Pl. VIII, fig. 6. La cellule-œuf est marquée *ov*; autour d'elle sont de gros éléments parfaitement définis, dont nous

---

(1) On a voulu, récemment, réunir sous une seule espèce, *Ligula simplicissima*, toutes les Ligules décrites par les anciens auteurs. Il est possible qu'il doive en être ainsi, mais rien n'autorise à le faire jusqu'à présent, et l'expectative paraît sage devant le manque de documents. Nous avons fait reproduire (pl. III, fig. 7) la figure des crochets de l'embryon hexacanthe d'une Ligule que WILLEMOES-SUHM a appelée *Ligula simplicissima* (Zeitschr. für wiss. Zool, t. XX, 1870, p. 94); à côté, nous avons représenté à un grossissement de 1200 diamètres, un crochet de l'embryon de la Ligule que nous avons étudiée, celle qui infeste les Tanches des étangs de la Bresse. On voit qu'il y a une sensible différence entre la forme de ces organes. Les six crochets nous ont paru tous semblables chez notre Ligule ; leur manche est grêle par rapport à la dent, le crochet est long ; la dent est perpendiculaire au manche.

La raison que nous venons d'indiquer n'est pas la seule, d'ailleurs, qui puisse faire croire à l'existence de plusieurs espèces de Ligules.

allons étudier la formation, et qui sont d'origine vitelline ; souvent aussi on observe des granules vitellins épars. Il n'est pas toujours facile de distinguer la cellule-œuf au milieu de ces éléments accessoires qui ne sont pas sans ressemblance avec elle, et qui peuvent très bien la recouvrir et la cacher complètement. L'on peut s'expliquer ainsi comment toutes les figures qui ont été données de l'œuf du Bothriocéphale peuvent être inexactes. Il faut souvent observer bon nombre d'œufs en bon état de conservation, pour en trouver qui soient favorables à l'étude. La cellule-œuf se distingue d'abord par ses dimensions plus considérables, son gros noyau finement grenu, son nucléole très distinct, très réfringent, excentrique, son protoplasme, à granules plus gros que ceux du noyau. Les éléments accessoires, d'origine vitelline, sont plus petits que la cellule-œuf, ils contiennent des granules plus grossiers, leur noyau est plus petit et ils ne possèdent pas de nucléole.

Chez le Bothriocéphale, comme chez les types précédemment étudiés, il n'existe pas de glandes coquillères ni d'enveloppe de l'œuf autre que la coque. Nous croyons que, chez cet animal aussi, la coque n'est autre chose que la membrane vitelline, et que les granules vitellins ont d'abord été incorporés à l'œuf. De cette façon, le développement du Bothriocéphale est fondamentalement semblable à celui des autres espèces.

Nous n'avons pas observé le développement de l'œuf du Bothriocéphale large. Si, partant des faits que nous avons observés chez la Ligule, on veut interpréter les dessins donnés par les auteurs, on se convainc facilement que les processus sont essentiellement semblables, et que, en particulier, les premiers phénomènes présentés par l'œuf, sont aussi fort obscurs chez cette espèce et se passent très rapidement.

Nous avons constaté les mêmes fait chez l'*Abothrium*, chez le Bothriocéphale du Saumon et chez la Ligule ; ils contrastent avec ce que nous observons chez les Tænias et coïncident avec l'adjonction à l'ovule de matériaux nutritifs abondants. Cela explique suffisamment la grande rapidité du développement blastodermique et cette espèce de coalescence des éléments, qui semblent n'avoir pas le temps de se séparer à la période initiale de leur formation. Il est remarquable que, la plupart du temps, la grande abondance des éléments nutritifs s'observe chez les espèces qui sont ovipares, dont l'embryon, par conséquent, se développe en dehors du corps maternel.

Les granulations vitellines annexées à l'œuf, peuvent être le siège de curieux phénomènes que nous avons étudiés chez le Bothriocéphale large : nous donnons fig. 4 pl. VIII en *vt*, les dimensions, à 400 diamètres, des granules vitellins tels que nous les avons souvent mesurés, soit dans les follicules vitellogènes, soit dans le conduit qui amène ces éléments à l'oviducte, ou même dans ce dernier organe. Or, il y a une différence énorme, pour le volume, entre ces granules vitellins et les éléments de même nature enfermés avec l'œuf sous la coque, (cf Pl. VIII fig. 4 *vt*, avec Pl. VIII fig. 6, où ils sont représentés à la même échelle). De plus, tandis que les premiers sont de simples granulations, les seconds ont un noyau, et leur apparence cellulaire est telle, qu'on a considéré l'œuf du Bothriocéphale comme pluricellulaire. Il est absolument certain, et je parle après l'examen d'une grande quantité d'anneaux, que ce n'est jamais sous ce volume et dans cette forme, que les éléments vitellins arrivent à l'œuf. Pour nous, il est de toute évidence que l'on a affaire ici à de fausses cellules, comme il s'en produit naturellement, et comme on en obtient artificiellement, que leur formation est secondaire, et que leur origine est dans la coalescence des granules beaucoup plus petits, fournis par les vitellogènes. La formation d'un noyau n'a rien qui surprenne, cet élément est constant dans les fausses cellules. D'ailleurs, on n'observe jamais ces fausses cellules vitellines, si ce n'est encapsulées sous la coque, et certains œufs jeunes, à membrane récemment formée, m'ont fait voir les sphérules vitellins beaucoup plus nombreux et plus petits, faisant en un mot le passage au stade figuré.

Il sera intéressant de revoir ces faits sur les œufs vivants. Nos observations ont porté sur un Bothriocéphale conservé dans l'alcool.

CONCLUSIONS.

Après avoir étudié le développement d'un certain nombre de Cestodes, nous devons nous demander, pour classer convenablement les faits, laquelle de ces formes nous présente le mode primitif de développement, ou s'en rapproche le plus. Nous devons aussi nous efforcer de rattacher synthétiquement et sous une forme brève, les différentes aberrations que nous avons constatées à ce type simple que nous devons reconstruire, pour ainsi dire, et il faut chercher à dégager des faits accessoires, ceux qui sont caractéristiques. C'est là le point de départ nécessaire de toute comparaison embryogénique des Cestodes, avec les autres groupes dont on pourrait les rapprocher.

Ce que nous avons dit de général, en décrivant l'embryogénie des diverses espèces, et les interprétations que nous avons successivement données pour aider à l'intelligence de faits en apparence dissemblables, nous dispense d'insister sur les détails, et nous permet de nous en tenir aux principales lignes.

A première vue, le développement des espèces du type du *Tænia serrata* et du *Tænia expansa* paraît compliqué; il l'est moins chez le type de la Ligule; il y a cependant à tenir grand compte de la présence d'un abondant vitellus, qui indique une condensation des phénomènes embryogéniques. Le plus simple de tous, est incontestablement le développement des *Tænia cucumerina*, *anatina* et autres espèces que nous avons étudiées à la suite de celles-ci. Chez ces formes, en effet, la segmentation est régulière et il n'existe pas de vitellus nutritif accessoire.

Mais il faut distinguer soigneusement ce qui est *simple*, de ce qui est *primitif;* les deux choses peuvent parfaitement ne pas marcher de pair, et c'est, selon nous, ce qui arrive dans le cas présent. La segmentation très-régulière d'un œuf dépourvu de vitellus nutritif, se rencontre chez des formes élevées, et elle est typique pour la famille, lorsqu'on la caractérise par ses espèces les plus différenciées; ce n'est pas là ce que nous cherchons. Le type embryogénique de la Ligule nous paraît de beaucoup le plus rapproché du type primitif.

En effet, la vie libre précède nécessairement la vie parasitaire, l'adaptation à un mode de vie très spécial, dérive de dispositions en vue d'une vie plus indépendante. L'embryon cilié du type Ligule (Ligule, Bothriocéphale large, *Leuckartia*), quoique déjà très différencié, nous paraît beaucoup moins spécialisé que l'embryon des Tænias supérieurs, et certaines données anatomiques, s'opposent absolument à ce que l'on considère la Ligule comme un type en régression. D'un autre côté, ainsi que nous l'avons fait voir ailleurs (1), le groupe auquel appartiennent les espèces du type *T. serrata* nous paraît la plus haute expression actuelle de la famille des Cestodes, et les types des *Tænia anatina* ou *cucumerina* sont pour nous des formes très élevées aussi.

L'adjonction d'éléments vitellins, en corrélation avec la vie libre de l'embryon et l'oviparité, permettent d'établir un parallèle entre ces formes du

(1) R. Moniez. Essai monographique sur les Cysticerques. *Travaux de l'Institut zoologique de Lille*. t. III 1880.

type de la Ligule, les Trématodes qui, si on les considère en bloc, sont certainement moins différenciés que les Cestodes, et les Turbellariés, beaucoup moins spécialisés que nos parasites et évidemment peu éloignés de la forme primitive des Vers plats. Les Cestodes de ce type peuvent même parfois supporter la vie libre pendant quelque temps. La tératologie nous montre aussi que la présence de glandes vitellogènes est un fait primitif, et l'on a observé, dit-on, la réapparition accidentelle de glandes de cette nature, chez des formes très élevées.

Si nous partons de ces considérations pour admettre que le type de développement que présente la Ligule est celui qui se rapproche le plus du mode primitif, et si nous voulons rapporter à ce type les faits que présente l'histoire embryonnaire des différentes formes que nous avons étudiées, nous devrons mettre le *Leuckartia* à la base et en faire dériver les autres. Chez cet animal, en effet, il y a oviparité, l'évolution se fait chez les Poissons, le vitellus nutritif est peu abondant, l'ovaire revêt sa forme primitive, la région céphalique est peu différenciée, etc. L'*Abothrium* est un peu plus élevé ; aux caractères biologiques, il faut ajouter la formation d'embryons dans le corps maternel (1). La Ligule vient ensuite, avec son abondant vitellus et les modifications que détermine son appareil vitellogène, si différent de celui des deux formes précédentes. — Le Schistocéphale est plus parfait à cet égard, et le Bothriocéphale de l'Homme plus différencié encore. — Au point de vue qui nous occupe, on peut réunir à ces formes le Bothriocéphale du Saumon, qui correspond dans ce groupe à ce qu'est l'*Abothrium* par rapport au *Leuckartia*.

Sur une autre ligne que ces formes, nous pourrions placer les Tænias plus élevés, tels *T. anatina*, *cucumerina*, etc., chez lesquels le vitellus nutritif est disparu : ce sont les formes dont l'embryogénie est la plus simple. Les espèces du type *T. serrata* sont aussi différenciées, mais elles présentent des phénomènes plus compliqués ; le vitellus rejeté n'est pas homologue, comme origine, de celui de la Ligule, et il n'a pas de signification mor-

(1) Il est bien entendu que nous faisons abstraction, en ce moment, de l'anatomie et que nous ne cherchons nullement à dresser un arbre phylogénique. Nous voulons simplement coordonner à grands traits les faits embryogéniques que nous avons vus, et ne cherchons rien autre chose ; nous n'ignorons pas qu'il existe des formes inférieures à celles que nous avons décrites dans ce mémoire. Répétons encore une fois que nous nous gardons de tirer dès maintenant des conclusions générales, et voulons les réserver pour un second travail que nous publierons bientôt et dans lequel nous étendrons nos comparaisons aux principales formes de la famille des Cestodes.

phologique éloignée ; il marque, pour ainsi dire, un processus nouveau. Les espèces du type du *T. expansa* semblent constituer le degré de différentiation le plus élevé dans la série. La double délamination qu'ils subissent nous paraît une complication importante de leur embryogénie, elle correspond peut-être, à un stade de la vie embryonaire par lequel ces formes ne passent plus.

Le schéma général du développement de tous ces Cestodes semble donc pouvoir s'énoncer ainsi : à l'œuf des Cestodes inférieurs, sont annexés des éléments vitellins d'origine spéciale, qui disparaissent chez les types élevés. La segmentation est régulière, sauf les cas où la présence de nombreux éléments nutritifs condense les phénomènes de division. La présence constante d'un vitellus abondant, assimilé ou accessoire, supprime des formes embryogéniques normales comme le stade gastrula, par exemple, et la masse blastodermique qui résulte de la division de l'œuf, malgré son apparence morulaire, forme en réalité un organisme d'ordre plus élevé. Un phénomène très important, par suite de sa constance par tout le groupe, est celui de la délamination ; comme nous l'avons vu, une couche entière de cellules blastodermiques se détache de l'embryon, pour former une membrane dont le sort est très variable (membrane ciliée, coque de bâtonnets, dégénérescence granuleuse, etc). Nous avons vu qu'une seconde couche blastodermique se détache dans certains types. La Ligule semble nous représenter un état dans lequel cette couche est le moins éloignée de l'état primitif. L'enveloppe ciliée du jeune animal, avec la différentiation spéciale de ses éléments, son indépendance totale de l'embryon, son rôle très accessoire, nous empêchent, toutefois, de considérer l'embryogénie de la Ligule, comme celui d'un type primitif ; c'est, tout au plus, entre les Cestodes, celui qui s'en rapproche le plus. Le fait de la délamination correspond, pour nous, à un processus important dans l'embryogénie dilatée des types primitifs vrais, processus qui a beaucoup contribué à donner aux Cestodes leurs caractères si tranchés. La délamination semble correspondre à la perte des organes de relation ; ceux de ces organes qui existent chez les Cestodes adultes, crochets ou ventouses, sont vraisemblablement acquis et non point primitifs.

D'un autre côté, Il faut bien avouer que la structure de l'embryon hexacanthe, telle que nous l'avons fait connaître, ne se rattache à rien que nous sachions, et nous ne pouvons dire encore la signification des six crochets.

Il résulte de tout cela que nos connaissances embryogéniques actuelles sont beaucoup trop insuffisantes pour établir à elles seules les relations prochaines des Cestodes. Il y a, entre ces animaux et les types libres les plus voisins, une lacune beaucoup trop grande, pour qu'on puisse la combler par des vues de l'esprit.

Historique.

Nous voulons maintenant faire rapidement l'historique des connaissances embryogéniques que l'on possédait auparavant sur les Cestodes, pour faire ressortir les données que nous avons fournies sur la question.

Espèces du type Tænia Serrata.

Les processus généraux du développement de l'œuf des Cestodes ont été indiqués par le célèbre helminthologiste de Louvain, P. J. van Beneden, dans son *Mémoire sur les vers Cestoïdes* ; les données fournies par cet auteur étaient évidemment inspirés par l'observation des œufs d'un *Echeneibothrium*, mais ces renseignements sont peu complets et difficilement utilisables.

Les premières observations embryogéniques positives sur ce groupe sont dues à Leuckart qui les exposa dans deux ouvrages remarquables (1).

Pour le professeur de Leipzig, la membrane qui entoure l'embryon est tantôt vitreuse, tantôt formée de granules ou de bâtonnets serrés les uns contre les autres et disposés à la façon de rayons, mais cette enveloppe n'est pas toujours la seule. Chez beaucoup d'espèces, on trouve, à une certaine distance, une seconde et même parfois une troisième membrane. En d'autres cas, comme chez le *Tænia solium* et les espèces voisines, on trouve la coque enveloppée d'une membrane albumineuse qui renferme des granules brillants souvent groupés en une grosse masse.

Les premiers phénomènes que présente l'œuf après la fécondation, consistent en une augmentation du volume de la vésicule germinative et en un groupement des granules vitellins épars jusque là sous la membrane vitel-

---

(1) R. Leuckart. *Die Blasenbandwürmer und ihre Entwickelung*, Giessen, 1856. *Die menschlichen Parasiten und die von ihnen herrührenden Krankheiten*, Leipzig, 1863

line ; ceux-ci forment une grosse masse à côté de la vésicule germinative. La vésicule germinative se divise et les cellules blastodermiques forment bientôt, en se multipliant, un amas de cellules si petites qu'on ne peut plus les distinguer aux plus forts grossissements. L'amas des granules vitellins persiste à côté des cellules blastodermiques.

D'après Leuckart, la coque de bâtonnets de l'embryon, est formée par une partie des granules vitellins. L'enveloppe albumineuse qui la revêt à l'extérieur, représente l'ancienne matière vitelline : c'est par conséquent une partie de l'œuf primitif, tandis que la coque est une formation nouvelle. Tandis que, chez les Tænias, l'amas de cellules tout entier se transforme en embryon, chez le Bothriocéphale, l'amas cellulaire donne naissance à une couche périphérique et à un amas central, ce dernier formant seul l'embryon.

C'est là, pour Leuckart, le développement embryonnaire des Tænias et des espèces voisines dont les œufs sont petits et le vitellus clair.

Pour van Beneden, il y a chez les Cestodes, deux glandes génitales femelles : un germigène et un vitellogène, concourent à la formation de l'œuf. Le germigène fournit les ovules, qui sont dépourvus de membrane et se forment aux dépens d'une masse protoplasmique commune à noyaux. Le prétendu vitellus, formé d'un amas de matières nutritives, prend naissance dans les cellules des glandes vitellogènes. Quand une certaine quantité de substance nutritive est venue entourer une cellule germinative, une membrane se dépose autour de cet ensemble, et dès lors l'œuf est formé.

Ed. van Beneden a étudié le *Tænia bacillaris* au point de vue embryogénique. Pour lui, et contrairement à l'opinion de Leuckart, qui admet une multiplication endogène, les deux premières cellules sont dues à la division de la vésicule germinative, et les élements blastodermiques se forment au milieu du liquide vitellin. Les dessins de Ed. van Beneden représentent à ce sujet un certain nombre de stades d'une segmentation régulière, jusqu'à la formation d'une sorte de morula.

« Plus tard, dit van Beneden, les cellules embryonnaires, d'abord toutes » semblables entre elles, se différencient en deux couches : les cellules » périphériques se multiplient plus rapidement que les cellules sous » jacentes ; elles vont former à la surface une couche de cellules plus pâles » et plus petites. »

« En même temps, l'œuf grandit, et une quantité de liquide de plus en

» plus grande, vient s'interposer entre l'embryon et la coque. Bientôt, on
» voit ce liquide pénétrer entre la couche de cellules embryonnaires qui
» forment maintenant une lame continue, et la masse centrale qui va former
» l'embryon. La couche cellulaire périphérique s'écarte de plus en plus de
» l'embryon, et le liquide s'accumule dans cet espace. En même temps.....
» les crochets apparaissent. On voit se former autour de l'embryon une
» membrane anhiste, peu épaisse, immédiatement appliquée sur lui. Il s'en
» forme une seconde et même une troisième, toutes concentriques et même,
» immédiatement en contact les unes avec les autres. Le liquide qui s'était
» interposé entre l'embryon et son enveloppe cellulaire, diminue et finit
» par disparaître en grande partie. Il est clair que c'est à ses dépens que se
» forment les membranes sans structure qui entourent l'embryon..... »

Pour Ed. van Beneden, la membrane qui se détache de l'embryon correspond à celle qui, dans les Bothriocéphales, forme la membrane ciliée, et c'est par les petits appendices de l'œuf, que pénètre le liquide nécessaire à la nutrition de l'embryon (1).

Les observations de Sommer sont les plus récentes, qui aient paru sur l'embryogénie des espèces du type *Tænia serrata* elles ont été faites sur le *Tænia mediocanellata*.

Si on observe les œufs, dit Sommer, au-delà du point où la glande albumineuse vient s'ouvrir dans l'utérus, on les voit enveloppés d'une couche d'albumine qui protége ainsi la cellule ovarienne et son vitellus accessoire (*Nebendotter*).

Le vitellus accessoire, dans l'ovaire même, est formé..... d'ordinaire d'une masse unique, nettement délimitée, vitreuse, appliquée contre l'œuf, sous le vitellus principal. (*Hauptdotter*). L'œuf, arrivé dans l'utérus, montre d'abord deux, puis plusieurs granules de vitellus accessoire. Ceux-ci, varient beaucoup en dimensions ; ils ne sont pas rapprochés les uns des autres, mais disséminés à la périphérie de la vésicule germinative et de son vitellus principal (*Hauptdotter*). Les caractères du vitellus accessoire sont maintenant changés : « ihr Anselm ist vielmehr ein vollkommen homogenes, sie sind etwas
» aufgequollen, ihr Glanz ist ungleich lebhafter als vordem, sie scheinen
» in einen weichflüssigen oder Zähflüssigen Zustand übergeführt worden zu

(1) Ed. van Beneden. Recherche sur la composition et la signification de l'œuf. *Mémoires couronnés de l'Académie roy. Belg.*, t. 34, 1870, p. 53 et suiv.

» sein. Man erhalt den Eindruck als seien sie durch Ablösung oder Abspal-
» tung aus dem Ursprünglich einen Nebendotterkorn entstanden, oder als
» sei das ursprüngliche Korn, nachdem es in einen zähflüssigen Zustand
» übergeführt, gleichsam in mehrerer Tropfen zerflossen..... »

Pour ce qui concerne le vésicule germinative après la fécondation, elle ne disparaît pas, d'après SOMMER, mais, au contraire, elle acquiert bientôt un diamètre double.

Au stade ultérieur, « Die Unterschied...... betrafen wesentlich nur das Keimbläschen. Das letztere war wie jenes von einen nur dünnen Protoplasmamantel (Hauptdotter) umgeben...... sein Inhalt aber erschien nicht mehr wolkig getrübt wie vordem, sondern war vollkommen wasserhell und zeigte nunmehr ein ziemlich scharf umrandetes, grosses Kernkörperchen, d. h. einen Keimfleck. »

D'après SOMMER, les œufs dans l'utérus se grouperaient en amas difficiles à étudier, et l'extrême transparence de l'œuf serait un autre obstacle à l'observation. L'auteur allemand a vu des stades dans lesquels la vésicule germinative était remplacée par deux ou plusieurs éléments à noyaux clairs et très gros; il n'est pas douteux, dit-il, que ces cellules proviennent de la vésicule germinative. Il y a autour de l'œuf une enveloppe albumineuse qui contient les granules de vitellus accessoire.

Nous avons reproduit tous les stades embryogéniques figurés par SOMMER, dans notre Pl. XII, fig. 15 à 24.

Laissons de côté, pour un instant, les observations de Ed. VAN BENEDEN sur le *Tænia bacillaris*, qui appartient à un type différent, et comparons les données fournies par LEUCKART et par SOMMER sur l'embryogénie des *Tænia solium* et *mediocanellata*. C'est dans les termes les plus différents que s'expriment ces deux auteurs, bien que, d'après nos observations, le développement de ces deux espèces soit fondamentalement le même.

Quelle est la raison d'une divergence qui pourrait faire croire qu'il s'agit des animaux les plus éloignés? Sans aucune hésitation, nous rejetons complètement les observations de SOMMER : aucun des faits avancés par cet auteur n'est exact. Il suffira de consacrer quelques lignes à leur réfutation.

Et tout d'abord, disons que l'enveloppe albumineuse figurée et décrite autour des œufs par l'anatomiste allemand, n'existe pas en réalité. Connaissant la structure anatomique des Tænias, on pouvait la nier a priori. Les œufs en mauvais état de conservation, ceux qui ont trempé dans l'eau, présentent très nettement cette fausse enveloppe, qu'on n'observe pas lorsqu'on étudie les œufs frais dans l'albumine ; elle se forme par endosmose des liquides à travers la membrane vitelline, et c'est cette dernière membrane qui la limite à l'extérieur. Disons, à cet égard, que tous les auteurs ont commis la même erreur que SOMMER en décrivant l'enveloppe albumineuse des Cestodes (VAN BENEDEN, DUJARDIN, LEUCKART, WEDL, etc.). De tous les Cestodes dont nous avons observé les œufs, le *Tænia pectinata*, seul, nous a présenté autour de l'œuf, une formation analogue, en apparence, (pl. II, fig. 68) mais qui n'est pas de nature protéique.

A priori aussi, on peut élever les doutes les plus légitimes sur les stades embryogéniques dessinés par SOMMER (voyez notre pl. XII, fig. 21 à 24). Ils donnent l'impression de stades pathologiques ; tous les éléments contiennent en leur centre une énorme vésicule claire et n'ont aucune apparence cellulaire. Il en est de même des formations que SOMMER considère comme des œufs primordiaux et qu'il dit provenir de l'ovaire. Les figures 35, 36 et 37 de notre planche II montrent que les œufs du *Tænia saginata* passent par les mêmes stades que ceux des *Tænia solium* ou *marginata*.

Quant aux deux vitellus dont parle SOMMER, ce que nous avons décrit plus haut explique suffisamment les grosses erreurs qu'il a commises à leur sujet.

Restent les observations de LEUCKART, sur les *Tænia solium* et *serrata*. Comme on a pu le voir par notre analyse, elles concordent en partie avec les nôtres. Elles en diffèrent pour ce qui est relatif aux différentes enveloppes de l'œuf dont LEUCKART n'a pu suivre pas à pas la formation, et au sujet desquelles on conçoit très bien qu'il se soit trompé. Pour ces espèces en particulier, le savant helminthologiste n'a pas vu les processus intimes des premiers stades, ni le nombre et la disposition des masses vitellines, les corpuscules polaires lui ont échappé, il n'a pas observé l'important phénomène de la délamination; c'est pourquoi LEUCKART n'a pu attribuer aux différentes parties de l'œuf leur véritable signification.

Ed. van BENEDEN, dans son magnifique mémoire sur la composition de l'œuf, combat l'idée de LEUCKART, d'après laquelle les cellules embryonnaires des Cestodes, se formeraient aux dépens de la vésicule germinative; pour lui, ce que LEUCKART appelle une *vésicule germinative* est une cellule complète. Nous ne pouvons que confirmer, par nos recherches personnelles, le fait avancé par van BENEDEN. Malheureusement, nos observations sur l'œuf du *T. bacillaris* ne concordent pas avec celles du savant naturaliste de Liège, bien qu'il s'agisse très certainement de la même espèce. On peut en juger ne comparant nos dessins, avec l'analyse que nous avons faite du mémoire de van BENEDEN. Comme les données fournies par ce travail ne concordent pas avec ce que nous avons vu pour les autres espèces de Cestodes, nous devons chercher à nous expliquer la raison de cette divergence: ce n'est pas chose difficile. Et tout d'abord, chez le Taenia étudié par van BENEDEN, il n'existe pas de glandes vitellogènes; ce premier point a une grande importance, car il s'ensuit que les premiers stades, tels qu'ils sont décrits par cet auteur, doivent recevoir une interprétation différente que celle qu'il leur donne. Nous pensons que les œufs observés par lui étaient en mauvais état et infiltrés de liquide: souvent il suffit, pour trouver les très jeunes œufs altérés, de les observer quelque temps après la mort de l'animal qui les porte; l'endosmose les a désagrégés. Nous concevons très-bien comment le stade dessiné dans notre travail fig. 59, pl. 11, correspond à la fig. 12 pl. III de van BENEDEN et les stades ultérieurs sont encore moins difficiles à accorder. Les degrés de développement que nous avons observés et figurés, suffisent pour indiquer les processus généraux du développement du *Tænia bacillaris* et montrent que cette espèce n'est pas aberrante en réalité. Les membranes concentriques se forment d'une façon un peu différente de celle qui est décrite par van BENEDEN; nous avons parlé du groupement particulier des granules vitellins dus à la transformation de la couche délaminée (1).

Espèces du type Tænia expansa.

On ne possédait aucune donnée sur l'embryogénie des espèces du type de *Tænia expansa*; des auteurs comme DAVAINE (2) ou comme WEDL (3) avaient bien indiqué la présence de l'appareil pyriforme, dans l'œuf de certaines espèces, mais ils n'étaient entrés dans aucun détail à sujet.

En 1878, un peu après la publication de ma note préliminaire (4) sur l'em-

---

(1) Nous n'avons pas observé les « prolongements filiformes » de la coque de l'œuf que Ed. VAN BENEDEN, dans un travail très remarquable, a récemment indiqués chez le *Tænia saginata*. Notre attention n'était pas attirée sur ce point quand nous nous occupions de l'embryogénie de ces Tænias.

(2) DAVAINE, Traité des Entozoaires; 2e édit., p. LIII.

(3) WEDL, *Zur Oologie und Embryologie der Helminthen*, Sitzungsb. d. math. naturw Wien; 15 février 1855.

(4) R. MONIEZ, *Note sur l'embryogénie des Cestodes*, Comptes-rendus de l'Académie des Sciences novembre 1878.

bryogénie des Cestodes par conséquent, M. le prof. Ed. Perroncito, de Turin, bien connu par ses très remarquables travaux sur les Helminthes, étudiant le *Tænia alba* (1) publia sur l'œuf de cette espèce des détails intéressants que je rectifiai ou étendis plus tard (2); il ne fit aucune recherche sur l'embryogénie proprement dite; ce sont là tous les documents publiés jusqu'ici sur la question.

Comme nous l'avons fait voir, et contrairement à l'opinion de Perroncito, l'appareil pyriforme ne se termine pas dans la masse retenue entre les pinces; celle-ci en est absolument indépendante, et nous savons quelle est la signification des stries qui rayonnent autour d'elle. Il est très facile de s'expliquer la légère erreur de Perroncito qui observait des œufs développés et très obscurs, alors que ses observations n'étaient pas guidées par les stades antérieurs, et qu'il manquait des points de comparaison nécessaires.

Structure des embryons.

« Les crochets sont très mobiles, dit P. J. van Beneden, mais il ne nous a pas été possible de distinguer un organe quelconque, ni autour d'eux, ni dans l'intérieur du corps. L'embryon semble formé, à cette époque, d'une masse gélatineuse vivante (3).

Un peu avant J. P. van Beneden, Guido Wagener avait fait une remarque que nous reproduisons littéralement « Am Kôrper des Embryon's ist ausser » den Haken, welche.... zuweilen etwas wie contractile Faden an ihrem » festsitzenden Ende zeigen, nichts zu bemerken. Die für unsere Instrumente » structurlose Masse zeigt zuweilen Kôrnchen und belle Räume, — so « besonders in der Medianlinie des Thieres und zu deren Seiten » (4).

Bien que Wagener ne donne rien de précis à ce sujet et n'indique pas quelles espèces il a étudiées, ces observations n'en sont pas moins importantes. Elles semblent plutôt se rapporter au type auquel nous avons fait

---

(1) Ed. Perroncito. *Di una nuova specie di Tænia* (*Tænia alba*) in Annali della. R. Academia d'Agricoltora di Torino (février 1878).

(2) R. Moniez. *Nouvelles observations sur l'embryogénie des Cestodes.* Bullet. scientif. du Nord, 1880, p. 242.

(3) P.-J. Van Beneden. *Mémoire sur les Vers intestinaux.* p. 237. Supplément aux Comptes-Rendus de l'Académie des Sciences, 1858.

(4) G.-R. Wagener. *Die Entwickelung der Cestoden*, Verhandl. der Kais. Leopod. Carol. Akad. der Naturforscher, 1855, Suppl. t. XXIV, p. 19.

allusion à propos du *Tænia serpentulus*, et que nous étudierons incessamment.

Un autre auteur, que nous devons citer, plus affirmatif que WAGNER, mais qui ne paraît pas avoir attaché d'importance à son observation, c'est PAGENSTECHER : « Die reifen Embryonen, dit-il à propos du *Tænia microsoma*, » haben.... Haken, zu deren Wurzel und Zähnfortsatzen besondre musku- » lose Streifen hintreten » (1). Les zoologistes ne semblent pas avoir relevé le fait important signalé par le savant naturaliste de Bonn.

Embryogénie des types analogues aux Bothriocéphales.

Dès 1843, KÖLLIKER suivit le développement d'un Bothriocéphale de l'Ombre, probablement celui que nous avons étudié nous-même et qui *n'est pas* le *Bothriocephalus proboscideus*. Les observations de KÖLLIKER étaient justes, bien qu'incomplètes. Il vit la première cellule embryonnaire donner successivement naissance aux très nombreuses cellules du blastoderme, en même temps que le vitellus se résorbait peu à peu et il montra, de plus, que la partie périphérique de l'amas celluiaire se séparait alors en membrane du reste de l'embryon. KÖLLIKER ne suivit pas cette couche délaminée, et il émit l'idée qu'elle se résorbait (2).

SCHUBART dessina l'embryon cilié du Bothriocéphale large. On sait dans quelles circonstances l'observation de ce savant médecin fut connue. Les documents continuaient à manquer : KNOCH, dans son long mémoire, fit connaître plusieurs faits intéressants, mais il n'observa pas les premiers stades, et ne vit l'embryon que lorsqu'il était complètement développé. Cet auteur ne donna sur l'œuf du Bothriocéphale aucun renseignement histologique ou histogénique. (3).

LEUCKART étudia, un peu après, le Bothriocéphale : les premiers stades lui échappèrent comme à KNOCH, mais il rectifia plusieurs observations de ce dernier. Pour LEUCKART, il y a entre l'embryon et la coque, un liquide

---

(1) PAGENSTECHER. *Beitrag zur Kenntnis der Geschlechtsorgane der Tænien*, Zeitschr f. wiss. Zool, 1858, t. IX, p. 523.

(2) KÖLLIKER, Beiträge zur Entwickelungsgeschicht wirbelloser Thiere, III, Bothriocephalus sallmons umblœ in *Muller Archir für Anatomie u Physiologe*, 1843, p. 91.

(3) KNOCH. Die Naturgeschichte des breiten Bandwurms, *Mémoires de l'Académie impériale de Saint-Pétersbourg*, t. V, 1862.

chargé de granules et de masses vitellines. Autour du corps, se trouve une enveloppe claire chargée de granules, qui porte de très longs cils. Le savant helminthologiste émet l'idée, conforme à la vérité, que la couche délaminée dont KÖLLIKER, n'avait pu suivre le destin, devait devenir une membrane ciliée (1).

En 1866, KNOCH, étudia une autre espèce de Bothriocéphale, le *Bothriocephalus proboscideus* qu'il rapporta, mais sans preuve, à l'espèce observée, par KÖLLIKER ; KNOCH ne vit pas la première cellule embryonnaire, chez cette espèce, mais il crut que les éléments considérés par nous comme vitellins, et qui disparaissent au cours du développement, se transformaient en cellules embryonnaires; cet auteur nia la délamination de l'embryon et ne dessina que des stades pathologiques (2).

En 1869, WILLEMOES-SUHM put observer les œufs du Schistocéphale, mais les premiers stades lui échappèrent, et il ne vit l'embryon que complétement formé Cet embryon est cilié. A part la forme des crochets, dont il donne un dessin, l'auteur allemand ne nous renseigne point sur la structure de l'embryon (3).

L'année suivante WILLEMOES-SUHM publia un court mémoire sur l'embryogénie de la Ligule et du Triénophore. Il ne vit pas les premiers stades du développement, et n'observa que l'embryon tout formé. Les dessins qu'il donne au sujet de ces deux espèces ne fournissent aucun document histologique et sa description, fort mauvaise, dénote une observation très superficielle (4).

Edouard VAN BENEDEN a aussi observé les œufs du *Solenophorus megacephalus*. « Les plus jeunes que j'ai pu découvrir, dit-il, renfermaient une » masse cellulaire centrale, qu'entourait un vitellus transparent, divisé en » petites masses arrondies, disposées tout autour de l'embryon. Ces petites » masses transparentes tenaient en suspension des corpuscules réfringents.... « Dans des œufs avancés, l'embryon hexacanthe était immédiatement » entouré d'une membrane unique, en dehors de laquelle se trouvait le

(1) LEUCKART. Die menschlichen Parasiten 1863, t. 1, p. 752.

(2) KNOCH. *Die Entwickelungsgeschichte des Bothriocephalus proboscideus (B. salmonis Kölliker's), als Beitrag zur Embryologie des Bothriocephalus latus*. Bulletin de l'Acad. imp. des Sciences de St-Pétersbourg, t. IX, 1866, col. 290.

(3) WLLEMOES-SUHM. Helminthologische Notizen, *Zeitsch. f. wiss. Zool.* 1869, t. XIX, p. 469.

(4) WILLEMOES-SUHM. Helminthologische Notizen II *Zeits. f. wiss. Zool*, 1870, t. XX, p. 94.

» reste du vitellus..... Le nombre des petites masses de matière nutritive » diminue et, en même temps, chacune d'elles devient plus volumineuse : » elles s'éclaircissent à mesure que l'embryon grandit, et finissent par se » fondre toutes les unes dans les autres. Je n'ai pas observé ici cette membrane » cellulaire dont nous avons signalé l'existence chez le *Tænia bacil-* » *laris.* » (1).

Un peu plus tard, WILLEMOES-SUHM publia des observations sur le *Bothriocephalus ditremus*. Il fit éclore les œufs dans l'eau, et put voir l'embryon cilié ; mais là se bornent les renseignements fournis par cet auteur ; son dessin est muet au sujet de l'embryophore (2).

En 1878, DUCHAMP publia un mémoire de BERTHOLUS sur le Botriocéphale large. Le travail de BERTOLUS ne tient aucun compte des observations que nous venons de rapporter. Le médecin de Lyon crut que la masse des granules vitellins de l'œuf se divisait brusquement en cellules, que la « tache embryonnaire » absorbait peu à peu en se développant. Puis « il apparaît, » dit-il, une ligne de démarcation de plus en plus tranchée, limitant à » l'intérieur de la masse totale un corps sphéroïde : c'est l'embryon qui se » montre, composé de deux parties dont l'interne seule, armée de 6 crochets, » continue à se mouvoir dans son enveloppe. »

L'embryon nage aussitôt l'éclosion, il est formé de cellules allongées « vers le centre de la masse », on remarque, chez quelques individus, une cavité sphéroïde ; la larve est enveloppée de toute part par un corps sphéroïde, creux, couvert de cils très longs, dans lequel elle peut se mouvoir.

« On n'aperçoit chez l'espèce qui nous occupe aucune trace d'organisation » dans l'embryophore lui-même ; mais, chez l'embryon du *D. proboscideum* » de la Truite, on reconnaît facilement que cette enveloppe est constituée » par de larges cellules prismatiques. Cette conformation nous fait regarder » l'embryophore des *Dibotrium* comme l'analogue de la coque en mosaïque » du Tænias » (3).

DUCHAMP publia, en même temps, des observations sur l'embryogénie de la Ligule ; pour lui, la masse vitelline se segmente en éléments cellulaires ; la

---

(1) Ed. VAN BENEDEN. Recherches sur la composition et la signification de l'œuf. *Mémoires couronnés de l'Acad. roy. Belg.*, t. XXXIV, 1870, p. 59.

(2) WILLEMOES-SUHM. Helminthologische Notizen III. *Zeits. f. wiss. Zool*, 1873, t. XXIII, p. 331.

(3) BERTOLUS. Mémoire sur le développement du *Dibothrium latum*, publié par Duchamp. Lyon, 1876.

tache germinative n'apparaît que beaucoup plus tard; elle donne bientôt l'embryon qui sort cilié de la coque.

L'embryon est formé de deux sphères emboîtées dont l'externe est due à de grandes cellules hexagonales; l'interne est formée de petites cellules de même forme : elle porte les six crochets.

Toute la description que DUCHAMP donne de ces phénomènes et que nous venons de résumer, dénote la plus grande ignorance des faits embryogéniques. (1)

M. DONNADIEU clôt la série des naturalistes qui se sont occupés de l'embryogénie de la Ligule. Son mémoire date de 1877.

D'après cet auteur, l'œuf « renferme une masse divisée en parties de » dimensions variables et le remplissant presque complètement. Vers le » milieu, on aperçoit une vésicule claire..... faut-il y voir une vésicule » germinative? Je ne saurais l'affirmer, car sa présence n'est pas constante... » Placé dans des conditions favorables, on voit se former. à peu près en son » centre, un petit espace clair qui devient une vésicule sphérique, autour de » laquelle viennent se grouper des vésicules semblables. »

« A la surface, apparaissent des cellules polyédriques...., puis on voit au » centre une grosse vésicule sphérique..... point de départ de l'embryon, » qui ira toujours en grandissant, pendant que se constitueront les corpus- » cules calcaires qui remplissent l'espace clair dont elle est entourée.

» L'embryon grandit, en refoulant toujours vers les parois la masse liquide » renfermant les corpuscules qui resteront constamment circa-embryon- » naires. Ces éléments serviront à constituer cette enveloppe que BERTOLUS » a nommé *embryophore*..... L'embryon est rempli intérieurement de » corpuscules calcaires.

» Leuckart ayant représenté de très longs cils vibratiles autour de l'em- » bryophore, ceux qui sont venus après lui en ont fait autant, et ainsi s'est » conservée la tradition qui attribue à l'embryophore des cils vibratiles d'une » longueur plus que douteuse...., c'est tout au plus s'il m'a été permis de » constater à la surface des cils très courts, et encore, en ce qui concerne » l'embryon lui-même, je dois déclarer ces organes douteux. Il est bon » cependant de remarquer que les mouvements de l'embryon sont exactement » ceux des Infusoires ciliés..... L'embryophore rompu, l'embryon complè-

(1) DUCHAMP. Recherches anatomiques et physiologiques sur les Ligules, Lyon, 1876.

» tement libre, se comporte comme un véritable infusoire. Il se met à nager » en tournant avec une extrême rapidité. » (1).

En résumé, les observations de Kölliker et de Leuckart étaient les meilleures que possédait la science au sujet des espèces voisines du type Bothriocéphale; celles de Knoch étaient beaucoup moins bonnes, et celles de Willemoes-Suhm fort insuffisantes. On avait surtout la notion nette d'embryons ciliés, et la couche cellulaire délaminée était connue dans son origine, grâce à Kölliker et à Leuckart, mais on ne savait rien de sa structure.

Les observations de Bertolus et celles de Duchamp venaient, en somme, confirmer ce qu'avaient vu les auteurs précédents, sans y rien ajouter. Donnadieu alla au contraire en arrière à propos de la formation de l'embryophore qu'il attribua au vitellus; il appela les granules vitellins des corpuscules calcaires, nia l'exactitude des données fournies par ses prédécesseurs sur les dimensions des cils, et figura des cils sur l'embryon lui-même; il prétendit d'ailleurs avoir vu l'embryon sorti de l'embryophore et nager comme un Infusoire; toutes erreurs que nous ne pouvons discuter et dont nous avons parlé ailleurs (2).

En somme, la pauvreté ou l'inexactitude des documents que nous venons de résumer est assez extraordinaire; elle peut seulement s'expliquer par l'insuffisance de l'observation, et surtout, par le mauvais état dans lequel se trouvaient les œufs que l'on a étudiés, ce qui ressort nettement lorsqu'on jette un coup d'œil sur les figures publiées. L'étude embryogénique des Cestodes n'est cependant pas difficile; elle est surtout œuvre de patience, et c'est pourquoi nous sommes arrivé à des résultats les plus complets.

Ajoutons à cela que, jusqu'ici, toutes les recherches embryogéniques faites sur les Cestodes, n'avaient été appliquées qu'à un très petit nombre d'espèces; on n'avait aucunement tenté de les étendre à des types différents, pour chercher l'explication des particularités que présentaient les premières formes étudiées. Nos efforts ont tendu à combler cette lacune mais si, dans cet ordre d'idées, nous sommes arrivé à résoudre quelques problèmes, nous n'en continuons pas moins à poursuivre l'étude de ceux qui nous ont échappé, et ceux-là sont nombreux.

---

(1) Donnadieu. Contribution à l'histoire de la Ligule. *Journal de l'Anatomie et de la Physiologie*; 1879.

(2) R. Moniez. Embryogénie de la Ligule. *Bulletin scientifique du Nord*, 1880, p. 112.

II.

DÉVELOPPEMENT DES SPERMATOZOÏDES DES CESTODES.

Nous avons pu suivre d'une manière complète le développement des spermatozoïdes des Cestodes, en combinant la méthode des coupes et la dilacération d'animaux frais.

Nous étudierons dans un autre mémoire l'origine des éléments qui composent les follicules testiculaires. Le premier phénomène que l'on peut remarquer sur les cellules embryonnaires de ces organes, est une augmentation considérable de volume, corrélative de l'apparition à leur intérieur, de granules très fins et très nombreux (pl. 3 en *a*). D'abord, très net, le noyau finit par disparaître, dissous ou caché par les granules et ce second stade est suivi brusquement de l'apparition, à l'intérieur de la cellule primitive, de cellules-filles relativement nombreuses, nées par voie endogène. Ces éléments, selon toute vraisemblance, se forment, plusieurs à la fois, ce qui explique pourquoi je n'ai pu trouver de terme de passage. Les figures marquées dans la planche III par la lettre *b* représentent les stades successifs de l'évolution de la cellule-mère, et du développement des cellules-filles formées à son intérieur. Ces dernières, augmentant en volume et en nombre, se trouvent vite à l'étroit dans la cellule-mère, et bientôt, l'une d'elles, soulève sa paroi à la manière d'un bourgeon et finit par devenir nettement extérieure. Cette première cellule qui fait hernie, est bientôt suivie dans son voisinage par une seconde, puis par une troisième cellulefille, et, le nombre de ces éléments continuant à augmenter, il y a bientôt, à la partie supérieure de la cellule-mère, un bouquet de cellules-filles au nombre de 12, 16, 18 et plus, nettement pédiculées, arrondies dans leur partie libre, et qui arrivent même à se superposer en plusieurs étages. Les cellules-filles ne bourgeonnent au dehors que sur un seul côté de la cellule-mère.

La prédominance considérable des cellules pédiculées sur la cellule-mère, finit par cacher celle-ci, soit qu'elle se réduise de plus en plus, soit que les éléments enfermés à son intérieur continuent à sortir au dehors, soit encore qu'elle se détache, pour reprendre plus ou moins les caractères d'une cellule-mère avant le bourgeonnement.

Dans des anneaux plus âgés, on trouve surtout des sortes de rosettes formées d'éléments pyriformes, réunis en un centre commun et plus ou moins nombreux selon les accidents de la dilacération (pl. III en *c*). Ces rosettes ne sont autre chose que les cellules-filles décrites plus haut, et qui se sont détachées en masse de la cellule-mère. Il ne peut y avoir de doute à ce sujet, puisque ce stade succède chronologiquement à celui que nous venons de décrire, et que les éléments de la rosette ont la forme, les caractères histologiques et la disposition en bouquet des cellules-filles.

Les éléments des rosettes, détachées de leur cellule-mère, augmentent vite en volume et deviennent de plus en plus granuleux : ils marquent par là qu'ils vont entrer en active reproduction. Devenues très grosses, ces cellules pédiculées se séparent les unes des autres (Pl. III en *d*), perdent leur contour pyriforme et deviennent arrondies.

Je n'ai pu voir le stade qui suit immédiatement l'isolement des cellules en rosette. Ces éléments diffèrent surtout de la cellule-mère primitive par leur taille plus considérable, mais l'on comprend qu'il soit assez difficile de toujours les distinguer : l'on sait quelles difficultés opposent à l'observation ces formations endogènes, qui font brusquement apparaître un grand nombre d'éléments à la fois. Ces difficultés sont augmentées encore ici par l'incertitude du procédé, la petitesse des éléments à observer et par ce fait qu'un follicule d'un âge déterminé, loin de présenter tous ses éléments au même degré de développement, offre souvent plusieurs stades ensemble. Ces difficultés d'ordre divers sont considérables, comme l'on pourra s'en convaincre.

Quoiqu'il en soit, à un stade ultérieur, les cellules-filles isolées qui proviennent des rosettes et sont, proprement, les cellules-mères des spermatozoïdes, offrent bientôt à leur intérieur un très grand nombre da cellules petites-filles, qu'il serait plus juste d'appeler les jeunes spermatozoïdes, si elles ne devaient continuer à se multiplier pendant quelque temps. Nous avons figuré ce stade Pl. III en *e*.

Quand les cellules-mères des spermatozoïdes ont atteint les dimensions que rappellent nos dessins, on voit la membrane se soulever par un processus très semblable à celui que nous avons signalé plus haut pour la formation de la rosette de cellules-mères. Toutefois, dans ce cas, au lieu de sortir sur un côté seulement, les cellules, nées encore par voie endogène, saillent par tous points de la sphère, et la hérissent de tubercules (Pl. III en *f*). Avec quelque attention, on peut voir la membrane de la cellule-mère, qui ne s'applique pas toujours immédiatement sur les cellules herniées, encore soulevée par l'une d'elle et laissant un vide au-dessus des cellules voisines. Ces cellules sorties au dehors, sont dépourvues de granulations vitellines. Un peu plus tard, les éléments non pédiculisés, au contour arrondi, qui hérissent la périphérie, s'amincissent par leur extrémité libre et deviennent pyriformes : la partie grêle de ces éléments, qui sont de vrais spermatozoïdes, va devenir encore plus mince et s'allongera en un filament. (Pl. III, *g*), la queue du spermatozoïde. Tant que la queue n'est pas marquée, et pendant que les éléments sortis de la cellule-mère restent pyriformes, celle-ci a un aspect régulier, mais, une fois formés, les jeunes spermatozoïdes peuvent se détacher, ce qui donne un contour irrégulier à l'élément qui les porte. J'ai parfois vu, mais très rarement à la vérité, tous les spermatozoïdes développés du même côté. (Pl. III, en *g*). — Les queues des spermatozoïdes vont s'allongeant de plus en plus, en même temps que leur tête perd de son volume et ils finissent par se détacher. Une fois libres, leur appendice n'en continue pas moins à s'allonger. (Pl. III, en *j*). En même temps, la tête se réduit et devient même extrêmement petite. A mesure que les spermatozoïdes se détachent, d'autres sortent à l'extérieur pour les remplacer. Je ne sais à quel degré s'arrête ce processus.

J'ai observé, dans le développement des spermatozoïdes, quelques anomalies qui ne laissent pas de corroborer mes observations : ainsi, il arrive que la membrane de la cellule-mère soit distendue, problablement par endosmose : on en voit deux exemples, Pl. III, en *i*. Dans l'un d'eux, un certain nombre de cellules détachées de la masse, sont disposées contre l'enveloppe cellulaire qu'elles soulèvent encore légèrement, dans l'autre, l'endosmose s'est exercée entre les cellules sorties à la surface, et elles se trouvent ainsi isolées de la portion de membrane qui les recouvrait d'abord.

On voit, Pl. III, en *l*, un stade dans lequel les cellules groupées en bouquet, ont une très grande prédominance sur l'élément qui leur a donné naissance et qui va se réduire peut-être encore plus. Dans la même planche, en *m*, j'ai représenté deux cas pathologiques curieux. Dans l'un, une partie seulement de la cellule-mère s'est transformée en petits éléments, le reste forme une masse granuleuse, qui a suivi et poussé devant elle les premières cellules herniées, formant ainsi des sortes de boyaux à la surface de la cellule-mère; dans l'autre cas, il semble que la paroi de la cellule-mère était trop résistante pour laisser sortir chacune des cellules incluses par un point particulier; ces éléments ont tous gagné l'extérieur en profitant du refoulement de membrane effectué par les premières d'entre elles. On a ainsi des sortes de boyaux remplis de cellules-mères de spermatozoïdes.

Nous avons suivi le développement des spermatozoïdes, tel que nous venons de le donner dans tous ses détails, chez le *Tænia cucumerina*. Cette espèce nous a paru la plus favorable pour cet objet, mais tous les autres Cestodes que nous avons observés, nous ont présenté les mêmes phénomènes. Nous avons retrouvé, en tout ou en partie, chez les *Tænia serrata*, *saginata*, *expansa*, *denticulata* et chez le Triénophore, les stades que nous avons figurés. Nous ne doutons pas que, chez tous, ils ne présentent la même succession, et nous croyons qu'il n'intervient guère chez eux, d'autres phénomènes. Disons toutefois, que chez les Tænias du type de l'*expansa*, les éléments spermatiques nous ont paru beaucoup plus volumineux (Pl. III, en *k*). Nous avons aussi figuré sous la même lettre *k*, un stade observé chez le *Tænia denticulata* et dans lequel les cellules-mère des spermatozoïdes forment une masse allongée, qui laisse échapper un fort faisceau de queues de spermatozoïdes par une de ses extrémités. Jusqu'ici, je n'ai pas assez étudié les spermatozoïdes des espèces de ce type pour me prononcer sur la valeur ou sur la signification du stade que nous avons représenté.

Les spermatozoïdes de la Ligule asexuée ne dépassent jamais un certain stade, le stade en rosette, décrit plus haut. Nous avons donc trouvé dans cet animal un excellent point de repère pour fixer les phases antérieures ou postérieures à ce degré de développement, chez les espèces que nous avons pu étudier beaucoup plus complètement, mais dans lesquelles les différents stades d'évolution des produits mâles se présentaient pour ainsi dire pêle-mêle.

Le développement des spermatozoïdes n'était pas connu, SOMMER et

Landois pour le Bothriocéphale large (1), Sommer pour le *Tænia saginata* (2), ont bien figuré quelques stades, sans en chercher la succession, mais la plupart sont insignifiants, et plusieurs formes représentent des pathologiques. Nous ne croyons pas devoir analyser ce que les auteurs allemands disent à ce sujet et nous préférons renvoyer le lecteur à leur travail. Citons pour mémoire le remarquable travail de Salensky sur l'*Amphilina*: (3) le naturaliste russe signale, chez cette forme intéressante, plusieurs stades que nous avons rencontrés chez les Cestodes vrais, mais il est fort probable que la série complète du développement ne se borne pas là chez cette espèce, et qu'il y a une très grande analogie, au point de vue des spermatozoïdes, entre l'*Amphilina* et les vrais Cestodes.

L'étude des spermatozoïdes dans la série animale est très peu avancée. Comme on ignore encore la valeur des processus observés, et comme les documents au sujet de ces produits, sont jusqu'ici très peu nombreux, nous ne chercherons pas à rattacher maintenant les faits que nous avons observés chez les Cestodes, avec ce que l'on connaît chez les autres animaux. Nous ne pouvons, toutefois, nous empêcher de signaler la grande analogie du développement des spermatozoïdes du Lombric, comparé à celui des produits mâles des Tænias. Cela résulte de la comparaison de nos dessins avec ceux que donne Bloomfield dans son intéressant mémoire « *On the development of the Spermatozoa* » (4).

Nous avions publié longtemps avant Bloomfield le résultat de nos observations.

---

(1) Sommer et Landois. *Ueber den Bau der geschlechtsreifen Glieder von Bothriocephalus latus*. Zeits. für wiss. Zool., 1872.

(2) Sommer. *Ueber den Bau und die Entwickelung der geschlechtsorgane von Tænia mediocanellata*. Zeits. f. wiss. Zool. 1874.

(3) Salensky. *Ueber den Bau und Entwickelungsgeschichte der Amphilina*. Zeits. f. wiss. Zool., t. XXIV, 1874).

(4) Bloomfield. Quarterly Journal of microscopical Science, 1880, p. 79.

(5) R. Moniez. *Sur les spermatozoïdes des Cestodes*. Comptes-rendus de l'Académie des Sciences. 15 juillet 1878.

III.

SUR LE LEUCKARTIA.[1]

Il importe, en commençant ces études anatomiques, de préciser le sens des expressions par lesquelles nous désignerons les différentes parties du corps des Cestodes.

En procédant de l'extérieur à l'intérieur, nous rencontrons d'abord la *cuticule*, membrane dont nous avons étudié ailleurs le mode de formation ; la cuticule est généralement amorphe, de nature réfringente.

Au dessous de la cuticule, s'étend une couche de fins granules qui lui est intimement unie ; de cette couche granuleuse sortent les *cellules musculaires sous-cuticulaires*, rattachées aux tissus des parties centrales par leur autre extrémité. Ces cellules musculaires sont généralement fusiformes; elles se groupent en un petit nombre de rangées.

En dessous de cette *couche sous-cuticulaire*, s'étend la *zone intermédiaire*. formée d'un réseau d'aspect conjonctif; elle va jusqu'aux *muscles longitudinaux*. Ceux-ci forment une couche, souvent très puissante, qui limite extérieurement des fibres disposées en sens contraire, que, pour la brièveté du langage, nous appellerons souvent du nom de *muscles circulaires*. En réalité ces éléments se groupent de manière à former deux plans, l'un supérieur

(1) Je suis heureux de pouvoir dédier cette forme intéressante au très savant helminthologiste, R. F. Leuckart, à qui la science est redevable de tant d œuvres remarquables, en particulier sur les Helminthes.

et l'autre inférieur ; ils sont étendus dans toute la largeur de l'anneau et se croisent par leurs extrémités.

La zone des *fibres musculaires circulaires* limite la partie centrale de l'anneau, celle dans laquelle se forment les produits génitaux et que nous appellerons la *zone centrale*. Elle est formée principalement de fibres allant de haut en bas, plus ou moins nettes, et qui donnent naissance à des branches anastomosées. Ce sont les éléments de ce reticulum qui forment tous les organes et les produits génitaux du Cestode.

La fig. 3 de Pl. IV et la fig. 2 de Pl. VII aideront à concevoir ces délimitations assez artificielles, nécessaires cependant pour la netteté de l'exposé et la concision du langage.

I. — Étude des Rudiments.

Si nous observons une coupe transversale prise sur un anneau jeune et dont les produits génitaux ne sont pas encore développés, nous remarquons, tout d'abord, la grande prédominance des fibres musculaires longitudinales qui occupent la plus grande partie de la coupe (Pl. VI fig. 5 en *fml*). Ces fibres sont groupées en petits faisceaux séparés par les tissus ; les couches musculaires circulaires sont peu épaisses, la zone centrale (id. *zc*) est peu étendue.

Le tissu interposé aux faisceaux musculaires longitudinaux, étudié à l'aide de forts grossissements, se montre comme un réseau très fin, très serré, qui contient de nombreux éléments fusiformes ou arrondis, nucléés, manifestement rattachés au réticulum. La zone intermédiaire, en continuité parfaite avec la précédente, nous offre une structure histologique identique, à cela près que les éléments cellulaires, y sont plus abondants. Les corpuscules calcaires, peu nombreux chez le *Leuckartia*, se trouvent aussi représentés dans cette zone. La zone intermédiaire passe sans transition à la zone sous-cuticulaire, nous avons indiqué sommairement la nature des éléments qui la forment. Nous n'étudierons pas ces différentes parties en détail à propos du *Leuckartia* ; chaque organe et chaque tissu devant être étudié plus spécialement chez le type qui les laisse voir avec le plus de facilité.

La zone centrale et les éléments qui y prennent naissance, vont spécialement nous occuper. Cette zone est très réduite dans l'anneau jeune, si on la compare à ce qu'elle devient dans l'anneau adulte. (Pl. VI cf fig. 5 et 6). Elle offre une différence bien tranchée avec le tissu qui s'étend de la couche musculaire circulaire à la cuticule par les éléments qui la forment. Ces éléments sont généralement arrondis, ils se colorent fortement par les réactifs et présentent, en un mot, tous les caractères des cellules en voie de multiplication. Entre ces cellules, courent dans le sens de la hauteur de l'anneau, des fibres qui vont se continuer en haut et en bas avec les éléments interposés aux muscles longitudinaux. Elles marquent ainsi, de la façon la plus complète, l'unité de tout le tissu du Cestode, depuis la cuticule jusqu'à la zone centrale. Les éléments cellulaires de la zone centrale appartiennent aux ramifications de ces fibres et se rattachent par leurs prolongements au reticulum qu'elles forment. Ce sont, si l'on veut, les noyaux de ce tissu réticulé, qui reprennent leur caractère cellulaire.

Les cellules de la zone centrale, sont d'abord uniformément répandues ; elles deviennent plus nombreuses dans la partie médiane, puis, les points de prolifération se délimitent. C'est surtout vers l'une des extrémités du grand diamètre, à l'*un des bords latéraux*, et *vers le centre*, que la multiplication cellulaire est plus intense.

Plus tard, deux courants de cellules embryonnaires partent du point de prolifération centrale et vont rejoindre le rudiment latéral ; ils sont dus aussi à la prolifération des éléments de la zone centrale. Ces traînées et amas cellulaires se voient avec la plus grande netteté, sur la coupe d'anneaux d'un certain âge, grâce au tassement des éléments qui les forment, et à la faveur de la coloration intense qu'ils prennent sous l'influence des réactifs. En même temps, les parties de la zone centrale intermédiaires à ces différents rudiments, sont frappées d'un arrêt de développement, et leurs éléments commencent à se transformer en fibres. Ces modifications conduisent à l'état définitif des tissus de la zone centrale et contribuent à faire ressortir les différents rudiments.

Les coupes successives pratiquées dans un même anneau, nous font connaître les caractères des différents centres de prolifération. Une coupe déterminée peut nous montrer, par exemple, l'amas cellulaire que nous appelons pour plus de commodité le *rudiment central*. Ce rudiment est de forme ovoïde, il occupe tout le petit diamètre de la zone centrale et constituera principalement la matrice. La même coupe nous fait voir le *rudiment latéral*, de forme ovoïde-allongée, étendu dans le sens du grand diamètre ; il doit donner naissance à la poche péniale et au vestibule du vagin.

Entre ces deux rudiments s'étendent les deux gros courants cellulaires dont nous avons parlé ; ils sont un peu écartés l'un de l'autre, légèrement ondulés; ils se réunissent avant d'aborder les rudiments auxquels ils aboutissent (Pl. III, fig. 10). Ces traînées celluleuses formeront le spermiducte et le vagin.

La coupe qui suit immédiatement celle que nous venons de décrire, est toute différente : nous n'y rencontrons plus le rudiment latéral, ni les courants cellulaires qui y aboutissent. Au point occupé par le rudiment central dans la coupe précédente, nous trouvons un amas cellulaire beaucoup plus étendu. Cet amas, appliqué contre le rudiment central ovoïde, a la forme d'un losange. Lorsqu'on l'analyse, on voit qu'il est formé, à droite et à gauche, de trois courants cellulaires ondulés, très nets vers le centre, et qui se fondent les uns dans les autres à l'extrémité. Ces courants cellulaires marquent le rudiment de l'ovaire. Il se réunissent vers le centre, au-dessus d'un autre rudiment asymétrique peu développé, que nous étudierons plus loin sous le nom de *pavillon* (Pl. III, fig. 11).

Tous ces rudiments sont exclusivement formés par les cellules de la zone centrale qui restent en parfaite connexion avec le tissu réticulaire.

La coupe qui vient ensuite, ne présente pas trace de prolifération cellulaire spéciale, les rudiments dont nous venons de parler sont extrêmement minces : tous les organes du Cestode devant naître aux dépens des rudiments que nous venons de décrire, on voit combien est faible l'épaisseur des anneaux de la partie antérieure du *Leuckartia*.

II. — Différentiation des Rudiments.

Testicules. — Au stade où les deux courants cellulaires, rudiments du spermiducte et du vagin, sont devenus visibles, on trouve, dans l'espace qui les sépare, une série de petits amas cellulaires ovoïdes, assez espacés, disposés sur une ligne qui serait le grand axe de l'anneau. Les éléments tassés qui forment ces amas ont tous les caractères des cellules en voie de multiplication, mais ils ne se distinguent par aucune particularité. Ce sont les rudiments des testicules. On les trouve aussi du côté opposé aux rudiments du spermiducte et du vagin; ces organes sont donc étendus dans tout l'anneau.

Vitellogènes. — C'est aussi à la même époque que l'on peut observer, un nouveau centre de prolifération cellulaire au voisinage de l'une des faces, celle que nous démontrerons être la face ventrale : c'est une série d'amas de cellules rapprochés les uns des autres, disposés assez régulièrement, et dont les dimensions atteignent presque celles des follicules testiculaires. Ce sont les éléments des vitellogènes. Les cellules qui les forment montrent de très bonne heure un contenu granuleux, avec un noyau peu ou point net, et elles ne tardent pas à revêtir leurs caractères définitifs : la membrane cellulaire disparaît et chaque cellule n'est plus représentée que par de très nombreuses et très petites granulations réfringentes.

Rudiment latéral. Un peu plus tard, ou, si l'on veut, plus loin dans la série des anneaux, le rudiment latéral se divise en deux parties, l'une, plus volumineuse, se continue avec la plus épaisse des deux traînées celluleuses, celle qui est dans un plan supérieur, l'autre, moins fournie, est d'une largeur à peu près égale à celle du tube qui la prolonge. Les deux portions du rudiment latéral débouchent dans une dépression de l'anneau : la plus volumineuse va donner naissance à la poche péniale, et la traînée qui la prolonge fournira le spermiducte ; la seconde formera le vagin qui se continue jusqu'au rudiment de la matrice. Le vagin est plus rapproché de la face ventrale, celle contre laquelle sont situés les vitellogènes.

Vagin et spermiducte. Le rudiment du vagin et celui du spermiducte se différencient très tôt. Ils se creusent d'un canal rempli de granulations diverses, dues sans doute, à la destruction des cellules centrales. Les éléments périphériques du rudiment, en d'autres termes, les parois des tubes nouvellement constitués, s'allongent, se tassent, et forment un revêtement celluleux, épais, au canal qu'elles limitent. En même temps, le spermiducte et le vagin s'étendent en décrivant des ondulations accentuées. Le spermiducte surtout, devient extrêmement flexueux : cet organe ne tarde pas à perdre ses connexions avec le rudiment central, pour se terminer d'une façon vague dans les tissus.

Le vagin, creusé d'un canal très net, se termine dans le rudiment central ; on le voit pénétrer dans cet amas cellulaire. Par suite du développement continu de l'anneau, le rudiment central subit d'importantes modifications que nous allons indiquer.

Matrice. Les cellules qui forment le rudiment central, cessent de se multiplier et toute sa partie centrale subit une dégénérescence granuleuse (Pl. III, fig. 8 et 9), les parois qui restent ne sont bientôt plus formées que par une couche celluleuse peu épaisse.

Déjà, lors de la première apparition du rudiment central (Pl. III, fig. 10), on pouvait remarquer que ses éléments ne s'arrêtaient pas à la couche musculaire circulaire, mais qu'ils la dépassaient pour se glisser, à la manière d'un coin, entre les couches musculaires longitudinales. Cette poussée cellulaire qui s'étend au-delà de la zone centrale, va s'accentuant de plus en plus, et la cavité qui se creuse dans le rudiment l'intéresse bientôt (Pl. III, fig. 9).

Je ne crois pas que le rudiment central, en débordant pour ainsi dire au delà de la couche musculaire circulaire, fournisse à lui seul les éléments de la pointe celluleuse engagée entre les tissus, que nous venons de signaler. Les caractères des cellules qui le forment marquent qu'elles sont simplement dues à une prolifération locale. Elles ont d'ailleurs, les caractères physiques et les réactions chimiques du rudiment qu'elles prolongent.

Tissus. A ce stade où les rudiments se sont nettement différenciés les uns des autres, les faisceaux musculaires longitudinaux ont subi une modification qui n'est pas particulière au *Leuckartia*, mais que nous rencontrerons sur la plupart des types soumis à notre examen. Ces muscles ont considérablement diminué de nombre, et ils sont très réduits, si nous comparons leur état actuel (pl. III, fig. 10), avec leur puissance dans les anneaux jeunes (pl. VI, fig. 10). Dans ce dernier cas, les fibres longitudinales forment plus des deux tiers de l'épaisseur du corps. Dans les anneaux non développés, ces faisceaux musculaires longitudinaux, étaient séparés par des fibres appartenant au système des fibres circulaires, dans les anneaux que nous étudions en ce moment, ces fibres sont à peu près disparues. Il ne s'agit pas, cependant, de soudures des muscles entre-eux, car le volume reste le même. Il intervient ici une atrophie, ou bien, plus vraisemblablement, les fibres glissent les unes sur les autres par suite de l'allongement des anneaux.

On peut voir aussi, par la simple inspection de nos dessins que, chez le *Leuckartia*, le champ, limité par la couche musculaire circulaire, s'est considérablement développé à la suite des modifications du tissu dont les éléments se sont transformés en fibres.

III. — Organes développés.

Ovules et ovaire. Nous n'avons fait qu'indiquer jusqu'ici la situation de l'ovaire, sans plus nous occuper des éléments qui le forment ; c'est que, en effet, dans les anneaux que nous venons d'étudier, ces éléments n'ont aucun caractère qui les distingue de ceux des autres rudiments. Il n'en est plus de même dans les anneaux plus développés (1) : les cellules ovariennes ont changé de caractère et donné à l'organe un aspect différent de celui que nous connaissons. Nous allons décrire cette transformation.

C'est surtout dans l'étude de l'ovaire qu'il importe d'examiner des séries de coupes successives, pour s'en faire une idée exacte, si l'on veut éviter de prendre pour des appareils ou des organes déterminés, des dispositions purement accidentelles. En effet, des coupes choisies feraient facilement croire à une glande en grappe, formée de culs-de-sac volumineux; elles pourraient montrer l'ovaire, limité par une membrane de cellules très nettes, ou donner l'illusion de glandes unicellulaires et autres formations qui n'y existent certainement pas.

Et d'abord, l'ovaire du *Leuckartia* revêt une forme inconnue jusqu'ici chez les Cestodes, et que nous montrerons n'être point particulière à ce type. Les ovules ne naissent nullement dans des glandes, au sens que nous attachons d'ordinaire à ce mot, et les éléments de l'ovaire ne sont autre chose que ces mêmes cellules embryonnaires, intimement unies par leurs prolongements au tissu réticulaire et qui fournissent les rudiments de tous les organes de la zone centrale.

Les éléments pluripolaires, plongés dans les tissus de la zone centrale, prennent le caractère de cellules ovulaires en augmentant considérablement de volume ; ils ne deviennent pas pour cela indépendants des tissus auxquels ils appartiennent, mais ils se développent de façon à devenir pyriformes. La plupart du temps, ils ne restent unis aux tissus de la zone centrale que par leur extrémité (Pl. III, fig. 8 et 9 et Pl. IV, fig. 4).

Cette forme spéciale de l'ovule, qui prend ainsi l'apparence d'un appendice de fibres conjonctives, semble due à ce que le développement considérable auquel il doit atteindre, l'empêche de se développer en repoussant dans tous les sens les mailles dont il est primitivement le centre. L'ovule fait hernie, pour ainsi dire, et il se développe le plus souvent sur le côté, ne conservant ainsi qu'un seul point d'attache. Il est fréquent de voir des ovules fixées par deux

(1) Il est bon d'être prévenu que, dans un *Leuckartia*, les anneaux mûrs forment la plus grande partie du corps. Comme les œufs sont pondus dans cette espèce, les anneaux ne se détachent pas à la mâturité, et il n'existe qu'un nombre relativement petit d'anneaux jeunes, tout près de l'extrémité antérieure.

ou trois points de leur pourtour, être très-nettement pluripolaires, en un mot.

Comme les cellules embryonnaires qui doivent se transformer en ovules, sont très rapprochées les unes des autres, et comme ces éléments, dans leur évolution rapide, se logent dans les points où les tissus sont moins serrés autour d'eux, ils se distribuent avec une certaine régularité, et s'étendent ainsi à droite et à gauche d'une même série de fibres, rappelant le plus souvent, par leur disposition, l'arrangement des barbes d'une plume (Pl. III, fig. 9 ; Pl. IV, fig. 4). Tous les ovules n'ont pas la même direction de bas en haut, il en est qui s'étendent dans la direction contraire, ou sur le côté. Par suite du tassement qui se produit entre les ovules au cours de leur développement, leur pédicule peut devenir très long. Les éléments de la périphérie de l'ovaire, pressés entre les ovules sous-jacents et les tissus voisins, s'allongent beaucoup plus encore ; ils s'aplatissent souvent en se recouvrant à la manière des tuiles d'un toit, et il n'est pas rare de voir se former de cette façon, en certains points de la périphérie, une apparence de membrane cellulaire que l'on ne peut retrouver sur des coupes voisines.

De même, le tassement des ovules et la déformation de ceux de ces éléments qui sont situés à la périphérie, explique l'aspect lobulaire que l'on peut parfois observer.

Comme les autres cellules jeunes, les ovules sont dépourvus de membrane proprement dite et les réactifs n'en créent point d'artificielle. Ce sont de fort beaux éléments, munis d'un très gros noyau et d'un nucléole réfringent ; leur protoplasme est finement granuleux, à part la région du pédicule où il est transparent ; le noyau est généralement beaucoup plus rapproché de l'extrémité libre. Dans la zone centrale, aux extrémités du rudiment de l'ovaire, ou même, assez loin de cet organe, on peut souvent observer de petits groupes de cellules polyédriques de grande taille, qui ont tous les caractères des ovules. Nous aurons l'occasion de revenir sur ces formations qui donnent naissance à de véritables œufs ; disons seulement que, étant données les origines de l'ovaire, il n'y a pas lieu de s'étonner que des ovules puissent se former en dehors de cet organe. Un cas plus intéressant et qu'il n'est pas bien rare d'observer, est représenté pl. IV, fig. 1 : on sait que les follicules dans lesquels les spermatozoïdes prennent naissance, sont disposés en série de chaque côté de l'ovaire et régulièrement espacés les uns des autres et on les reconnaît très bien à leur forme arrondie ; or, l'on voit parfois le premier de ces follicules, rempli de spermatozoïdes, tandis que le second contient des ovules nettement caractérisés.

Il est plus fréquent encore d'observer des œufs dans le premier follicule, alors que les suivants donnent tous naissance à des produits mâles.

Quand les ovules sont complètement développés, ils se détachent dans l'ovaire et prennent une forme arrondie ou polyédrique. On voit fréquemment, autour de l'ouverture du pavillon, un amas de ces ovules devenus indépendants et qui se préparent à pénétrer dans l'oviducte.

Nos dessins de l'ovaire complètement développé, montrent combien sa forme actuelle est différente de celle que nous avions trouvée dans les anneaux très-jeunes. Il n'y a plus trace de l'ancienne disposition en trois traînées celluleuses, et les ovules occupent un large champ ininterrompu. Nous ne pouvons dire si cette modification est due au développement des éléments des courants cellulaires entrés en confluence, ou si les cellules arrondies, interposées aux boyaux, sont devenues des ovules. La disposition primitive du rudiment de l'ovaire n'en est pas moins à noter, au point de vue des rapprochements qu'elle nous permettra d'établir.

L'examen des figures montre aussi que l'ovaire n'a pas une forme symétrique. On voi, fig. 8, pl. III, que le pavillon n'aborde pas cet organe par le milieu, mais bien par le tiers latéral. C'est du côté où est située la poche péniale que l'ovaire est moins développé. La raison de cette disposition nous semble devoir être attribuée à ce que la matrice, le pavillon, les tubes, une partie de l'oviducte et du spermiducte, prennent naissance au dépens d'une même masse de cellules embryonnaires, située au milieu de la zone centrale et qui doit principalement donner naissance à l'ovaire. Tous ces organes, en se formant au voisinage les uns des autres, diminuent notablement, du même côté, le nombre des éléments qui pourraient donner naissance aux ovules, et ils déterminent ainsi l'asymétrie que nous venons de signaler.

On peut constater sur le *Leuckartia*, une autre asymétrie d'ordre plus important. L'ensemble de l'ovaire et des tubes mâle et femelle, n'est pas situé au centre de l'anneau, mais il est toujours plus rapproché du côté où se trouve la poche péniale. De même, l'ouverture de la matrice est située plus près de ce côté, et c'est dans la même direction que la matrice se courbe dans son jeune âge (pl. IV fig. 3). L'asymétrie est d'ailleurs conservée par la matrice, alors qu'elle dépasse l'ovaire de chaque côté et occupe une grande partie de l'anneau.

L'inégal développement de ces différentes parties change la forme normale de l'anneau du *Leuckartia* et rend plus large le côté où se trouve la poche péniale, (Pl. V, fig. 1). C'est parce que ce dernier organe alterne généralement dans chaque métamère, que la forme générale de la chaîne du *Leuckartia* n'est pas changée.

Vitellogènes. Les follicules vitellogènes, dont nous ne connaissons jusqu'ici que les rudiments, sont situés comme nous l'avons dit, vers la face ventrale de l'anneau, celle sur laquelle débouche la matrice. Ils augmentent de volume, par suite de la rapide multiplication des granules formés à l'intérieur de leurs cellules, mais la couche musculaire circulaire, empêchant leur extension vers la périphérie, ils gagnent l'intérieur de la zone centrale et atteignent ou même dépassent le centre de l'anneau (cf fig. 8 et 10, Pl. III). Les follicules entrent alors en connexion entre eux, principalement par leur partie inférieure, à l'aide de traînées de granules vitellins qui, une fois tracées, grossissent en refoulant les tissus (Pl. IV, fig. 1 et 2).

La résistance des tissus mettant une entrave à l'extension des follicules vitellogènes, les granules sont bientôt forcés de s'échapper de toutes parts et ils fusent en minces traînées entre les tissus (Pl. 4, fig. 1, 2, 4).

Pendant ce temps, l'ovaire a développé ses éléments : on ne tarde pas à voir les minces fusées vitellines partant des différents points des follicules, répandre leurs granules à la surface des ovules et s'insinuer entre eux (Pl. IV, fig. 1 et 2), sans former nulle part d'amas à l'intérieur ou à la surface de l'ovaire, (1). Toutes ces granulations vitellines sont ainsi absorbées directement par les ovules.

L'origine des vitellogènes nous explique facilement comment ce processus de dissémination peut s'accomplir. En effet, les follicules ne sont point limités par une paroi, et les cellules qui les forment ne sont pas indépendantes, mais appartiennent au tissu de la zone centrale. Il y a, par conséquent, libre communication entre l'intérieur du follicule et les mailles du tissu voisin ; l'on conçoit ainsi la possibilité de ces migrations de granules que l'on constate d'ailleurs avec la plus grande facilité.

On pourrait se demander, en n'étudiant que des coupes pratiquées sur des anneaux mûrs, si les grosses traînées vitellines qui s'échappent des follicules ne sont pas enfermées dans des tubes aux parois minces et difficilement visibles : je puis répondre par la négative. A aucun moment il n'existe de trace de

(1) On trouve parfois, en dehors de l'ovaire ou sur les bords, des amas de granules comme nous en avons figuré pl. III, fig. 9. On les voit, dans cette figure, enveloppant les ovules. Des dispositions comme celle-là m'avaient d'abord fait croire à l'évolution complète des œufs sur place.

ces canaux, les traînées vitellines ne suivent point un trajet régulier et ne vont pas aboutir dans des tubes qui puissent les déverser dans l'oviducte. Leur calibre irrégulier, leur nombre variable, leur aspect, n'ont rien qui rappelle un appareil collecteur, et la présence du vitellus sous forme de granules épars sur les ovules, s'oppose à toute autre interprétation que celle que nous venons de donner.

Nous devons maintenant mentionner une disposition particulière de la matière vitelline, disposition qui m'a longtemps embarrassé et au sujet de laquelle je n'ai pu me faire une conviction. Les granules vitellins provenant des gros boyaux de la base des follicules, forment une branche ascendante qui, arrivée à mi-hauteur de l'anneau, décrit une courbe, puis se redresse en se renflant pour prendre une configuration ovoïde (Pl. III, fig. 12). C'est toujours dans l'espace limité par la branche ascendante de l'oviducte et la partie descendante du vagin, que se forme cet amas ovoïde de granules vitellins, et il semble que son contour soit déterminé par celui de l'espace que circonscrivent ces tubes. Je n'ai jamais vu de traînée ni de branche vitelline partant de cet amas ovoïde ; parfois, deux courants ascendants de granules l'un provenant de droite, l'autre de gauche, se réunissent pour le former.

Le hasard d'une coupe peut montrer l'ovoïde vitellin dans le prolongement de la branche ascendante de l'oviducte. Si l'on n'avait, pour conclure, de très nombreux exemples d'une disposition différente, l'on serait tenté d'admettre, dans ce cas, que l'ovoïde vitellin se déverse dans l'oviducte. Ainsi s'expliquerait cette disposition assez bizarre des granules, et l'appareil génital du *Leuckartia* offrirait un point du rapprochement avec celui de la Ligule ou du Bothriocéphale. En réalité, on ne peut jamais voir le débouché de ces granules sur l'oviducte, et l'on ne trouve à aucun moment l'indication d'un tube vitellogène, alors que le vagin et l'oviducte sont très nettement marqués.

Notons que les coupes sur lesquelles on observe l'ovoïde vitellin, n'en présentent pas moins des granulations vitellines éparses sur l'ovaire (1).

Œufs et matrice. Les ovules, après s'être montrés sous forme de grandes

(1) Diverses considérations que nous exposons au chapitre de la Ligule, à propos du trajet régulier que suivent les granules vitellins, expliquent peut-être l'existence de l'ovoïde vitellin que nous venons de signaler ; il marquerait l'emplacement d'un organe collecteur du vitellus disparu et représenté actuellement par des cellules embryonnaires très peu nombreuses. Ces éléments que nous n'aurions point vu, pourraient tracer la voie au vitellus, en se transformant en fibrilles à la façon que nous décrivons plus loin

et belles cellules claires, sont devenus de plus en plus granuleux, à mesure qu'ils s'assimilaient le vitellus nutritif. Ils augmentent beaucoup en volume et se détachent des tissus de la zone centrale, se préparant ainsi à pénétrer dans l'oviducte. Les ovules sont fécondés à leur entrée dans ce dernier organe par les spermatozoïdes qui arrivent du vagin.

Nous connaissons les phénomènes qui suivent la fécondation chez le *Leuckartia*. L'œuf subit la rétraction habituelle, la membrane vitelline se détache, une partie des éléments vitellins, modifiés dans leurs caractères, est rejetée en dehors de l'œuf, entre cet élément et la membrane vitelline. C'est sous cette forme que les œufs arrivent dans la matrice en pénétrant dans l'oviducte par le pavillon.

Nous avons laissé la matrice avec les caractères d'un rudiment légèrement différencié (Pl. III, fig. 8 et 9). Nous avons dit que la partie centrale de la grosse masse cellulaire qui doit la former, subit une dégénérescence granuleuse avant d'être résorbée, que les éléments de la périphérie s'organisent en un tissu fibrillaire de même nature que celui de la zone centrale, et que l'organe s'insinue en forme de coin entre les couches musculaires longitudinales, pour gagner la face ventrale. La matrice, par sa face supérieure, reçoit l'oviducte que nous allons étudier plus loin.

Les œufs accumulés dans l'oviducte (Pl III, fig. 9 et 12; pl. IV fig. 2), tombent dans la matrice qu'ils dilatent (Pl. IV, fig. 2). Le stade que nous représentons ne se rencontre pas fréquemment, car la matrice se distend rapidement en se courbant sous l'ovaire qui gêne son développement (Pl. IV, fig. 1), pour s'étendre dans la direction de la poche péniale. On voit de très bonne heure les ovules se presser dans la partie de l'organe engagée entre les faisceaux de muscles longitudinaux, et s'y accumuler en déterminant par leur pression le refoulement des tissus. : ils atteignent vite les couches sous-cuticulaires (Pl. IV, fig. 3). Nous verrons plus tard que la pression des œufs finit par déchirer complètement les tissus, et que ces produits sortent au dehors à la faveur de la solution de continuité produite.

L'extension de la matrice se faisant principalement vers la poche péniale, surtout dès l'abord du développement, les éléments de sa paroi tournée de ce côté, sont distendus et écartés ; ils deviennent bientôt indistincts, et les œufs se trouvent libres en dehors de la matrice, au milieu du tissu de la zone centrale. Plus tard, on peut retrouver des traces de cette paroi, en différents points du contour de l'amas formé par les œufs déversés dans la matrice ;

même à un certain moment, la paroi peut subsister sur le côté de la matrice qui est opposé à la poche péniale. (1).

Après avoir contourné l'ovaire, la matrice se développe aussi du côté de cet organe, et elle le recouvre en partie. Il devient difficile de lui reconnaître une limite, quand elle a atteint ce degré de développement, car les éléments qui la circonscrivaient sont devenus indistincts des fibres de la zone centrale. C'est alors que la matrice arrive au contact de l'ovaire et que les œufs mûrs touchent immédiatement les ovules, donnant ainsi lieu à la disposition que nous avons représentée pl. IV, fig. 1. Cette disposition est fréquente, elle nous avait conduit à penser d'abord, que le développement des œufs se faisait sur place, par transformation directe de l'ovule. Etant donnés le peu de différence que présentent entre-eux les ovules et les œufs, l'impossibilité de trouver une démarcation entre ces deux sortes d'éléments, le passage des uns aux autres, le mode de répartition du vitellus, etc., cette interprétation venait la première à la pensée et il a fallu l'étude attentive du développement pour m'amener à la conviction contraire.

Le dessin que nous venons de citer rappelle un aspect fréquent des anneaux mûrs, que je ne puis passer sous silence : à la périphérie de l'amas formé par les œufs mûrs, on voit de grandes mailles vides, qui logeaient chacune un de ces éléments. Le fond de ces mailles est formé par le tissu de la zone centrale. Ce fait nous montre à l'évidence, que les œufs mûrs ne sont pas limités à la cavité de la matrice, que l'organe perd ses parois par la distension, et que les œufs glissent dans la zone centrale où les tissus leur forment, une sorte de cavité qui persiste quand les réactifs l'ont fixée sur les préparations. L'œuf du *Leuckartia*, d'ailleurs, ne forme pas dans la matrice de mailles analogues à celles que nous décrirons dans l'utérus des Tænias du type *T. serrata*.

On voit en *œ*, fig. 1 pl. IV, des œufs mûrs situés au-delà du spermiducte et d'un follicule testiculaire. Comme les deux dernières formations naissent en dehors de l'ovaire, comme ces œufs ne paraissent pas nés dans un follicule indépendant, il faut bien admettre que c'est en franchissant les parois de la matrice que les œufs sont arrivés en ce point.

---

(1) On voit souvent dans la matrice, les œufs disposés très régulièrement sur un côté, à la façon d'un épithélium, si je puis employer la comparaison, tandis que, sur l'autre côté, les éléments passent insensiblement aux ovules.

La matrice ne se comporte pas toujours dans son développement comme nous venons de l'indiquer. Nous conservons des préparations dans lesquelles on la voit s'étendre régulièrement au-dessous de l'ovaire et se relever à ses extrémités, en prenant ainsi la forme d'une selle. Dans les anneaux allongés qui terminent le corps du *Leuckartia* (Pl. II, fig. 69), l'utérus, au lieu de dévier sur le côté, reste globuleux et à peu près perpendiculaire à la face ventrale; il prend ainsi, avec sa partie engagée entre les muscles longitudinaux, l'aspect d'un 8 dont les boucles seraient de dimensions très inégales : l'une, la plus petite, descendrait jusqu'à la cuticule, tandis que l'autre s'étendrait dans la zone centrale. J'ignore si cet aspect de la matrice est dû à la ponte, ou à toute autre cause ; un seul des trois individus de *Leuckartia* que j'ai eus à ma disposition ayant présenté les longs anneaux dont je viens de parler.

La matrice, qui s'étend beaucoup en largeur, n'atteint jamais une grande épaisseur, du moins dans les anneaux étroits, qui sont de beaucoup les plus nombreux. Elle peut même ne contenir qu'une seule couche d'œufs.

Une formation intéressante se rapportant à la matrice, est l'invagination figurée Pl. V, fig. 2 en *iv*. Cette dépression très marquée que l'on trouve seulement sur les vieux anneaux, rappelle évidemment une invagination primitive qui allait à la rencontre du rudiment de la matrice, au travers des couches sous-cuticulaires. Dans le cas du *Leuckartia*, le développement rapide des œufs tasse ces éléments dans l'utérus, et ils pressent au point où cet organe s'engage en coin entre les muscles longitudinaux. Ils déchirent les tissus (Pl. IV, fig. 3), et atteignent la cuticule, longtemps avant que l'invagination de l'extérieur ait gagné la matrice. La ponte se fait par la déchirure de la cuticule et non par l'orifice destiné à ce rôle qui n'aboutit pas. La rapide saillie des œufs en dehors de la zone des fibres cuticulaires fait d'ailleurs dévier légèrement le sens de l'invagination, comme on peut le voir par notre dessin.

Testicules et spermiducte. — Chez le *Leuckartia*, l'histoire des spermatozoïdes ne diffère sans doute pas de celle des autres Cestodes. A la mâturité, les queues des spermatozoïdes s'enroulent autour des éléments du follicule, et leur donnent l'aspect que nous avons figuré.

Les follicules testiculaires, nés de la même façon que les follicules vitellogènes, sont d'abord situés au milieu de la zone centrale, mais plus tard, au cours du développement, ils se rapprochent de la partie supérieure de l'anneau. A la mâturité, on voit les follicules communiquer entre eux par des traînées de spermatozoïdes, qui décrivent des trajets irréguliers. Ces boyaux devenant de plus en plus nombreux, finissent, pour ainsi dire, par mêler les follicules entre eux. D'autres boyaux de spermatozoïdes vont s'embrancher nettement sur le spermiducte ; ce dernier organe présente à ce moment des modifications sur lesquelles nous devons insister.

On se rappelle que le rudiment du spermiducte va primitivement se perdre, avec le rudiment du vagin, à la partie supérieure du rudiment central. Mais, tandis que les connexions du vagin vont toujours s'accentuant, le spermiducte, au contraire, finit par se détacher du rudiment central pour se terminer, comme en cul-de-sac, au milieu des tissus de la zone centrale, sans montrer aucune espèce de connexion avec les follicules testiculaires.

On voit alors les éléments du tube changer de caractère, devenir fusiformes, puis fibrillaires, en même temps que le spermiducte se rapproche des follicules testiculaires, et décrit des ondulations accentuées. On voit peu à peu un canal se creuser à l'intérieur de cet organe. Plus tard, les éléments fibrillaires, qui le forment, se transforment en un réseau très net, aux mailles fines, plus serrées aux points où le canal se rétrécit (Pl. IV fig. 1). D'autre part, les faisceaux de spermatozoïdes mûrs qui se détachent des follicules et peuvent se glisser dans toutes les directions, grâce à la structure du tissu, trouvant un débouché par les mailles de ce spermiducte, ils s'embranchent sur cette organe (Pl. IV fig. 2 *sp*"). Il n'est pas rare d'observer des faisceaux de spermatozoïdes engagés par une extrémité dans ce dernier organe, et rattachés encore au follicule par l'autre extrémité. On conçoit que les produits mâles aient maintenant une grande facilité pour pénétrer à l'intérieur du tube, aussi, ne tarde-t-on pas à voir le spermiducte remplacé par un courant continu de spermatozoïdes serrés. Pendant ce temps, l'organe collecteur mâle s'allonge tellement en accentuant ses ondulations, et les produits se tassent si bien à son intérieur, qu'il devient très difficile de lui reconnaître des parois (Pl. IV fig. 2). Avec un peu d'attention, on arrive à trouver, dans ces traînées de spermatozoïdes, des faisceaux de têtes, reconnaissables à leur réfringence. Notons en passant que les éléments mâlesprogressent toujours la tête en avant.

La disparition presque totale des éléments du spermiducte, la difficulté de comprendre comment les spermatozoïdes peuvent pénétrer une épaisse paroi pour arriver à l'intérieur du canal, m'avaient fait croire (1) que les éléments du spermiducte se transforment en spermatozoïdes et que la paroi de ce tube disparaît, laissant ainsi libre accès aux éléments des follicules testiculaires. Le fait en lui-même n'offrait rien de bien extraordinaire pour un Cestode. Une étude plus attentive, en me montrant la transformation des parois du spermiducte en un réseau fibrillaire, a changé une manière de voir qui était inexacte. (2).

Vagin et pavillon. Le vagin n'offre pas de caractères spéciaux chez le *Leuckartia*; il part du bord latéral de l'anneau, au-dessous de la poche péniale, court en décrivant quelques faibles ondulations pour se rapprocher de la face ventrale, se relève au voisinage de la matrice, et se courbe enfin pour venir rejoindre le pavillon. La fig. 12, Pl. III, montre les rapports de ces trois appareils. On voit que le vagin et l'oviducte se rencontrent sous un angle aigu, et que le pavillon vient se placer à leur point de réunion.

Le rudiment du vagin, à cause des gros éléments qui le forment, occupe d'abord un large espace, plus tard, au moment où il commence à fonctionner, ses parois restent volumineuses. Cet organe est cilié, les cils, dirigés vers l'ouverture extérieure, sont assez courts et semblent implantés sur une lame cuticulaire. Nous étudierons la formation de ces cils et de la couche qui les porte sur d'autres espèces plus faciles à observer à cet égard.

Le vagin perd ses flexuosités quand l'anneau augmente en dimensions, les parois deviennent de plus en plus minces et le calibre s'élargit. Il est fréquent d'observer des spermatozoïdes à son intérieur. A l'extérieur, on voit de nombreuses cellules, de grandes dimensions, insérées sur la paroi du vagin. Ces cellules sont analogues à celles que nous retrouverons sur beaucoup d'organes des Cestodes ; ce sont, pour nous, des cellules du rudiment primitif, qui n'ont point été employées à la formation des parois. Nous ne pouvons leur attribuer d'autre signification morphologique et, quant à

---

(1) R. Moniez. Note sur les Bothriocéphaliens et sur un type nouveau du groupe des Cestodes, les *Leuckartia*. *Bulletin scientifique du Nord.* 1879, p. 67.

(2) Assez souvent, les spermatozoïdes dilatent en cul-de-sac l'extrémité du spermiducte (Pl. III, fig. 9). Une autre disposition, qui pourrait conduire à une fausse interprétation des faits, se présente fréquemment quand cet organe se termine sans renflement : il semble, dans ce cas, que le spermiducte se termine par un tube très mince, que l'on peut suivre plus ou moins loin, et qui se perd sur un des vaisseaux longitudinaux. Le tube très mince dont nous parlons est le tube circulaire qui relie tous les vaisseaux longitudinaux, et ses rapports avec le spermiducte ne sont certainement autres que ceux d'une simple superposition.

leur rôle physiologique, nous pensons qu'elles jouissent des propriétés musculaires.

Le pavillon est très net et très différencié chez le *Leuckartia*. C'est même chez ce type que j'ai rencontré, pour la première fois, cet organe qui paraît exister chez tous les Cestodes. Le pavillon naît très tôt d'un rudiment commun avec l'ovaire, auquel il reste intimement uni; les cellules de sa partie centrale subissent la dégénérescence granuleuse et il se creuse ainsi d'une cavité qui communique avec le vagin et avec la matrice. Le pavillon est très évasé, ses bords se continuent avec les éléments de la zone centrale, aux dépens desquels naissent les ovules (Pl. IV, fig. 2). Les fig. 11 Pl. III et 4 Pl. IV, montrent deux états successifs de cet organe, avant qu'il soit bien nettement délimité. Quand l'anneau est complètement développé et que les ovules se sont détachés, le pavillon prend part à leur indépendance, et il semble se détacher aussi. L'on conçoit que les changements déterminés par le développement de la matrice, modifient les rapports primitifs du pavillon et que l'on ait parfois beaucoup de peine à retrouver cet organe sur les vieux anneaux.

Le structure du pavillon du *Leuckartia* nous a paru sensiblement la même que celle du pavillon des autres Cestodes; les muscles circulaires disposés autour de cet organe, sont partout un de ses caractères les plus marqués.

Les éléments du pavillon du *Leuckartia* se colorent assez fortement par les réactifs. Sur presque toutes mes préparations on voit, comme dans la fig. 2 pl. IV, un ovule arrêté au coude.

Orientation et rapports. Tout ce que nous venons de dire sur le développement des organes du *Leuckartia* nous permet d'orienter les différentes parties de l'animal, et de fournir ainsi des données pour l'étude des coupes, même celles qui sont faites sur des anneaux jeunes.

La face de l'animal contre laquelle se développe le rudiment central et la poussée cellulaire qui marche vers la périphérie, est évidemment la face ventrale : l'analogie avec ce qui se passe chez les autres Cestodes, ne permet pas d'en douter. Les rudiments des vitellogènes appartiennent à la même région du corps. Comme nous l'avons dit, les follicules testiculaires nés au milieu de la zone centrale, sur une ligne qui passerait par le grand diamètre de l'anneau, remontent peu à peu vers la face dorsale. Le spermiducte et le vagin qui accompagnaient ces produits de part et d'autre descendent au-dessous des testicules, pour une grande partie de leur trajet. La poche péniale reste toujours située au-dessus du vagin.

Des points de repère nous sont aussi fournis par les autres organes. La face ventrale étant reconnue, on remarque que le cordon nerveux n'est pas sur le grand diamètre de l'anneau, mais sensiblement plus haut, vers le côté dorsal. Une autre particularité nous est fournie par les vaisseaux; comme la disposition précédente, elle est d'un précieux secours, surtout pour l'étude des anneaux jeunes. L'on sait que, chez le *Leuckartia*, les nombreux vaisseaux longitudinaux sont situés en dedans des plans musculaires parallèles aux faces dorsale et ventrale, et que l'on considère vulgairement comme formant une couche circulaire. Or, le plan musculaire inférieur du *Leuckartia* se divise, vers chacune de ses extrémités, en deux faisceaux, entre lesquels on remarque constamment un large vaisseau et même quelquefois deux. Cette disposition n'existe pas pour le plan musculaire supérieur.

Quant aux côtés droit et gauche de l'animal, il est plus difficile de les fixer; chez ces types dans lesquels les organes génitaux latéraux alternent sur chaque anneau, l'orientation ne peut être que relative et perd de son intérêt au point de vue général. Pratiquement, dans les types où les anneaux sont peu épais, la disposition des organes génitaux permet de se reconnaître au milieu des coupes, mais il y a une difficulté très grande lorsque l'on a affaire à des anneaux dont les organes génitaux sont doubles et se retrouvent à droite comme à gauche dans la même coupe. Le cas n'est pas bien rare chez le *Leuckartia*.

Il reste à établir les rapports des organes relativement aux bords antérieur ou postérieur : ils ont ici la même disposition que chez les espèces dont nous faisons plus loin l'histoire; la matrice est antérieure et l'ovaire est situé en arrière. Comme, dans cette espèce, les anneaux ne se replient pas les uns sur les autres, il n'est pas toujours facile de vérifier cette disposition.

DESCRIPTION.

La fig. 69, pl. II, montre le *Leuckartia* contracté par l'alcool. Je ne suis pas certain d'avoir obtenu l'animal bien entier, il se pourrait qu'une petite portion ait été arrachée à l'extrémité antérieure. Quoi qu'il en soit, autant que je puisse en juger après l'examen attentif d'une série de coupes fait dans la portion antérieure, je crois pouvoir assurer que l'animal ne possède ni ventouses ni crochets, et que sa partie terminale se comporte comme celle de l'*Abothrium*.

Nulle part, le tissu réticulaire des Cestodes ne se présente aussi nettement que dans la partie terminale du *Leuckartia*. Les mailles y sont très larges, les noyaux très réduits et les éléments cellulaires ont disparu ; les nombreux vaisseaux longitudinaux s'y anastomosent les uns avec les autres et ne montrent plus aucune régularité : leurs ramifications se perdent dans les mailles et ils communiquent ainsi avec les lacunes des tissus.

La zone centrale de l'anneau se prolonge dans la tête du *Leuckartia*, mais sa disposition ne paraît pas être la même dans les trois individus que j'ai pu observer et je ne puis me prononcer à ce sujet avant de nouvelles études.

Une sorte de cou assez long, sans indication d'anneaux, se voit à la suite de la portion dilatée que présente antérieurement l'animal. Les anneaux se marquent quand apparaissent les cellules embryonnaires ; les plis sont dès l'abord très accentués, très serrés, parallèles entre eux. Les anneaux ne se recouvrent pas les uns les autres.

Je n'ai pas étudié spécialement le système nerveux du *Leuckartia*, et j'ignore comment il se termine dans la tête. J'ai dit quelle était sa situation dans l'anneau.

Le système vasculaire présente des particularités remarquables ; les vaisseaux sont au nombre de 36 ou 38 et disposés dans le ressort de la zone centrale, tout contre la zone musculaire circulaire, ils courent d'un bout à l'autre du corps et sont surtout très nets en avant. Ces vaisseaux longitudinaux sont reliés dans chaque anneau, par un vaisseau circulaire et par des anastomoses.

Les corpuscules calcaires sont très peu nombreux dans le *Leuckartia* ; on ne les rencontre guère que dans la zone intermédiaire.

Les trois individus de *Leuckartia* que j'ai étudiés étaient enfoncés dans les appendices pyloriques d'un Saumon (sp. ?) arrivé sur le marché de Lille, et dont je n'ai pu connaître la provenance. Le *Leuckartia* doit être assez rare, je ne l'ai rencontré que cette seule fois.

IV.

SUR LA LIGULE.

Notre mémoire sur la Ligule ne devant être nullement une histoire complète de cet animal mais bien le simple exposé de nos recherches, nous supposerons le lecteur suffisamment au courant de la question de l'anatomie et de l'histologie des Cestodes et nous nous contenterons de donner nos observations sur les différents éléments ou appareils de cet animal, sous des chapitres séparés; nous discuterons à propos de chacun d'eux, les travaux récents des histologistes. Il en sera de même pour le Bothriocéphale.

Les tissus jeunes de la Ligule sont fondamentalement semblables à ceux du *Leuckartia*. La zone centrale se trouve très réduite à la partie antérieure de l'animal (pl. VI, fig. 10), tandis que la zone musculaire longitudinale est puissamment développée. Dans celle-ci, les muscles sont groupés en petits faisceaux. séparés par des fibres qui vont de droite à gauche et appartiennent par conséquent au système musculaire des plans transverses supérieur et inférieur, et par d'autres fibres, perpendiculaires aux premières, qui rattachent la partie dorsale du Cestode à sa partie ventrale, au travers de la zone centrale. Ces fibres, qui vont de haut en bas, se terminent dans les cellules musculaires sous-cuticulaires. Les plans musculaires supérieur et inférieur sont peu marqués, à ce moment et les éléments cellulaires de la zone centrale sont peu nombreux et de petite taille. On peut voir, de chaque côté, les fibres dirigées de haut en bas, refoulées à droite et à gauche des cordons nerveux ou même des vaisseaux. En ce point, la structure de la zone sous-cuticulaire de la Ligule, est à peu près la même que dans la partie moyenne du corps; elle a les caractères des zones sous-cuticulaires du Bothriocéphale comme nous le verrons plus loin : ce sont des cellules fusiformes, grandes et grenues, auxquelles viennent se rattacher les éléments qui forment la zone intermédiaire.

La différentiation de ces tissus ne tarde pas à s'accomplir; la zone centrale s'élargit rapidement; les deux plans musculaires qui la limitent se marquent davantage, ses cellules apparaissent nombreuses aux dépens du tissu réticulaire qui la forme; elles deviennent relativement serrées, prennent un aspect granuleux et se colorent avec la plus grande facilité. Le développement cellulaire s'accentue alors en des points déterminés et donne naissance aux divers rudiments; vers la partie dorsale se montrent les rudiments des spermatozoïdes; à la partie ventrale ceux de la poche péniale du vagin et du pavillon. Un point éloigné de la zone centrale, intermédiaire à la cuticule et aux muscles longitudinaux, est aussi le siége de phénomènes de différentiation qui conduisent au développement des rudiments des follicules vitellogènes.

En même temps que toutes ces formations s'accentuent, la largeur de la zone centrale augmente considérablement : la fig. 4, pl. V, comparée à la fig. 10, pl. VI, faite cependant à une plus grande échelle est instructive à cet égard. Elle représente une portion d'une Ligule asexuée chez laquelle le développement est arrivé à son maximum. La zone musculaire longitudinale se comporte ici de la même façon que chez le *Leuckartia*, c'est à dire que son épaisseur est considérablement réduite dans les anneaux développés, relativement à sa puissance première.

Nous allons étudier successivement l'origine des différents organes de la Ligule; disons auparavant que, chez les individus asexués, la taille n'est pas nécessairement en rapport avec le degré de différentiation des rudiments, et qu'une Ligule beaucoup plus grande peut être moins développée qu'une autre de taille relativement petite.

Cuticule.— Je me suis longtemps demandé quels étaient chez les Cestodes les rapp rts de la cuticule avec les couches sous-jacentes; l'étude que j'avais faite de la couche-matrice, décrite par les auteurs, m'ayant montré qu'elle pouvait difficilement jouer le rôle qu'on lui attribuait. J'ai fait de nouvelles recherches à ce sujet et c'est chez la Ligule asexuée que j'ai pu le mieux observer cette formation. La cuticule se présente en effet en couche épaisse, ayant à sa surface des débris qui marquent la chute successive des lames externes. La cuticule de la Ligule, comme celle des autres Cestodes d'ailleurs, semble, à première vue, formée d'une matière homogène, très réfringente et absolument sans structure.

Les coupes très fines ne tardent pas à renseigner sur la nature de cette membrane. On n'est pas longtemps sans en trouver qui montrent sa constitution et marquent nettement son origine.

En effet, on voit bientôt que la cuticule est loin d'être toujours homogène, que son état anhiste n'est, pour ainsi dire, qu'une apparence et qu'elle renferme une grande quantité de fibres dirigées vers la périphérie et qui atteignent souvent la surface. A côté de ces fibres, on voit de gros éléments arrondis et très nombreux, que leur aspect, leurs dimensions et leur nombre, font de suite rapporter aux corpuscules calcaires de la zone sous-cuticulaire. Les coupes sagittales donnent exactement le même aspect que les coupes verticales.

Toutefois, la couche sous-cuticulaire est séparée de la cuticule vraie par une ligne étroite, d'une réfringence plus grande que celle de la cuticule. Cette ligne réfringente s'observe sur toutes les coupes, tant verticales que sagittales, aussi faut-il la considérer comme correspondant à une zone interposée à la cuticule et aux couches sous-cuticulaires.

Or, on peut suivre sur certaines coupes, les fibres enfermées dans la cuticule et les voir se prolonger à l'intérieur des couches sous-cuticulaires. D'un autre côté, une étude attentive montre que, immédiatement sous la cuticule, il y a une couche de granules très fins, extra-cellulaires, et que les corpuscules calcaires semblent plongés dans une masse homogène grenue. La conclusion à tirer de ces faits, c'est que les éléments sous-cuticulaires subissent progressivement, une dégénérescence granuleuse, par leur extrémité. Les granules devenus libres, englobent les fibres et les corpuscules, et éprouvent une transformation analogue à celle par laquelle les membranes délaminées de l'œuf, après avoir revêtu l'aspect granuleux, deviennent très réfringentes et absolument anhistes. La zone réfringente dont nous avons parlé marquerait ainsi la zone en voie de transformation, premier acte de la cuticularisation.

Les fibres subissent la même modification, mais moins facilement, car il est plus fréquent de les voir conserver leurs caractères. Les corpuscules calcaires deviennent le plus souvent invisibles dans la cuticule. On sait que ceux de ces éléments qui sont enfermés dans la zone sous-cuticulaire ont un diamètre beaucoup moindre que les corpuscules calcaires de la zone centrale ; leur aspect est aussi différent, ils présentent une réfringence particulière, due probablement au commencement de différentiation qu'ils subissent.

Des coupes passant par les ventouses de la Ligule viennent corroborer l'opinion que nous avons émise. Si ces coupes n'ont pas été tourmentées, les ventouses offrent l'aspect d'une fossette ciliée, et c'est l'interprétation qui s'impose immédiatement lorsqu'on n'est pas prévenu. Ces organes, en effet, sont hérissés par toute leur surface de longs cils serrés, implantés sur la cuticule. Une étude plus attentive montre bientôt que ces pseudo-cils sont en continuité avec les fibres du tissu sous-cuticulaire. La signification de ces formations est la suivante : la cuticule se désagrège naturellement, et l'examen des animaux adultes le fait bien voir, mais les fibres comprises dans le processus de cuticularisation sont plus résistantes que les granules et ne tombent pas si vite. Dans la ventouse de la Ligule, la cuticule, bien moins exposée aux frottements que sur les autres parties du corps, s'y maintient beaucoup mieux et les fibres qui la forment subsistent, parce qu'elles ont conservé leurs relations avec les zones sous-cuticulaires, contrairement aux granules qui perdent facilement leur cohésion entre eux. Les cils de la Ligule tombent d'ailleurs très aisément et laissent au point d'où elles se sont détachées, une cicatrice extrêmement petite, mais très nette. La réunion de ces cicatrices peut former un pointillé très serré, qui a été diversement interprété.

Nous avons déjà signalé chez les Tétrarhynques, la présence de ces cils et nous en avons donné la même interprétation (1). Nous verrons, lorsque nous publierons nos recherches sur ces animaux, que l'on peut observer très facilement chez eux la formation de la cuticule (2). Elle a lieu par un processus analogue à celui que nous venons d'indiquer.

Les « porenkanalen » dont beaucoup d'auteurs ont parlé, ne sont autre chose que ces fibres visibles dans la cuticule. Je ne veux pas nier par là l'existence de véritables pores à la surface du corps des Cestodes, mais ils n'ont aucun rapport avec les formations dont nous venons de parler. On peut se demander pourquoi on ne voit pas toujours les fibres se continuer

---

(1) R. Moniez. Note sur l'histologie des Tétrarhynques. *Bulletin scient. du Nord*, 1879, p. 393.

(2) Nous avons donné un dessin à ce sujet dans notre *Essai monographique sur les Cysticerques*, p. III, fig. 7.

dans les zones sous-cuticulaires lorsqu'elles se montrent dans la cuticule. On peut répondre à cette objection de plusieurs manières : d'abord, la portion des fibres qui traverse la zone réfringente peut souvent avoir subi la même modification que cette couche, ce qui empêcherait alors de la distinguer; ensuite il ne faut pas oublier que les fibres ne s'insèrent pas perpendiculairement sur la cuticule, mais qu'elles s'y attachent obliquement, ce qui, sur les coupes verticales, ne permettrait pas de les voir dans toute leur longueur; ce sont seulement les coupes obliques qui peuvent les montrer. La cuticule, très épaisse sur les Ligules asexuées, l'est beaucoup moins sur celles qui ont acquis leur parfait développement. Cette couche se détache en longues lamelles lorsque l'on maintient ces animaux vivants dans l'eau.

On ne s'entend pas au sujet de la cuticule des Cestodes. Pour LEUCKART (1), c'est un revêtement clair, anhiste, et dépourvu de cils, au-dessous duquel on trouve une couche grenue, contenant des noyaux. Pour RINDFLEISCH (2), la couche sous-cuticulaire est formée de cellules fusiformes qu'il ne considère pas comme des cellules épithéliales, mais bien comme des cellules de tissu conjonctif. SCHIEFFERDECKER (3) décrit quatre couches à la cuticule : une couche interne, fibrillaire, une moyenne, granuleuse, une externe homogène, et enfin un revêtement extrêmement mince, traversé par les canaux poreux. La couche sous-cuticulaire est formée de cellules fusiformes, serrées en palissade, qui envoient leurs prolongements externes comme des cils fins par les canaux poreux; chaque cellule possède plusieurs prolongements protoplasmiques.

D'après STEUDENER (4) la cuticule est formée de deux couches, l'externe, complètement homogène, anhiste; l'interne, intimement unie à la précédente est une couche de fibres très minces, parallèles entre elles, et qui ne se ramifient point. Chez tous les Cestodes, la cuticule est traversée de canaux poreux.

Pour STEUDENER, la couche sous-cuticulaire est chez ces animaux formée de petites cellules coniques, allongées, serrées les unes contre les autres, avec la pointe du cône tournée vers l'intérieur du corps et sa base appliquée contre la cuticule. Ces éléments sont nucléés, leur protoplasme

(1) LEUCKART. Die menschlichen Parasiten etc, t. I, p. 166.
(2) RINDFLEISCH. Zur Histologie der Cestoden, *Archiv. f. mikr. Anat.*, t. 1, p. 138.
(3) SCHIEFFERDECKER, Beiträge zur Kenntniss des feineren Baues der Taenien *Jenaische Zeitschrift*, t. VIII. p. 469.
(4) STEUDENER. Untersuchungen über den feineren Bau der Cestoden *Abhandl. d. Naturfors. Gesell. zu Halle*, 1877, t. XIII.

grenu se colore peu, leurs limites sont peu marquées. STEUDENER admet aussi l'existence de prolongements protoplasmiques immobiles qui sortent par les canaux poreux. Il adopte l'opinion de SCHIEFFERDEKER, d'après laquelle ces prolongements servent à prendre la nourriture dans le milieu ambiant.

On le voit, la description de STEUDENER est celle qui se rapproche le plus de la nôtre. Elle en diffère cependant par des points importants, comme en ce qui concerne les canaux poreux, les fibres protoplasmiques qui les traversent, la forme des éléments sous-cuticulaires, etc.

Nous nous contenterons de rappeler à propos des couches cuticulaires de la Ligule, que M. DONNADIEU leur donne le nom d'*épiderme* (!), cet « épiderme » est formé de couches superposées, ce qui explique d'après ce savant, comment la lamelle superficielle a pu être prise pour une cuticule. Pour cet auteur, la cuticule de la Ligule ne paraît pas être analogue à celle des autres helminthes et en « *particulier à celle des Gordius* ». Après l'exposé que nous en avons fait plus haut, nous ne croyons pas devoir discuter l'opinion de M. DONNADIEU.

CORPUSCULES CALCAIRES. — Les corpuscules calcaires, vus et interprétés différemment par les auteurs, ont été étudiés de plus près, par *Virchow* qui a jeté le jour sur leur véritable nature (1). Leur structure et leurs propriétés physiques étaient assez bien connues avant lui, mais il émit l'idée qu'ils étaient formés par les éléments du tissu conjonctif fondamental, infiltrés progressivement de matière inorganique.

De l'étude de ces éléments développés, VIRCHOW conclut qu'ils devaient se former par des actions cellulaires, et qu'ils rappelaient ce qui se passe chez les animaux élevés pour les cellules osseuses et cartilagineuses. Pour le savant histologiste, c'est chez l'Echinocoque que l'on peut le mieux étudier ces formations, et l'examen des individus jeunes l'a convaincu de ce fait que les corpuscules calcaires tirent leur origine des éléments cellulaires du tissu conjonctif. Les très jeunes animaux, dit-il, alors qu'ils ne possèdent pas encore de crochets, ne laissent d'ordinaire rien reconnaître à leur intérieur : ils sont formés d'une matière grenue, trouble, de petits amas ronds ou ovales de granules grossiers, particulièrement abondants dans la partie

(1) R. VIRCHOW. Helminthologische Notizen *Archiv. für pathologische Anatomie u. Phys. u. für. wiss Medicin* 1857, p. 82.

postérieure du corps, et auxquels on reconnaît une enveloppe. Ces éléments augmentent de volume, des couches se dessinent à leur intérieur à la façon des cellules de cartilage, puis ils se chargent de calcaire.

Toutes primitives que soient les données fournies sur l'histologie de l'Echinocoque, toute confuse que soit la description qu'il donne du processus d'encroûtement, il faut reconnaître que VIRCHOW affirme nettement la nature cellulaire des corpuscules calcaires. Néanmoins, bien que nous n'ayions pas observé ces produits chez l'Echinocoque, nous doutons que les faits soient chez cet animal aussi différents de ce qu'ils sont chez la Ligule, et nous sommes porté à croire que l'observation de VIRCHOW est insuffisante.

Rappelons aussi les idées de CLAPARÈDE sur les éléments qui nous occupent. L'illustre naturaliste avait découvert que, chez les Trématodes, ces formations se développent dans les branches terminales du système vasculaire (1). Il voulut retrouver les mêmes connexions chez les Cestodes, mais, ni chez l'Echinocoque, ni chez le Triénophore qu'il observa à cet égard il ne put voir rien d'analogue. LEUCKART et PAGENSTECHER furent plus heureux en étudiant l'*Echinobothrium* (2). LEUCKART crut ensuite revoir les mêmes faits sur de très jeunes *Tænia cucumerina*. VAN BENEDEN crut aussi trouver des connexions entre les corpuscules calcaires et les vaisseaux, en voyant ceux-ci se remplir de gaz après l'action des acides; mais nous nous rangeons à l'avis de SOMMER et LANDOIS qui considèrent les rapports établis dans ce dernier cas comme artificiels.

Les observations de VIRCHOW furent combattues par différents auteurs, mais nous n'entrerons pas dans le détail des phases par lesquelles a passé la question. Récemment, SOMMER et LANDOIS ont longuement étudié ces productions chez le Botriocephale large et, avec STIEDA, ils se rangent à l'opinion de VIRCHOW. Ils ont constaté ou revu, entre autres choses, que ces éléments varient beaucoup de forme, qu'ils peuvent être ronds ou ovales, en forme de biscuit ou en forme de trèfle, calcarifiés seulement au centre ou présentant des couches concentriques nettes. Ces auteurs ont pu isoler l'élément inorganique du corpuscule et lui rendre l'aspect des cellules voisines, et ils ont démontré le fait, mis en doute, de la présence dans ces éléments, de l'acide carbonique combiné avec la chaux. Ils ont vu aussi, ce que nous avons vérifié,

(1) CLAPARÈDE. Uber die Kalkkoperchen der Trematoden und die Gattung Tetracotyle *Zeitsh. f. wiss. Zool.*, t. IX, 1858, p. 99.

(2) LEUCKART et PAGENSTECHER. Untersuchungen über niederen Seethiers, *Archi. für Anatomie und Physiologie* 1868, p. 600.

que les corpuscules calcaires se brisent d'ordinaire en direction radiale et suivant leurs couches de stratification.

Mais les auteurs allemands n'ont pas suivi la formation des corpuscules calcaires et l'on en était réduit à cet égard aux observations incomplètes de VIRCHOW.

Nous avons été assez heureux pour pouvoir suivre pas à pas le développement de ces éléments chez la Ligule, et nul Cestode ne nous a paru facile à étnder à ce point de vue.

Les corpuscules calcaires naissent aux dépens de ces cellules fusiformes du tissu général, que nous avons décrites plus haut. Ces éléments sont re-sont représentés en grand nombre dans les fig. 1 et 2 Pl. VI; on sait qu'ils sont très généralement répandus chez les Cestodes. Lorsque l'un d'eux doit donner naissance à un corpuscule calcaire on le voit augmenter considérablement de volume, sans toutefois changer de forme, prendre un aspect vitreux, acquérir une réfringence spéciale et ne présenter bientôt plus ni noyau ni granulations d'aucune sorte.

Un peu après, sans qu'il soit porté atteinte à la membrane d'enveloppe, on voit se former, à l'intérieur de l'élément en voie de transformation et aux dépens de la plus grande partie de son contenu, un corps de forme plus ou moins sphéroïdale, qui se distingue nettement par son aspect plus dense et moins vitreux. C'est de cette manière qu'apparaît le futur corpuscule calcaire. La portion du contenu cellulaire qui n'a pas été employée à sa formation, le coiffe à l'une de ses extrémités; cette partie diminuera progressivement de volume à mesure que le corpuscule calcaire accentuera ses caractères, jusqu'à ce qu'elle ne forme plus qu'un très petit tubercule indépendant. Elle pourra même se résorber complètement. Parfois, on trouve deux de ces petits tubercules, un à chaque pôle du corpuscule calcaire, c'est lorsque cet élément s'est formé au centre, et non plus à l'une des extrémités de la cellule-mère.

La membrane de l'ancienne cellule fusiforme ne se détruit pas après la formation de l'élément calcaire, c'est elle qui le rattache aux tissus voisins; quand, à la suite de manipulations, il arrive qu'il se détache, la membrane cellulaire persiste et forme une maille; les petits tubercules calcaires, lorsqu'ils existent encore, restent enchassés dans la maille et ne tombent pas.

Le fait de la résorption de la partie de cellule fusiforme non engagée dans les processus de calcarification, explique comment la corpuscule calcaire peut avoir une forme arrondie; la persistance, la soudure de ce tubercule, rendent compte des variétés de forme que présente le corpuscule calcaire.

Parfois, la cellule-mère de cet élément se partage en deux masses égales qui acquièrent des caractères, identiques et l'on a ainsi deux corpuscules accolés. Je dois dire que, chez la Ligule, je n'ai jamais vu deux corpuscules calcaires accolés et de volume inégal, bien que la partie de la cellule, origine de l'élément organisé, soit parfois d'un volume peu différent de la masse qui se résorbe. (1).

Toutes les variétés de forme des corpuscules calcaires que nous avons représentées (fig. 6, Pl. IV), peuvent s'observer sur une même coupe. Celle que nous avons dessinée provenait d'une Ligule bien développée, qui avait séjourné pendant 45 heures dans l'intestin d'un Canard.

Nous ignorons pourquoi une partie seulement de la cellule se calcarifie, et la signification du phénomène nous échappe; peut-être s'agit-il simplement d'un dépôt de matières inorganiques limité au noyau. Quant au sens morphologique de ce dépôt calcaire, s'il en est un, nous ne pouvons actuellement émettre aucune hypothèse à son égard.

Nous ne sommes guère plus avancé au point de vue du rôle physiologique des corpuscule calcaires, et diverses observations sur lesquelles nous reviendrons plus tard, semblent indiquer que ce rôle est très peu important.

Disons en terminant que les corpuscules calcaires des zones sous-cuticulaires, sont très nombreux et beaucoup plus petits que ceux de la zone centrale.

Les corpuscules calcaires n'ont pas été spécialement étudiés chez la Ligule, M. Donnadieu, toutefois, en fait mention. Pour cet auteur, ces éléments sont agglomérés en une couche sous la cuticule et, normalement, ils ne se rencontrent pas ailleurs. « Quelquefois, dit-il, on les trouve dans toutes les autres » parties du corps, soit que la compression, soit aussi que le liquide dans lequel » on les observe leur ait permis de se répandre jusque dans le parenchyme. » Il y a là une erreur. Chez la Ligule, comme chez les autres Cestodes, le nombre des corpuscules calcaires est très variable, mais ils existent dans la zone centrale comme ailleurs, quoiqu'ils y soient souvent moins abondants. Ce que nous savons de leur mode de formation, de la maille qui les fixe, etc., empêche d'admettre l'hypothèse d'un déplacement. On peut suivre très bien le développement de ces éléments dans la zone centrale même.

Le système nerveux de la Ligule ne présente pas cette différentiation anatomique que nous avons rencontrée chez les formes élevées appartenant

(1) R. Moniez. Études sur les Cestodes. *Bulletin scientifique du Nord*, 1880, p. 407.

au type du *Tænia serrata* (1). Comme nous l'avons dit plus haut, les deux cordons qui courent parallèlement au travers de la chaîne des anneaux, se rapprochent l'un de l'autre en arrivant à l'extrémité antérieure, et se réunissent alors très près de la zone sous-cuticulaire, par une anastomose transverse. Les cordons latéraux s'étendent un peu au-delà de la commissure et forment ainsi les deux ganglions que nous avons représentés (Pl. VI, fig. 8).

Les cordons nerveux sont très nets chez la Ligule, bien qu'on ait nié leur existence; les fibres transverses les contournent, et le tissu voisin leur forme une sorte de gaîne. Souvent, de grosses cellules granuleuses, que nous considérons volontiers comme jouissant de propriétés contractiles, hérissent ces tubes en s'attachant à leur gaîne.

La structure de l'appareil qui nous occupe n'est pas bien facile à étudier. Les coupes passant par les ganglions ou à proximité de la commissure, montrent constamment la structure que nous considérons comme parfaite : elles font voir le système nerveux formé de cellules très petites, à peine visibles avec l'objectif 12 (Hart.) Ces éléments sont nucléés ; ils ne présentent pas de granules et montrent, après l'action d'un picrocarminate d'ammoniaque très acide, une teinte olivâtre caractéristique ; ils sont si étroitement juxtaposés, qu'il est impossible de dire s'ils possèdent des prolongements; on peut seulement soupçonner leurs véritables rapports.

La disposition que nous venons de décrire se retrouve beaucoup au-delà de la commissure; nous l'avons observée chez des individus asexués, mais elle n'est le plus souvent, que transitoire, et les éléments nerveux semblent subir une transformation régressive.

En contact les unes avec les autres dans le ganglion et sur une étendue plus ou moins grande de la partie antérieure du cordon, les cellules nerveuses passent plus loin, par des dégradations ménagées, à des sortes de cordons anastomosés entre eux et souvent hérissés de très petits éléments que nous considérons comme des cellules nerveuses. L'interprétation de ces faits nous semble la suivante: sous l'influence de l'augmentation considérable de volume que subit le corps du Cestode, et par suite de la solidarité bien établie de tous les éléments entre eux, les parties constituantes du système nerveux sont étirées, elles se disjoignent et prennent ainsi l'apparence de cordons. La coupe horizontale que nous avons dessinée (fig. 8, Pl. VI), représente cette

(1) R. Moniez. *Essai monographique sur les Cysticerques*, p. 128.

altération, d'une manière insuffisante, toutefois, par suite de l'exiguité de l'échelle.

Dans le cas précédent, la dégradation du système nerveux n'est pas seulement indiquée par la transformation en cordons de la masse cellulaire primitivement cohérente : notre explication est corroborée par les caractères des trabécules qui portent les très petites cellules dont nous avons parlé.

Dans ce cas, l'on ne voit plus les cellules nerveuses, ou bien, elles sont rares et disposées par groupes peu fournis; un reticulum les remplace et occupe tout le cordon. Si l'on analyse ce réseau conjonctif, on voit qu'il est formé de grosses mailles qui enserrent d'autres mailles très petites et très nombreuses (fig. 5, Pl. IV).

Les coupes verticales sont instructives à plusieurs égards ; elles montrent que c'est le tissu de la zone centrale qui forme cette espèce de muraille, limite des cordons nerveux à la périphérie. En effet, on peut facilement suivre le trajet des fibres provenant de la zone centrale : on voit que, après avoir formé une enveloppe au cordon nerveux, elles fournissent les éléments des grosses mailles, d'où partent les éléments réticulés délicats dont nous venons de parler. Le réseau conjonctif qui occupe le cordon nerveux n'est donc point indépendant ; il fait partie du tissu de la zone centrale.

Mais les cellules ont disparu du cordon nerveux lorsque nous l'étudions sous cette forme réticulée, ou bien elles ne s'y trouvent plus qu'en des points limités. On peut se demander si elles ne se sont pas tout simplement détachées à la suite des manipulations que subissent les coupes avant d'être examinées. On pourrait faire une autre hypothèse, voir, par exemple, si le réseau que nous venons de décrire n'est pas dû à la transformation des cellules nerveuses en un reticulum semblable à celui qui est interposé à tous les organes des Cestodes.

Cette seconde hypothèse nous semble beaucoup plus approcher de la vérité. Nous ne nous représentons guère, d'une part, des éléments nerveux libres, pas plus que nous ne comprenons, chez les Cestodes, des cellules indépendantes du reste des tissus. D'autre part, si les mailles fines pouvaient échapper facilement, au cas où elles seraient remplies par les cellules, il n'en serait pas de même du gros réseau, dont les éléments ne sauraient être confondus avec les cellules nerveuses. En réalité, réseau conjonctif et cellules nerveuses s'excluent. Dans notre manière de voir, la transformation des cellules nerveuses en un réseau conjonctif se rattache intimement au processus général si absolu chez les Cestodes.

Ce qui ne serait qu'une hypothèse, peut-être, si nous étudiions seulement la Ligule, cesse de l'être quand nous observons l'*Abothrium Gadi*. Nous verrons, chez cette dernière espèce, que les cellules nerveuses des Cestodes ne sont aucunement indépendantes et que, morphologiquement, elles ont la valeur des autres cellules du tissu fondamental, puisqu'elles se comportent absolument comme elles à l'égard de ce tissu. Chez l'*Abothrium*, en effet, les rapports des cellules nerveuses ne sauraient être discutés.

La commissure nerveuse de la Ligule, dont nous n'avons pas parlé jusqu'ici, n'est pas uniquement formée de cellules nerveuses; elle est mêlée de fibres transverses appartenant au tissu général, et de cellules ovoïdes sans caractère spécial, qui se rattachent au même tissu. Les cordons nerveux de la Ligule ne sont pas situés au bord de l'anneau, mais à peu près à la hauteur du quart intérieur ; nous avons cherché leur terminaison postérieure, mais le résultat de nos recherches ne nous satisfait pas complètement.

M. E. Blanchard étudia le premier, le système nerveux de la Ligule au point de vue anatomique ; il réussit à l'isoler par la dissection. Sa description et son dessin sont fort exacts, il a vu les troncs longitudinaux et l'anastomose antérieure ; et il a trouvé de plus deux gros cordons partant de l'anastomose pour aller se porter à droite et à gauche dans les lobes de la ventouse. Nos coupes ne nous ont pas montré ces deux branches antérieures, mais nous ne doutons pas qu'elles puissent exister.

Pour Steudener, qui étudia le système nerveux de la Ligule au point de vue histologique, «die Beschaffenheit der Seitenstrange in den Gliedern die » Bothriocephaliden und Liguliden stimmt vollstandig mit der bei den Taenien » uberein; sie bestehen aus sehr feinen Fasern denen auch hier niemals irgendwelche Zellen beigemischt sind. »

Or, pour cet auteur, le système nerveux des Cestodes est formé d'un fin réseau dont les mailles sont remplies de fibres fines, et on ne trouve jamais ces fibres mêlées de noyaux ou de cellules. Toutefois, dans la tête les choses sont un peu différentes, et, en place des fibrilles enfermées dans les mailles, on trouve de gros noyaux nucléolés. Les cellules auxquelles appartiennent ces noyaux, dit Steudener, doivent être extrêmement délicates, « car je n'ai » jamais pu les voir en bon état. » (1)

---

(1) Schneider, Untersuchungen über Plathelminthen, XIV *Bericht oberhessischen Gesellschaft für Natur- und Heilkünde*, 1873, p. 99.

Ainsi que nous l'avons dit, et bien qu'en pense STEUDENER, on retrouve parfois intactes les cellules nerveuses des Ligules sexuées ; les éléments que cet auteur appelle des noyaux se montrent avec des caracères cellulaires très nets, et nous venons de dire pourquoi on ne trouve pas de véritable cellules dans les mailles. STEUDENER, après SCHNEIDER, (1) a revu l'anastomose nerveuse que nous avons décrite au point de vue histologique ; il ne mentionne pas l'observation de M. E. BLANCHARD, faite vingt-cinq ans avant celle de SCHNEIDER.

M. DONNADIEU, qui a spécialement étudié la Ligule, dit en parlant de cet animal : « On ne saurait y découvrir un système nerveux.... ; les auteurs ont dû, sans aucun doute, prendre pour ce système une partie du système vasculaire » (2) ; or, de l'examen du travail de M. DONNADIEU il résulte que, par une erreur contraire à celle qu'il attribue aux autres, cet auteur a pris le système nerveux pour un vaisseau.

En effet, le point du corps que ce savant assigne aux deux organes qu'il appelle les deux grands canaux, est précisément celui qu'occupent les cordons nerveux et sa description des deux prétendus vaisseaux ne laisse d'ailleurs pas de doute à cet égard : « leur lumière, dit-il, est étroite, pleine d'un liquide » épaissi et composé d'éléments granuleux très fins, ils ont une forme ovale :» à côté de ces *vaisseaux*, continue-t-il, « on en voit deux autres rapprochés, mais beaucoup plus petits, qui communiquent avec les précédents ; leur contenu est plus liquide que celui des grands canaux, (3)» Pour le savant lyonnais, « ces grands canaux latéraux transmettent sur toute la longueur du corps, les matériaux absorbés par les bothridies. » M. DONNADIEU a pu constater au microscope que les éléments qui remplissent ces canaux sont ceux qui forment l'aliment du Cestode ! les considérations que produit cet auteur, pour établir quel est l'aliment du parasite, et le procédé qu'il emploie pour retrouver l'aliment dans les canaux, sont des plus curieux ; ne pouvant songer à les analyser, nous renvoyons au mémoire où elles sont exposées.

---

(1) STEUDENER, p. 294. Untersuchungen über den feineren Bau der Cestoden *Abhandl. O. Naturf. Gesells zu Halle* 1877.

(1) DONNADIEU. Contribution à l'histoire de la Ligule, *Journal de l'Anatomie et de la Physiologie* 1877, p. 60. M. DONNADIEU, dans son très long historique oublie de citer les travaux de M. BLANCHARD sur la Ligule ; ils contiennent cependant plusieurs renseignements importants. A propos de sa discussion sur l'hôte normal de ce parasite, M. DONNADIEU aurait pu aussi citer l'observation de Ligules chez un canard sauvage, faite par le naturaliste du Muséum.

(5) DONNADIEU, *loc. cit.* p. 53.

(1) DONNADIEU, *loc. cit.* p. 60.

(5) DONNADIEU, *loc. cit.* p. 53.

Extrémité antérieure. — L'étude de la partie antérieure de la Ligule pouvait être particulièrement intéressante ; à part ce qui concerne le système nerveux, nous avons reconnu qu'elle n'était le siège d'aucune différentiation spéciale.

Le système nerveux se termine à la partie centrale et très près de la couche sous-cuticulaire (pl. IV fig. 8); les deux cordons longitudinaux, bordés de grosses cellules, marchent l'un vers l'autre et se rencontrent par l'intermédiaire d'une courte commissure, au-dessus de la légère dépression qui relie les deux ventouses. Les vaisseaux dont nous étudierons plus loin les rapports, se prolongent dans la tête jusqu'à l'extrémité ; on peut suivre les fibres longitudinales très haut, elles vont se perdre en divergeant dans la zone sous-cuticulaire. Comme la coupe horizontale que nous avons dessinée passe par la zone centrale, elle ne peut montrer les plans musculaires supérieur et inférieur, mais fait voir ses vaisseaux ramifiés, ses fibres entrecroisées, et ses cellules jeunes ; on peut y observer de nombreux corpuscules calcaires.

Une autre coupe horizontale, menée au delà du parenchyme, dans un plan inférieur ou supérieur à la zone centrale et par conséquent au travers d'une ventouse, nous fait voir des fibres longitudinales qui vont s'insérer dans la zone sous-cuticulaire. Notre coupe passe par cette masse épaisse de muscles longitudinaux dont nous avons parlé tout à l'heure ; on voit que l'insertion de ces éléments n'offre rien de particulier.

La section de la ventouse nous montre que ces organes ne sont que de simples dépressions peu profondes, qu'ils ne présentent aucune différentiation spéciale, et qu'ils ne sont pas mus par des éléments particuliers. Les ventouses de la Ligule sont donc très différentes des appareils parfois compliqués que l'on rencontre chez les Tænias. Elles sont situées l'une à la partie dorsale, l'autre à la partie ventrale. Ces organes ne semblent guère devoir être utiles aux Ligules, à moins qu'elles ne soient susceptibles de subir une de ces modifications dont nous parlerons à propos du Schistocéphale. Je n'ai jamais trouvé de Ligule adhérente par cette partie du corps, bien que j'en aie observé un bon nombre, immédiatement après la mort de leur hôte.

Les ventouses suffisent parfaitement pour faire reconnaître, même à l'œil nu, la partie antérieure de la Ligule et pour permettre de la distinguer de la partie postérieure ; d'ailleurs, la forme de ces deux extrémités est assez différente.

La figure 67 pl. II représente, en grandeur naturelle, une portion de Ligule prise à la partie antérieure du corps. On voit que. sur une étendue de près de deux centimètres, les anneaux sont marqués avec la plus grande netteté, tandis que, plus loin, on ne peut plus les distinguer ; les dépressions et les rides que l'on remarque à la suite de la partie annelée s'enchevêtrent, deviennent irrégulièrement alternes, ou même sont disposées sans aucun ordre. La partie annelée ne m'a présenté rien de particulier au point de vue de la structure, dans l'animal asexué. Je n'ai pas vu ces anneaux mûrs dans les Ligules sexuées et je n'y ai même pas trouvé de rudiments d'organes. Il serait cependant bien intéressant de savoir si, dans cette portion de l'animal, les ovaires alternent ou s'ils sont distribués symétriquement.

L'annélation de la partie antérieure de la Ligule peut se voir à l'œil nu sur l'individu bien développé, et déjà Bremser avait très-nettement figuré cette disposition (1). M. Donnadieu, dit cependant que « lorsque la Ligule a atteint une certaine dimension, ses anneaux sont si peu distincts et si étroits, que le corps prend l'aspect strié, observé et décrit par tous les auteurs » (2). Nous verrons plus loin, à propos des organes génitaux de la Ligule, comment il faut comprendre les anneaux chez cet animal.

Citons maintenant un fait qui n'a pas encore été signalé, et qui ne trouverait guère sa place ailleurs dans ce mémoire. On voit dans la zone intermédiaire de la Ligule, entre la zone sous-cuticulaire et les muscles longitudinaux proprement dits, un système de fibres musculaires longitudinales, groupées en petits faisceaux ovoïdes, très rapprochés, que nous avons figurés pl. VII fig. 5. Ces fibres, quoique très nettes ne sont pas toujours faciles à distinguer au milieu des tissus. Je les ai rencontrées dans la partie annelée, mais je les ai retrouvées aussi dans la partie moyenne d'une Ligule sexuée.

Extrémité postérieure. — L'extrémité postérieure ne présente pas toujours le même aspect chez la Ligule ; il arrive assez souvent qu'elle se retréci brusquement pour se terminer en une sorte d'appendice, très étroit d'ordinaire, très court, mais que j'ai vu atteindre jusqu'à un centimètre de longueur. L'étude des tissus qui constituent cet appendice montre qu'il a

(1). Bremser. *Iconos helminthum*, t. XI, f. 20.

(2). M. Donnadieu, pour montrer que la Ligule est formée d'anneaux, a eu l'idée de prendre des jeunes Ligules et de les plonger dans l'eau bouillante ; il les voit alors bien articulées vers la partie antérieure, confusément divisées à la partie postérieure. M. Donnadieu ne paraît pas avoir songé à l'observation directe.

subi, depuis longtemps, une transformation conjonctive complète, et que des rudiments ne se sont pas formés à son intérieur ; il n'est pas douteux que cette partie n'ait été frappée d'un arrêt de développement. D'ailleurs, ses tissus sont en parfaite continuité avec ceux du reste du corps, et ils ne présentent d'autres différences histologiques que celles que nous venons d'indiquer. On remarque, toutefois, que les fibres longitudinales qui se rendent dans l'appendice, diminuent de plus en plus en nombre, pour se perdre dans la zone sous-cuticulaire.

Quand l'appendice dont nous parlons n'existe pas à l'extrémité de la Ligule, j'ai plusieurs fois observé à sa place, une grande lacune qui communique avec l'extérieur. Cette lacune est dépourvue de parois propres et elle n'est pas tapissée par une cuticule ; son aspect fait croire qu'elle est due à une déchirure ; son mode de formation rappellerait donc celui du *foramen caudale*, tel que nous l'avons décrit à propos des Tétrarhynques et du Cysticerque du Lapin (1).

J'ai vu des vaisseaux se perdre dans cette lacune ; j'en ai vu d'autres, lorsque l'appendice existait, aller se terminer, à l'extérieur pour ainsi dire, au ras de la cuticule : toutefois, dans ce dernier cas, ils semblaient obturés par une très mince membrane anhiste. De nouvelles observations sur ce point seraient nécessaires.

La lacune postérieure dont nous venons de parler me paraît déterminée par la chûte de ce petit appendice. Celui-ci représenterait donc la vésicule des Tétrarhynques et des Tænias à Cysticerques.

L'arrêt de développement dont est frappée cette partie, peut venir de ce que, à une certaine époque, à un stade très jeune, elle servait d'abri à la partie antérieure du corps, invaginée dans la partie postérieure, comme chez le Cysticerque de l'Arion ou certains Cysticerques de la Souris, dont la vésicule est considérablement réduite. L'étude du développement de la jeune Ligule montrera ce que cette interprétation peut avoir de fondé.

« A l'extrémité postérieure du corps de la Ligule, dit M. Donnadieu (2),

(1) R. Moniez. Essai monographique sur les Cysticerques, *Travaux de l'Institut zoologique de Lille* t. III, 1880.

(2) Donnadieu, Contribution à l'histoire de la Ligule p. 60.

» on voit tous les tubes se terminer en cœcum et se diriger à ce moment tous
» ensemble vers l'extrémité elle-même. Aussi, viennent-ils former un
» paquet de tubes fermés qui ne communiquent entre eux que par les anasto-
» moses ordinaires et qui ne présentent à leur extrémité aucun organe qui
» puisse rappeler une vésicule pulsatile. Cette vésicule fait ici totalement
» défaut. »

Nous ne pouvons partager l'avis de M. Donnadieu pour le mode de terminaison des tubes. La figure qu'il donne à ce sujet ne concorde pas avec ce que nous avons observé et il semble n'avoir vu ni la vésicule, ni l'appendice que nous avons décrit.

Vaisseaux. Les vaisseaux de la Ligule sont de deux ordres; on en trouve dans la zone centrale et dans la zone sous-cuticulaire; ces derniers n'étaient pas connus.

Les vaisseaux de la zone centrale sont entourés de cellules que la Fig. 8 Pl. VI n'a pas suffisamment marquées, mais que l'on voit dans les Fig. 13 et 14 Pl. III. Ces éléments s'attachent aux vaisseaux dans tout leur trajet et par toute leur circonférence. On les observe aussi sur les ramifications. Leurs caractères sont d'être très volumineux, grenus, nullement vitreux; ils ne donnent jamais naissance à des corpuscules calcaires. Par une extrémité, ces éléments se rattachent aux fibres des parois des tubes, tandis que par l'autre, ils se continuent avec les tissus de la zone centrale. Nous considérons ces grosses cellules comme douées de propriétés contractiles. Nous avons déjà vu plusieurs fois des formations analogues, et nous en rencontrerons fréquemment encore autour de différents organes chez les Cestodes. Comme nous l'avons déjà dit, nous les regardons volontiers comme des cellules résiduales provenant des rudiments, et non employées dans la formation des parois des organes.

Les vaisseaux de la zone centrale nous ont paru très variables comme nombre et comme disposition. Sous ce rapport, ils ne rappellent en rien ce que nous connaissons dans beaucoup de types, comme par exemple, le *Tænia serrata*. Chez un cert[illegible] ndividu, j'ai trouvé dans la zone centrale, six vaisseaux semblables entre eux et assez régulièrement disposés sur une même ligne, qui était le grand axe de l'anneau; sur un autre, je n'ai pu reconnaître qu'un vaisseau, et d'un seul côté; souvent, j'ai observé deux vaisseaux dans la même zone. Un individu qui présentait deux vaisseaux de chaque côté, nous en a montré une fois un troisième, à demi-encastré dans le système nerveux. Sur un autre exemplaire, il m'a été impossible de découvrir trace de vaisseau dans la zone centrale, bien que je l'aie examinée sur une grande étendue et en plusieurs points de l'individu. Cependant il m'a paru qu'aucun vaisseau n'existait en dehors du cordon nerveux.

J'ai étudié les Ligules par la méthode des coupes. Il est possible que leur séjour dans l'alcool, en contractant les tissus, m'ait empêché de bien voir ces organes, assez difficile à étudier, par suite de l'irrégularité de leur situation. Je dois dire, toutefois, que si les branches fines ont échappé à mon observation, il n'a pu en être de même des gros troncs, grâce aux caractères que leur donnent les cellules musculaires qui les entourent.

La fig. 8 pl. VI reproduit un aspect que j'ai plusieurs fois rencontré sur des coupes horizontales sans que je puisse cependant affirmer qu'il soit constant. Trois troncs longitudinaux émettent des branches d'anastomose nombreuses et irrégulières, et plusieurs d'entre elles ont une disposition transversale qui fait d'autant plus songer aux vaisseaux transverses de certains Cestodes, que la coupe est pratiquée dans la partie annelée de la Ligule. Quoiqu'il en soit de ce rapprochement, je dois faire remarquer que la fréquence des anastomoses et l'étendue sur laquelle une branche très volumineuse accompagne quelquefois le tronc qui lui a donné naissance, peuvent très facilement induire en erreur au sujet du nombre des vaisseaux de la zone centrale. Des injections fines pourraient être employées pour voir complètement l'appareil vasculaire des gros troncs.

Il en est autrement des vaisseaux que nous avons découverts dans la zone sous-cuticulaire ; ces derniers sont disposés régulièrement. Nous avons indiqué leurs rapports dans la fig. 11, pl. VI, qui représente schématiquement la moitié d'un anneau jeune.

Les vaisseaux sous-cuticulaires sont larges et assez nombreux. Il n'est pas toujours facile de les voir, car le caractère des vaisseaux de la zone centrale leur manque : ils ne sont pas entourés d'une zone de cellules musculaires. C'est naturellement chez les Ligules asexuées que ces organes peuvent s'étudier le plus facilement.

Les vaisseaux sous-cuticulaires se prolongent dans l'appendice terminal de la Ligule lorsque cet appendice existe. Il est probable que ces organes ont des communications entre eux sur leur trajet, au moyen de branches latérales. Je ne les ai pas étudiés à ce point de vue. Quoi qu'il en soit, les vaisseaux de la zone centrale et les vaisseaux sous-cuticulaires communiquent entre eux par de larges branches aux deux extrémités de l'animal; je n'ai rien trouvé qui ressemblât à un vaisseau circulaire. Je possède une préparation où l'on voit un vaisseau sous-cuticulaire passer à plein canal dans un autre vaisseau sous-cuticulaire du côté opposé en formant ainsi une anse complète.

Chez la Ligule, dit STEUDENER (1), le système vasculaire commence à la partie antérieure par deux vaisseaux étroits qui forment progressivement une série de vaisseaux longitudinaux au nombre de 14 à 18. Ces vaisseaux sont situés « *dicht unter den Subcuticularzellen* » et ils présentent de nombreuses anastomoses. Le dessin que STEUDENER donne à l'appui, contredit formellement son texte, car il ne montre que des vaisseaux appartenant à la zone centrale. Il est probable qu'il y a une erreur d'impression portant sur les mots que nous avons soulignés.

Quant à M. DONNADIEU, nous avons vu qu'il a pris le tronc nerveux pour un vaisseau. Les vaisseaux sous-cuticulaires lui ont échappé, et il n'a vu dans la zone centrale, qu'un seul vaisseau de chaque côté; entre ces vaisseaux de la zone centrale, s'étendrait, d'après cet auteur, un réseau très fin et très délié.

Ligule asexuée.

Rudiments. Nous devons dire tout d'abord que, pour la commodité du langage, nous donnerons le nom d'anneau à toute portion de Ligule renfermant un système génital complet, même dans les cas où rien ne le marque à l'extérieur et bien que les différents systèmes génitaux soient en connexion, les uns avec les autres. Nous justifierons plus loin d'ailleurs cette manière de voir. Bornons-nous à dire maintenant que la disposition des fibres musculaires sur les coupes sagittales ne peut laisser de doute sur l'existence d'anneaux distincts, bien qu'imparfaitement séparés. L'arrangement de ces fibres est exactement le même que chez les Cestodes dont les anneaux sont le mieux définis. Les organes génitaux de la Ligule, au lieu d'être en partie marginaux comme chez le *Leuckartia*, sont disposés à la face ventrale du corps, où le vagin et la poche péniale s'ouvrent côte à côte. Il ne se forme aucun rudiment dans les parties latérales de l'anneau.

La première indication d'organes que nous ayions observée est représentée

(1) STEUDENER. Untersuchung. üb. den feineren Bau der Cestoden *Abhandl. d. naturf. Gesell. zu Halle*, 1877, p. 289.

en coupe horizontale pl. V, fig. 6. Au sein des tissus jeunes que nous avons décrits et qui offrent un reticulum de la plus grande netteté, les éléments embryonnaires se développent en masse, sous forme de cellules ovoïdes ou fusiformes, finement granuleuses, rattachées aux tissus par leurs prolongements. Ce rudiment est l'origine de la poche péniale, du vagin et du tube-matrice; l'ovaire n'est pas encore indiqué.

La fig. 1 de la pl. VI nous donne un stade ultérieur fort intéressant. Cette coupe, bien que prise un peu haut dans le rudiment, correspond à l'amas cellulaire *rt* de la fig. 6, pl. V; une certaine étendue de la zone centrale de l'anneau s'est différenciée, les tissus y ont un aspect différent, les fibres sont beaucoup moins nombreuses, et les forts grossissements montrent que le tissu réticulaire y a acquis la prédominance. La moitié de cette zone est bordée d'un cercle de cellules d'où s'étendent des traînées celluleuses anastomosées; ce cercle et ses dépendances font partie de l'ovaire. On peut conclure, d'après l'inspection de cet organe, que la masse principale de l'ovaire alterne selon l'anneau, de sorte que si l'on soudait les ovaires de deux anneaux qui se succédent, on aurait une figure parfaitement symétrique. Nous reviendrons plus tard sur ce fait.

Une coupe sagittale (pl. VI, fig. 2) complète la fig. 1 pl. VI. On y voit, s'élevant en hauteur, le rudiment des tubes *rt*. Une ligne celluleuse, en forme de M qui reçoit, dans son angle rentrant le rudiment des tubes *rt*, indique la forme de l'ovaire; elle a été marquée par erreur *mc*. Le rudiment ovarien double la saillie des muscles circulaires. Cette coupe nous marque que le rudiment de l'ovaire, disposé tout d'un côté du jeune anneau, décrit de haut en bas la même figure qu'il fait de droite à gauche, et forme ainsi une gouttière ouverte vers le centre de l'anneau.

On peut voir, dans la même figure à l'extrémité des deux angles à sommet supérieur formés par l'ovaire, une ligne celluleuse ascendante qui, pour nous, marque le rudiment de l'ovaire central. Il est inutile de faire remarquer que cette coupe passe près du centre de l'anneau et par conséquent bien loin au-delà de l'amas principal des ovules.

Les coupes fig. 1 et 2, pl. VI, étant perpendiculaires l'une à l'autre, donnent l'idée de la forme générale de l'ovaire. Les rudiments, étudiés en coupe verticale, fig. 4, pl. V, sont très instructifs. On remarque d'abord une dépression accentuée du point de l'anneau où s'aboucheront les organes génitaux. Le rudiment de la poche péniale, *pp*, est, très volumineux ; on distingue la partie *bb*, qui donnera naissance au bulbe; elle se prolonge par un tube mince, *sp* dont nous étudierons plus loin les transformations. Ce tube est renversé sur le vagin. Tout à côté se trouve un second rudiment, celui du vagin et du *receptaculum seminis*. La partie qui va donner naissance à ces organes est très allongée, elle est marquée *rs*. Un troisième rudiment, presque horizontal, est situé au-dessous des deux précédents : c'est le conduit des matières vitellogènes, le vitelloducte. Celui-ci et le vagin lui-même, naissent au voisinage l'un de l'autre, dans la zone intermédiaire; ils semblent se croiser, du moins ai-je cru voir ce fait sur plusieurs préparations. Ces deux organes se réunissent par leur autre extrémité, en un rudiment commun, dirigé verticalement. Celui-ci se prolonge de part et d'autre, un peu au-delà de leur insertion, marquant ainsi le point où prendront naissance des formations importantes : l'inférieure, *pv*, qui se confond encore avec l'ovaire, formera le pavillon mal défini de l'animal parfait, la supérieure, *mt*, montre les premiers rudiments du tube dans lequel se développeront les œufs. Ces différents rudiments sont tous formés par des cellules semblables entre elles et qui ont tous les caractères des éléments de même valeur chez les autres Cestodes.

Spermatozoïdes. Les rudiments des spermatozoïdes apparaissent de très bonne heure à la partie dorsale de la Ligule, sous forme de petits groupes de cellules qui se continuent avec le tissu du parenchyme, et qui montrent une grande sensibilité avec les réactifs colorants. L'accroissement de ces follicules se fait de haut en bas, mais ils restent toujours très nettement dorsaux. Les testicules forment une série de chaque côté des tubes génitaux ; ils s'étendent également à droite et à gauche du cordon nerveux.

L'étude de ces organes chez les Ligules asexuées qui ont atteint leur maximum de développement, montre que les produits mâles commencent toujours leur évolution avant que l'animal arrive chez son hôte définitif, mais ils atteignent leur complet développement chez ce dernier seulement ; ils ne dépassent pas le stade en rosette chez l'animal asexué. On voit dans les follicules testiculaires d'une Ligule à ce degré d'évolution, les éléments séminaux plus ou moins développés ; les uns sont disposés comme les barbes d'une plume, à droite et à gauche d'une fibre, les autres présentent deux ou trois prolongements que l'on peut suivre parfois dans les tissus voisins, enfin un certain nombre d'entre elles, refoulées par les cellules centrales, s'aplatissent en formant çà et là une sorte d'enveloppe au follicule. On peut aussi trouver des éléments cellulaires adhérents aux tissus par un seul point, comme il est fréquent de les voir dans l'ovaire du *Leuckartia*.

L'ovaire, bien marqué dans la coupe que nous venons de décrire, comme dans les précédentes, d'ailleurs, présente différentes particularités. La partie située parallèlement à la face ventrale et qui se montre sous forme de traînées anastomosées, ne constitue pas l'ovaire tout entier : une autre partie, intéressante surtout au point de vue des comparaisons à établir entre les différentes formes de Cestodes, occupe le centre de l'anneau et y montre les caractères principaux de l'ovaire du *Leuckartia*. Comme nous n'avons guère étudié cette partie que chez l'animal adulte, nous y reviendrons plus loin.

La portion de l'ovaire située contre la face ventrale, nous a paru varier notablement chez les divers individus et parfois dans les différents points d'un même ovaire (1). Moins fréquemment, chez les Ligules asexuées ayant atteint le maximum de leur développement, les éléments de l'ovaire sont très nets et bien distincts les uns des autres ; ils présentent ces prolongements que nous sommes habitués à rencontrer sur les ovules des Cestodes et qui les rattachent aux tissus. D'autres fois, les ovules semblent privés de prolongements distincts, ils sont mal délimités et même soudés ensemble, prenant ainsi l'aspect de tubes dans lesquels on peut parfois trouver des cellules libres, avec leurs noyaux très nets. Dans les deux cas, les différentes traînées ou boyaux s'anastomosent d'une façon très intime.

Les différences que nous venons de signaler dans la structure de l'ovaire s'expliquent, selon nous, très facilement. Le mode de formation typique est celui du premier cas ; il paraît se rencontrer chez les Ligules asexuées qui ont atteint le maximum de leur développement. Il semble qu'à la longue les ovules, en augmentant un peu à la fois de volume, se soudent pour former ces espèces de boyaux dont nous venons de parler. Soit par l'action de l'alcool, soit que cela existe naturellement, on voit très souvent ces tubes pourvus d'une paroi très nette. On peut croire que la partie périphérique des boyaux formés par la coalescence des ovules, s'est différenciée en membrane et que le noyau avec son nucléole entouré de protoplasme,

(1) Une particularité qui n'a pas lieu de nous étonner, si nous réfléchissons au mode général de formation des ovules chez les Cestodes, consiste en ce qu'il n'est pas rare d'observer une bande ovarienne, pénétrant entre les fibres musculaires et s'étendant même au-delà, dans la zone intermédiaire.

s'est détaché de cette membrane (1). C'est du moins l'impression qui m'est restée de l'examen de beaucoup d'ovaires de Ligules jeunes, mais des observations plus approfondies seraient nécessaires pour trancher la question. Des faits analogues se passent aussi chez le Schistocéphale, autre type qui acquiert un grand développement dans son premier hôte, et qui y séjourne un temps bien déterminé, Signalons à propos de la coupe horizontale de la Ligule (Fig. VI, Pl. 1), une particularité qui n'est pas dépourvue d'intérêt : on peut remarquer que les boyaux ovulaires partis des pôles de l'ellipsoïde formé par l'ovaire, sont plus fournis d'un côté que de l'autre dans chaque anneau, et cela en alternance. En même temps, dans chaque anneau, un des deux côtés de l'ellipsoïde lui-même est beaucoup plus fourni que l'autre côté. Si nous prenons deux anneaux qui se suivent, nous verrons que ce sont précisément les deux côtés opposés qui présentent le même caractère. L'alternance des ovaires se poursuit donc jusque dans les plus petits détails.

Notons, pour finir, que si la disposition que nous venons de décrire forme la règle, on peut rencontrer, nous ne pourrions dire avec quel degré de fréquence, des anomalies dont il ne faut pas cependant s'exagérer la valeur. Parfois, l'ovaire semble être symétrique, ou bien, deux fois de suite, l'ovaire est situé du même côté. Tous les Cestodes nous présentent des monstruosités analogues, qui doivent être plus fréquentes chez la Ligule, étant donnée sa constitution particulière qui facilite beaucoup les chevauchements.

Vitellogènes. — Les glandes vitellogènes n'étaient pas connues chez la Ligule. Ces glandes qui, chez le *Leuckartia*, naissent à la partie inférieure de la zone centrale, au point occupé par l'ovaire chez la Ligule, se forment ici dans l'espace que nous avons appelé la *zone intermédiaire* et qui s'étend des couches sous-cuticulaires aux muscles longitudinaux. Ces glandes règnent sur tout le pourtour de l'anneau, sauf à la face inférieure, à la hauteur du point où se forment les organes génitaux, et dans une courte zone correspondante à la face supérieure (Pl. V, fig. 5). La fig. 4, Pl VI), montre qu'elles ne s'interrompent pas en passant d'un anneau à l'autre.

Les follicules vitellogènes sont ovoïdes, très rapprochés les uns des autres,

(1) J'ai vu plusieurs fois une prolifération endogène dans l'ovaire. Je ne saurais dire si ce phénomène est de quelque importance au point de vue du développement de cet organe, ou s'il est en relation avec la présence des véritables boyaux que l'on y constate quelquefois.

formés d'éléments serrés qui sont de belles et grandes cellules nucléées, bipolaires ou pluripolaires. Par le développement de nombreux granules à l'intérieur des cellules, les follicules arrivent souvent à confluer. Aucun tube ne relie ces glandes entre elles, ni avec le tube collecteur dont nous avons décrit l'aspect. Toutefois, nous devons dire que le tube collecteur des vitellogènes, descend d'abord, par son rudiment, jusque dans la zone où se trouvent les glandes, marquant ainsi, semble-t-il, des rapports analogues à ceux du pavillon avec les ovules (Pl. V, fig. 4).

Nous n'avons jamais trouvé de Ligule asexuée dont les rudiments fussent à un stade de différentiation plus élevé que celui que nous venons de décrire bien que nous ayons observé un grand nombre d'individus.

M. Donnadieu a aussi étudié la Ligule asexuée, mais il ne touche pas aux questions d'histologie et d'histogénèse. Après avoir répété ce que l'on savait avant lui sur les testicules, il dit que les autres parties de l'appareil reproducteur sont à peine ébauchées et qu'on les trouve à la face ventrale. D'après lui, elles consistent en un gros tube contouré de deux tubes plus petits : tous trois ont la même direction sur le côté ; ils sont relativement très courts et paraissent repliés à leur extrémité. Ils s'abouchent ensemble vers une dépression au niveau de laquelle les lamelles épidermiques se séparent, pour former un vide qui sert d'ouverture à une poche plus ou moins renflée qui deviendra plus tard la matrice.

Or, d'après M. Donnadieu, « les organes reproducteurs sont irrégulièrement symétriques par rapport à la ligne médiane », ils sont très rapprochés et correspondent aux anneaux ;... les sillons de l'épiderme sont bien la trace des anneaux très étroits. Les organes reproducteurs, à part les testicules, sont répétés comme ceux des Cestoïdes, bien annelés (1). « ...La matrice est toujours unique et occupe le milieu de l'anneau, les testicules sont toujours symétriques, mais il n'en est pas de même des autres parties. Un tube séminal est toujours accompagné de deux tubes ovariens, mais ces organes ne se répètent pas toujours dans le même ordre, et on ne peut établir en ce qui concerne leur symétrie, de règle exclusive. Les tubes contournés se voient tantôt à droite tantôt à gauche, tantôt des deux côtés et cela, irrégulièrement, sans qu'on puisse apercevoir un ordre fixe... » (2). Un dessin

(1) Donnadieu, *Contribution à l'histoire du Ligule*, p. 61.
(2) Donnadieu, *loc. cit.* p. 85.

éclaire la description faite par M. DONNADIEU : il représente trois tubes inclinés sans rapports entre eux et un organe ovoïde.

Or, M. DONNADIEU n'a pas vu l'ovaire, quelque développé qu'il soit, et les follicules vitellogènes lui ont également échappé, bien qu'extrêmement nets ; des trois tubes qu'il figure, l'un, celui du centre, est ce qu'il appelle le tube séminal ; les deux autres sont pour lui les tubes ovariens. C'est ainsi qu'il définit les trois organes dont nous avons décrit les rudiments sous les noms de poche péniale et de spermiducte, de vitelloducte, et de vagin...! Ce que M. DONNADIEU, a pris pour la matrice n'est que le rudiment de la poche péniale; le naturaliste de Lyon n'a pas vu ses connexions intimes avec l'un des tubes qu'il appelle ovariens et qui n'est autre que le spermiducte. Nous démontrerons plus loin d'ailleurs, qu'il n'existe pas de matrice chez la Ligule.

Les organes reproducteurs ne sont pas disposés irrégulièrement comme le dit M. DONNADIEU, nous nous sommes expliqué à ce sujet ; nous avons beaucoup plus souvent trouvé la disposition que nous avons figurée et il n'est pas douteux, pour nous, qu'elle soit normale. Nous croyons que la disposition des rides de la cuticule peut parfaitement faire préjuger de la structure interne ; il doit y avoir à cet égard de grandes différences entre les individus. Les coupes horizontales, qui peuvent seules nous éclairer sur ce point, ne sont pas bien commodes à faire, surtout lorsqu'on veut les pratiquer sur une grande surface.

Ligule sexuée.

Produits et appareil mâles. Dans la Ligule arrivée chez son hôte définitif, les spermatozoïdes atteignent vite leur différentiation, et l'on ne tarde pas à voir leurs longues queues enroulées à la périphérie du follicule. Ces éléments ne restent pas longtemps en cet état et des faisceaux se détachent des testicules pour aller se porter aux follicules voisins, établissant ainsi entre ces glandes, de fausses anastomoses qui peuvent même cacher leurs rapports. On voit des faisceaux de spermatozoïdes progresser ainsi entre les mailles des tissus, sans être enfermés dans aucune espèce de tube décrire, dans leur trajet, toutes les irrégularités possibles, en même temps qu'ils se bifurquent, confluent ou s'enflent devant les obstacles. Ils tendent à se rendre à la partie centrale et inférieure de l'anneau où est l'orifice de sortie de la poche péniale. Les spermatozoïdes, rencontrant en ce point les amas d'œufs ou les tubes-matrices remplis par ces derniers produits, les contournent en suivant exactement leurs sinuosités et peuvent même pénétrer profondément dans les intervalles qui les séparent. Un observateur non prévenu, étudiant une coupe isolée, prendrait presque ces faisceaux de spermatozoïdes pour une membrane limitant une matrice, (Pl. V fig. 3 et 5), mais l'examen attentif d'une coupe isolée, ne permet pas de mal interpréter cette curieuse disposition : la réfringence spéciale et le groupement particulier des spermatozoïdes, empêchent qu'on les confonde avec le tissu réticulé dense, que présente la matrice chez les types voisins. D'heureuses coupes peuvent montrer d'ailleurs ces éléments lorsqu'ils descendent des follicules, et il est toujours facile de comparer le boyau qui contourne les œufs, avec les faisceaux de spermatozoïdes qui sortent des glandes testiculaires.

Les coupes sagittales confirment entièrement ce que nous apprennent les coupes verticales. On voit, dans la fig. 3 Pl. VI, qu'un fort boyau de spermatozoïdes règne au-dessus des circonvolutions du tube-matrice et est intimemement appliqué sur elles, au point de faire presque croire à une continuité de tissus. En règle générale, les boyaux courent aux sommets du tube-matrice et il est rare qu'ils soient rejetés sur le côté comme nous l'avons figuré Pl. 3, fig. VI. Notre dessin démontre que ce que l'on pourrait prendre sur une coupe verticale, pour une paroi de matrice, ne descend pas sur les côtés.

Quoiqu'il en soit, les spermatozoïdes tendent à pénétrer dans la poche péniale : ils l'abordent par le large pavillon qui termine cet organe et peuvent ainsi arriver au dehors. J'ai constaté la pénétration dans le pavillon des spermatozoïdes qui contournent le tube matrice.

Les spermatozoïdes en marche ne sont pas nécessairement réduits à des fils terminés par une tête extrêmement petite, comme c'est le cas général chez les Cestodes. On peut trouver des boyaux de spermatozoïdes dont toutes les têtes sont relativement très grosses ; ils prennent alors un aspect tout particulier qui pourrait induire en erreur. Cela est dû peut-être à la largeur des mailles du parenchyme qui facilite le déplacement de ces éléments, avant qu'ils soient devenus absolument filiformes.

L'appareil mâle est indiqué chez l'animal asexué par une grosse masse celluleuse, rudiment de la poche péniale, surmontée par un renflement qui est l'origine du bulbe ; ce dernier organe est prolongé par le rudiment du spermiducte qui se perd dans les tissus (pl. V fig. 4).

Le rudiment de la poche péniale est primitivement placé au-dessus de la zone musculaire circulaire ; il descend chez l'animal sexué jusque sur la cuticule, en refoulant de part et d'autre les faisceaux musculaires longitudinaux; en même temps, il se creuse d'un canal et se met en communication avec l'extérieur, tandis que ses gros éléments se transforment en un reticulum. (pl. V fig. 3 et 5).

L'étude du rudiment de la poche péniale démontre, d'une façon péremptoire à notre avis, que les différents rudiments ne sont nullement des formations indépendantes, distinctes des tissus dans lesquels elles sont plongées. On voit que la paroi externe de cet organe est formée de fibrilles qui se continuent avec celles de la zone centrale, que les fibres circulaires pénètrent dans son intérieur, s'y ramifient ou s'y perdent, qu'il y a, en un mot, continuité entre les tissus de la zone centrale et ceux de la poche péniale, tellement que, en descendant entre les couches sous-cuticulaires, cet organe entraîne avec lui les fibres musculaires circulaires. Nous retrouverons des faits identiques en étudiant les Schistocéphale et le Bothriocéphale large.

Le canal qui traverse la poche péniale présente des dilatations très accentuées: il se continue à travers un bulbe beaucoup moins nettement caractérisé que l'organe homologue du Bothriocéphale et du Schistocéphale, et il débouche finalement dans le spermiducte.

Les parois du bulbe sont formées à la périphérie par des fibres qui se continuent avec celles de la poche péniale. A l'intérieur, cet organe présente surtout des cellules fusiformes dirigées vers son sommet et qui se continuent par des fibres formant le spermiducte. En résumé, c'est un appareil très musculeux, qui doit raccourcir le spermiducte et le faire ouvrir en le tendant sur les tissus environnants.

Le spermiducte est assez court: les éléments fusiformes qui constituent son rudiment, se transforment en fibres réticulées. La plupart du temps, le spermiducte présente l'aspect que nous avons figuré fig. V, pl. 5, en *spd*; il monte d'abord en ligne droite, puis se recourbe en crosse pour se terminer brusquement. En le voyant avec ces caractères, on pourrait se demander comment un pareil organe peut favoriser l'émission des spermatozoïdes. Une disposition que nous avons figurée, pl. V, fig. 3, en *pvsp* et que nous avons observée deux fois seulement, nous a paru expliquer le fonctionnement de cet appareil.

En effet, dans ce dessin, le spermiducte, au lieu d'être allongé et replié en crosse, se montre court et dilaté en pavillon. C'est de cette manière que l'organe doit se disposer lorsqu'il fonctionne, et nous pensons que la disposition différente décrite plus haut, est celle de l'organe à l'état de repos. Les fibres du spermiducte étant rattachées aux tissus du parenchyme, peuvent selon nous, sous l'influence de la contraction des éléments voisins, modifier leur forme et se disposer ainsi à l'émission des produits mâles. Il nous semble probable que les choses se passent d'une manière analogue pour le Schistophale, mais nous verrons qu'elles sont très différentes chez le Bothriocéphale large.

D'après M. DONNADIEU, les testicules les plus rapprochés de la ligne médiane seuls se développent en doublant de volume, tandis que ceux des bords latéraux avortent. Chacun d'eux est limité par une membrane transparente et assez épaisse: « Au début, le sac constitué par la membrane limitante, est » rempli d'une substance plasmatique. Plus tard, au moment où le testicule » fonctionne, on voit dans le sac testiculaire plusieurs groupes de cellules » sphériques; elles s'agglomèrent entr'elles pour former un petit nombre de » paquets inégaux qui remplissent le testicule. Chacun des groupes renferme » un nombre variable de cellules et celles-ci se présentent comme de très » petits corps sphériques, dans lesquels la lumière oblique fait apercevoir » des éléments filiformes qui donnent à la cellule l'aspect d'une cellule » couverte de stries fines et courtes..... » (1).

Le tube séminal, arrivé à son entier développement, commence par plusieurs branches librement ouvertes dans les tissus; ces branches sont courtes et nombreuses; elles s'anastomosent très vite et finissent par former un tube qui va toujours s'élargissant, jusque vers sa partie terminale; il se replie dans le sens de sa longueur, de maniere à figurer une série d'S ajoutés bout à bout et de plus en plus grands; ces sinuosités ne sont pas dans le même plan, et une coupe ne les donne que par fragments. Le tube séminal d'après, M. DONNADIEU, se rétrécit dans sa partie terminale, et il va s'ouvrir au sommet de la matrice « dans l'écartement formé par les lamelles épidermique qui se séparent du derme. »

Pour M. DONNADIEU, le tube séminal rappelle les vésicules séminales des vertébrés. Les éléments spermatiques s'y accumulent; « mais ces éléments s'y complètent par les sécrétions des parois du tube. Ces sécrétions consistent en une matière visqueuse, au milieu de laquelle les éléments spermatiques sont englobés, au point de ne pouvoir être reconnus.....» La vie du tube séminal est de courte durée.

(1) DONNADIEU. Contribution à l'histoire de la Ligule.

Il semblerait véritablement, en lisant la description de M. DONNADIEU et en la comparant avec la nôtre, que nous avons observé deux êtres très différents. Nous avons pourtant étudié tous deux la Ligule, et la Ligule des étangs de la Bresse. Comment expliquer ces divergences ?

Il y a d'abord des erreurs comme celles qui concernent l'existence d'une paroi aux testicules et l'atrophie de certains de ces organes. Ce que nous avons dit de la formation des spermatozoïdes, et ce que nous en dirons plus loin, est contraire à l'opinion de M. DONNADIEU, sur l'existence d'une « substance plasmique, dans le sac testiculaire. »

Nous avons constaté que la Ligule se comporte exactement comme les autres Cestodes, au point de vue de la formation des spermatozoïdes. Ce que dit cet auteur de « paquets inégaux de cellules » nous prouve d'abord qu'il a compris fort imparfaitement ce que nous avons appelé le stade en rosette, ensuite qu'il n'a rien vu d'autre : s'il parle de cellules contenant des éléments filiformes, il ne désigne nullement par là les spermatozoïdes ; la queue de ces éléments, en effet, ne se forme pas à l'intérieur d'une cellule. Le dessin qu'il donne à l'appui, montre tout simplement des cellules granuleuses quelconques, et l'on ne comprend pas d'ailleurs comment des spermatozoïdes filiformes comme ceux des Cestodes, peuvent donner à une cellule l'aspect strié.

On se rappelle que M. DONNADIEU applique le nom de *tube séminal* au vagin et au *receptaculum seminis* qui le prolonge. On est en droit de supposer qu'il donne toujours le même nom au même organe, quel que soit l'état de développement de l'animal, l'on se demande alors par quelle transformation le rudiment de l'organe, tel qu'il existe dans la larve, peut donner naissance à ce que l'auteur appelle du même nom chez l'animal sexué. D'autre part, nos dessins du vagin chez l'animal sexué, n'ont pas l'ombre de rapport avec ceux du naturaliste lyonnais.

Le lecteur pourrait rester perplexe, s'il ne remarquait que la description du « tube séminal » de la Ligule correspond assez bien à celle de l'ovaire. Or M. DONNADIEU n'indique pas de rapports entre ce « tube séminal» et les testicules, et il cherche à expliquer comment il se peut qu'il n'y ait pas de spermatozoïdes visibles dans cet organe collecteur des produits mâles. Il ne faut pas oublier, d'autre part, que M. DONNADIEU n'a pas vu l'ovaire.

---

(1) DONNADIEU, loc. cit. fig. 53.

En résumé, pour nous, M. DONNADIEU a pris chez la Ligule asexuée le vagin pour l'organe collecteur des spermatozoïdes, et, dans la Ligule sexuée, il a confondu cet organe collecteur avec l'ovaire.

De plus il s'est complètement trompé au sujet du testicule et du développement des spermatozoïdes. Il n'y a donc pas à discuter ses idées relatives à une sécrétion destinée à parfaire les éléments mâles.

APPAREIL FEMELLE.

Le *pavillon* de la Ligule, dont nous avons représenté l'aspect Pl. V, fig. 3, est beaucoup moins différencié que celui du *Leuckartia* et des autres types que nous étudierons plus loin ; il est très largement ouvert, passe aux tissus voisins par son extrémité, et semble dépourvu de musculature propre. Cet organe est très court, il continue sans transition le tube vertical qui reçoit le *vitelloducte* et le vagin. Nous avons vu combien peu, à l'état asexué, son rudiment pouvait se délimiter de celui de l'ovaire, ce manque de différentiation persiste à l'état parfait.

Le *vitelloducte* ne présente rien de particulier ; à part le renflement qu'il offre avant de déboucher dans le tube-matrice.

Le *vagin*, après avoir décrit quelques ondulations, se dilate et forme un large *receptaculum seminis*, déjà esquissé chez la Ligule asexuée ; il s'ouvre tout à côté du *vitelloducte*. C'est tout au commencement du tube-matrice, après la rencontre des ovules avec les spermatozoïdes et les granules vitellins, que se passent, pour les œufs, les modifications dont nous avons parlé à propos de l'embryogénie de la Ligule.

Comme nous l'avons vu, l'ovaire présente des particularités intéressantes : rappelons sa disposition en gouttière, l'arrangement particulier des boyaux qui forment sa masse principale, enfin la disposition des cellules qui constituent ce que nous avons appelé l'ovaire central. A l'état sexué, la partie développée dans la zone centrale a subi quelques modifications, et elle rappelle nettement l'ovaire du *Leuckartia*, par sa situation et la forme de ses éléments. Les ovules qui le composent sont souvent disposés comme les barbes d'une plume, et ils s'insèrent par un ou plusieurs points (Pl. V, fig. 5, Pl. VI, fig. 4). Il semble difficile de dire ce qu'il advient de ces éléments, par quelle voie ils arrivent au pavillon, s'ils se développent sur place, ou s'ils entrent en régression comme les formations homologues du Bothriocéphale,

Pour ce qui concerne toute la partie de l'ovaire de la Ligule située contre la face ventrale, nous l'avons suffisamment décrite pour qu'il soit inutile d'y revenir.

Partant de cette considération que l'ovaire central, tel que nous l'avons étudié chez le *Leuckartia*, marque un état primitif, nous nous demanderons comment on peut rattacher à cette disposition, l'ovaire plus compliqué de la Ligule. Cela nous semble assez facile. Nous savons que, chez cet animal, l'ovaire n'est pas symétrique, mais latéral. Il nous faut donc expliquer d'abord, pourquoi les organes génitaux sont situés au milieu de l'ovaire, ensuite, comment celui-ci présente la configuration en gouttière que nous avons figurée, enfin, à quoi correspond cette disposition en demi-ellipse, si particulière à la Ligule, et que montrent les coupes soit sagittales, soit horizontales.

Si nous admettons, comme semblent l'indiquer les apparences, que les organes génitaux de la Ligule, tube-matrice, vagin et poche péniale, sont situés au milieu de l'ovaire, nous devons reconnaître que nous avons ici une exception à ce qui se passe chez des types relativement voisins de la Ligule, comme le *Leuckartia*, l'*Abothrium*, le Schistocéphale et le Bothriocéphale. En effet, chez ces animaux, tout aussi bien que chez des espèces fort éloignées, les Tænias du type *T. serrata*, par exemple les organes génitaux sont situés en avant de l'ovaire. D'un autre côté, cette disposition de l'ovaire en gouttière semble d'une interprétation invraisemblable, si nous raisonnons par analogie, car elle ne se rencontre nulle part, chez les Cestodes.

Un fait que je ne connais jusqu'ici que chez la Ligule, mais que l'on pourrait retrouver chez d'autres formes à anneaux aussi peu individualisés, me paraît montrer dans quel sens l'explication doit être donnée.

Les éléments qui réunissent deux ovaires, sont évidemment des éléments surajoutés, des formations secondaires (1). Il nous faut rechercher ce qui les représente chez la Ligule, et quel peut être l'ovaire primitif. Si nous prenons, comme point de départ, la partie de la coupe sagittale fig. 2, Pl. VI, limitée par la ligne d'ovules qui forme un angle tourné vers le haut, et si nous admettons que cet anneau s'étend à droite et à gauche, de manière à renfermer le rudiment complet des organes génitaux, nous aurons ainsi construit un anneau qui présentera parfaitement la même disposition que

(1) Je ne me place pas au point de vue ancestral mais uniquement au point de vue qui nous occupe.

chez les autres Cestodes : le tube-matrice et le vagin seront disposés en avant et l'ovaire en arrière.

Nous avons déjà reconnu que l'ovaire central de la Ligule prenait naissance au sommet de l'angle formé par les ovules et tourné vers la partie dorsale. Ce fait corrobore notre interprétation, et il nous autorise à admettre que, dans une coupe sagittale, les ovules qui forment l'angle à sommet inférieur, sont les éléments accessoires que nous cherchons.

Nous rappellerons maintenant que les ovules de l'angle à sommet inférieur, fig. 2, Pl. VI, correspondent aux côtés des demi-ellipsoïdes qui réprésentent l'ovaire en coupe horizontale, Pl. VI, fig. I. Morphologiquement, le véritable ovaire est figuré dans ce dessin par les boyaux d'ovules qui rayonnent des pôles des demi-ellipses.

La soudure des ovaires entre eux est en corrélation avec le peu de caractères extérieurs qui marquent l'individualité des anneaux. Cette disposition, déjà très-nette dans l'anneau asexué représenté Pl. VI, fig. 2, n'est pas moins accentuée sur les anneaux complétement développés, comme le montre la fig. 4, pl. VI.

Au contraire, en s'élargissant, les anneaux marquent davantage ces rapports. A la suite du développement, la gouttière que forme l'ovaire se trouve remplie par les œufs : cette disposition ferait croire encore davantage que l'ovaire tapisse l'anneau, si les muscles circulaires (fig. 4) ne venaient par leur arrangement corroborer notre opinion. (1).

Vitellogènes. Les follicules vitellogènes dont nous avons étudié les caractères typiques chez la Ligule asexuée, se modifient très rapidement lorsque l'animal arrive dans son hôte définitif. Leurs éléments se chargent de granules réfringents de plus en plus nombreux qui augmentent leur volume et les font confluer, s'ils ne sont déjà au contact les uns des autres. Finalement, les cellules vitellogènes, distendues par leurs produits, se rompent et mettent en liberté les granules formés aux dépens de tout leur protoplasme. Le processus, à la face inférieure, débute par les follicules les plus rapprochés des organes génitaux. Les granules s'accumulent, de part et d'autre

(1) Nous n'avons encore rien dit jusqu'ici des rapports des coupes verticales que nous avons dessinées, avec les coupes sagittales et horizontales ; il ne nous paraît pas utile de beaucoup insister sur ce point, car leur interprétation nous semble très facile. On voit de suite, par exemple, que la large bande d'ovules marquée *ov*, dans les dessins 3 et 4 pl. V, passe par les boyaux ovariens qui rayonnent de la périphérie de la demi-ellipse figurée en *1* pl. VI.

de ce point central, refoulent les tissus et forment, de chaque côté, une sorte de boyau qui marche à la rencontre du boyau opposé, dans l'espace où les follicules ne se sont pas développés. Les granules s'amassent au point de rencontre, à côté du vagin, puis, leur production continuant, il s'élève au point de jonction des deux boyaux, une colonne de granules qui se rend directement dans le tube vitelloducte (pl. V. fig. 3). Ce trajet du vitellus et la façon dont il s'établit nous ont paru constants.

On peut se demander d'abord, si c'est bien par le refoulement des tissus que se forment les boyaux horizontaux des granules vitellins dont nous venons de parler, ensuite, s'il n'existe pas de véritables vaisseaux qui se rempliraient de matière nutritive à un moment déterminé, enfin, si la colonne ascendante que nous avons décrite n'est pas contenue dans un tube préexistant, qui raccorderait au vitelloducte les tubes vitellins horizontaux.

Comme on le verra par la suite, nous connaissons deux espèces de tubes chez les Cestodes, l'une présente des parois nettement cellulaires et provient de rudiments volumineux: son type s'observe dans les tubes génitaux, vagin, matrice, etc.; l'autre, qui est très différente, à première vue a certainement une autre signification : elle se montre, par exemple, dans les vaisseaux sous-cuticulaires de la Ligule Or, nous n'avons jamais trouvé un rudiment de type quelconque qui pût mettre les follicules vitellogènes en communication avec un tube collecteur, pas plus que nous n'avons reconnu de canal collecteur à la partie ventrale de la Ligule, avant que les granules ne se fussent eux-mêmes frayé un passage. De même, nous n'avons pas vu davantage l'indication d'un tube préexistant, qui relierait les grands canaux de la face ventrale, remplis de matière vitelline, avec le tube vitelloducte proprement dit. Nous nous basons sur ces observations négatives pour dire que les granules vitellins se frayent un passage en refoulant les tissus.

Il est certain que les follicules vitellogènes, alors que leurs éléments sont réduits en granulés, entrent en confluence et qu'on ne peut plus les distinguer les uns des autres. Il ne viendra assurément à l'idée de personne, de dire qu'il existe des tubes invisibles pour faire communiquer entre-eux les follicules, à un moment déterminé. On ne comprendrait pas leurs rapports avec ces organes, étant donné que les éléments vitellogènes se forment comme nous l'avons décrit et que ce ne sont nullement des glandes pourvues de parois propres. Si donc, l'on est forcé d'admettre que les follicules voisins se réunissent par l'intermédiaire des granules qu'ils laissent échapper, si l'on prouve que les éléments vitellins peuvent glisser entre les mailles des tissus, fait que nous démontrerons tout à l'heure, rien ne s'oppose à ce que l'on admette aussi que le trajet des granules vitellins vers le vitelloducte, se fait dans les mêmes conditions.

Au lieu de suivre une voie quelconque et de fuser dans toutes les directions, comme nous l'avons vu chez le *Leuckartia*, et comme nous allons le montrer de nouveau tout à l'heure, dans certains cas, chez la Ligule elle-même, pourquoi maintenant, les granules vitellins prennent-ils une route parfaitement déterminée pour arriver précisément à l'orifice du vitelloducte? Cette question est importante, et nous la verrons se poser encore à propos d'autres types.

Pous essayer de la résoudre, nous rappellerons que, à un moment déterminé, alors que les rudiments n'étaient pas encore différenciés (pl. V, fig. 4) le rudiment du vitelloducte, comme celui du vagin et de la poche péniale, descendaient jusqu'à la zone sous-cuticulaire.

Cette disposition indique évidemment des rapports primitifs entre les glandes vitellogènes et leur tube collecteur, rapports qui semblent disparaître plus tard.

En effet, au cours du développement sexué de la Ligule, l'anneau prend une grande extension, ses tissus marchent de plus en plus vers le type conjonctif, et les éléments du vitelloducte sont reportés au-dessus de la zone sous-cuticulaire. Mais, dans ce rudiment retracté pour ainsi dire, les cellules appartenant à la zone intermédiaire, tant celles qui descendant verticalement que celles dont la direction primitive est vers les follicules, n'ont pu être entraînées, car elles sont fixées de toutes parts aux tissus. En se modifiant sur place, elles se sont allongées en fibrilles et appliquées les unes contre les autres. Ces cellules embryonnaires, étirées dans un même sens, ont ainsi créé des tubes, virtuels, si l'on veut, sans parois proprement dites, et en prolongement direct avec le vitelloducte et les follicules vitellogènes.

On conçoit maintenant comment les granules vitellins peuvent suivre un trajet déterminé : ils rencontrent un point de moindre résistance, une route toute tracée et, une fois engagés entre ces fibres provenant des cellules du rudiment, pressés par les granules qui les suivent, ils forcent de proche en proche ce conduit et se forment, par refoulement des tissus, une sorte de paroi que l'on peut retrouver dans les coupes, lorsque la manipulation a fait tomber les granules. Nous comparons volontiers ce mode de formation de faux tubes, à ces cavités tout aussi artificielles, que RANVIER a appelées *boules d'œdème* et que l'on crée par un procédé analogue. Cette manière de voir, basée principalement sur la préexistence d'un rudiment peu fourni qui disparaît, n'est pas une simple vue de l'esprit. Elle s'appuie sur le fait de la transformation sur place des cellules de rudiment. Nous avons vu une fois ce tube sans paroi, descendant du tube vitelloducte, et se continuant en T avec deux branches qui couraient parallèlement à la zone sous-cuticulaire: ce tube était nettement indiqué par la direction des fibres.

Mais le vitellus ne suit pas toujours un trajet aussi simple et aussi bien déterminé. Dans certains anneaux, au lieu de se rendre uniquement dans le vitelloducte et de se déverser dans le tube-matrice, on le voit se répandre dans la zone centrale, sans suivre aucune espèce de règle. Les granules se disposent en traînées qui partent directement des follicules vitellogènes et suivent les trajets les plus irréguliers; ils s'anastomosent, se divisent, s'enflent et finissent par former dans la zone centrale, des amas énormes de vitellus, plus souvent situés à la face ventrale, mais qui gagnent très facilement le côté opposé. Nous avons figuré un de ces aspects (Pl. VII, fig. 6), où une assez grande quantité de vitellus s'élève par le milieu; mais, on peut observer des anneaux, dans lesquels les branches centrales ne sont nullement plus volumineuses que celles que proviennent des follicules situés plus latéralement. Il est inutile de faire remarquer combien ce mode de répartition du vitellus présente d'analogie avec ce qui se passe chez le *Leuckartia*.

Les dispositions que nous venons de décrire ne sont pas rares. On les rencontre chez des Ligules dont les autres anneaux présentent les processus normaux. Au milieu d'une suite d'anneaux dans lesquels les choses se passent régulièrement, on peut en rencontrer une série, dont les vitellogènes acquièrent un développement exubérant dans la zone centrale, mais rien à l'extérieur, n'indique cette disposition et il est certain que, dans ce cas, les follicules vitellogènes ne sont pas sensiblement plus développés.

Les modifications que nous venons de décrire nous semblent dues à une inégalité de développement entre les organes génitaux et les glandes vitellogènes. Il nous a paru que, dans ces cas, l'appareil mâle et le tube-matrice, surtout, étaient toujours beaucoup moins développés. Tandis que les anneaux postérieurs ou antérieurs présentent un très grand nombre d'œufs complets, ceux où le vitellus est ainsi réparti, n'en offrent relativement que très peu, ou même pas du tout, bien que l'ovaire soit présent. Un autre fait qui semble en corrélation avec le précédent, est que le rudiment du tube, joignant le vitelloducte aux boyaux vitellins horizontaux, déjà si peu développé normalement chez la Ligule, soit encore amoindri ou même annulé. Le passage du vitellus par ce point déterminé peut de cette façon devenir beaucoup moins facile, et il peut même se faire que le trajet des granules ne soit plus du tout préparé; mais, la multiplication des granules vitellins dans les follicules n'en continue pas moins à se faire rapidement; ces éléments fusent alors par des points quelconques pour gagner la zone centrale.

Parfois, on ne trouve dans un anneau absolument que du vitellus, et l'ovaire est avorté, d'autres fois les rudiments de l'ovaire existent bien, mais on ne peut découvrir d'œufs. Plus souvent, au milieu des grandes masses vitellines, on aperçoit des œufs transformés. Les premières Ligules que j'ai étudiées m'avaient surtout présenté des faits analogues à ceux que je viens de décrire et mon interprétation était que, chez la Ligule, le vitellus fuse dans le parenchyme, enrobant les ovules au passage. Il doit en être ainsi quand les organes génitaux ne se développent point. Mais dans ce cas, le vitellus cachant le plus souvent les organes des rudiments, s'il en existe, l'observation directe est impossible. L'étude de très nombreux anneaux pris sur beaucoup d'individus distincts, nous a fait considérer ces cas comme anormaux et nous a convaincu de l'existence d'un développement régulier tout-à-fait différent.

Organes femelles. Les organes génitaux femelles, que nous avons étudiés plus haut à l'état de rudiment et que nous avons représentés fig. 4 pl. V, sont formés par le tube vitelloducte et par le vagin, s'ouvrant tous deux sur un tube vertical assez court. Celui-ci se prolonge en bas par un rudiment, très peu différencié à ce stade, qui est celui du tube-matrice. Tous ces rudiments sont formés de grandes cellules très granuleuses, plus ou moins serrées.

L'on sait que le développement de la Ligule, lorsqu'elle est arrivée dans son hôte définitif, se fait avec une extrême rapidité. En effet, en trois ou quatre jours, le parasite a terminé son évolution, et il est rejeté.

Dans l'espoir d'observer les différents stades de développement des organes j'ai, à plusieurs reprises, pratiqué des coupes sur des Ligules arrivées dans l'intestin des Canards depuis un jour seulement ou depuis deux jours; mais jamais, dans ces cas, l'animal ne m'a présenté de différentiation appréciable et j'ai dû me borner à l'étude d'individus complètement développés.

Si nous comparons l'anneau dont une portion est représentée pl. V et dans lequel nous avons trouvé les organes relativement très développés, aux anneaux, peut-être moins nombreux, dans lesquels le tube-matrice a une étendue beaucoup plus restreinte, nous remarquons que c'est entre le vagin et la poche péniale, que se développe le tube-matrice. On s'en convainc, en comparant la fig. 4, pl. 5, qui représente le rudiment des organes, avec les fig. 3 et 5, pl. V, qui montrent la Ligule complètement développée. On voit, dans ces dernières figures, que le spermiducte a subi une déviation considérable partagée par la poche péniale, et que le vagin a été refoulé. Les œufs peuvent descendre très bas entre ces organes.

L'origine de l'oviducte, ou tube-matrice, se trouve à la partie supérieure du canal qui reçoit le vitelloducte et le vagin et qui se termine inférieurement par le pavillon. La fig. 3, pl. V, montre très bien la partie initiale de cet appareil. Dans la fig. 5, pl. V, que nous allons étudier, elle commence un peu au-dessus du point marqué *pv*.

L'oviducte, ou tube-matrice, s'étend en décrivant des circonvolutions très accentuées, qui vont de la partie supérieure à la partie inférieure de la zone centrale. Il vient se terminer au voisinage de la poche péniale, mais je n'ai malheureusement pu voir de quelle manière. Une véritable matrice, comme nous en trouverons chez l'*Abothrium*, par exemple, n'existe pas chez la Ligule et il est certain que l'oviducte ne va pas déboucher à l'extérieur. Des raisons d'analogie, basées sur ce fait que nous avons observé et que nous étudierons tout à l'heure, de la très grande variation de longueur du tube-matrice, nous font croire que cet organe se perd dans les tissus, à la façon du spermiducte par exemple. Les parois du tube-matrice, n'offrent rien de bien particulier comme structure, ce sont des cellules très allongées, qui s'entrecroisent avec des fibres ayant subi la différentiation conjonctive. A l'intérieur du tube-matrice, sont entassés un très-grand nombre d'œufs bien développés, à cela près, cependant, que ceux qui occupent le commencement de l'organe, n'ont pas encore de membrane bien définie.

J'ignore jusqu'ici, comment les œufs de la Ligule sont pondus ; je n'ai jamais trouvé d'orifice pour la ponte et je crois qu'ils ne peuvent arriver au dehors que par la destruction des anneaux. Il se peut, toutefois, qu'un pore se forme tardivement. Je dois dire que je n'ai pu me procurer de Ligules rejetées naturellement par leur hôte, et sur lesquelles j'eusse pu éclaircir la question. Les animaux que j'ai étudiés, étaient pris dans l'intestin, et n'avaient peut-être pas terminé leur évolution, (1) : chaque fois que j'ai attendu leur expulsion naturelle, les Ligules ont été digérées par l'Oiseau.

La fig. 3, Pl. V, représente une disposition que j'ai rencontrée fréquemment. Le tube-matrice, que nous pouvons suivre, s'arrête ici brusquement, et est très court jusque sa terminaison, fig. 5, Pl V. Les parois sont cependant nettes dans la portion qui s'est développée, et le reste de l'anneau a une structure parfaitement régulière. Mais, tandis que dans le cas étudié plus haut et que nous considérons comme normal, tous les œufs sont enfermés dans un tube, ici les choses se passent différemment : la plus grande partie des œufs, ne sont pas inclus dans le tube-matrice et ils forment un amas étendu au-delà du point où cet organe se termine brusquement.

L'étude attentive de cette masse d'œufs située au dehors du tube-matrice, révèle bientôt des faits intéressants. On s'aperçoit que les œufs sont disposés au sein d'une matière granuleuse, à éléments réfringents bien distincts des tissus de la zone centrale, qu'on ne retrouve en aucun autre point du corps, qui ont tous les caractères des granules vitellins, et que nous considérons comme de la matière vitelline. (2) On peut, de temps en temps, observer entre ces granules, les fibres sous-jacentes de la zone centrale qui ont conservé tous leurs caractères. Cette persistance des éléments de la zone centrale est surtout frappante dans les points où les œufs ont été entraînés par la manipulation : des mailles creusées au sein de la masse vitelline et qui conservent les contours des œufs, montrent très nettement comme fond, le tissu de la zone centrale. L'interprétation de ces faits ne nous paraît pas douteuse : les œufs, arrivés à l'extrémité du tube-matrice et chassés par ceux qui continuent à se former dans cet organe, se répandent dans la zone centrale, en profitant des dispositions analogues à celles dont nous avons parlé à propos du trajet des matières

---

(1) Nous ne trouvons rien qui puisse renseigner à cet égard, dans le livre de M. Donnadieu : il a constaté que la Ligule mûre pouvait être digérée dans le canal digestif de l'Oiseau, et les œufs être ainsi mis en liberté ; il a vu que l'animal pouvait être expulsé vivant et se détruire et qu'il peut même expulser ses œufs, soit dans le canal intestinal de l'oiseau, soit dans l'eau lorsqu'il y est parvenu. « Comme l'a fait observer Siebold, dit-il, ce sont les joints qui s'écartent pour laisser passer les œufs » Personne, sans doute ne sera satisfait de cette explication, mais il sera facile de trancher la question, puisque les Ligules abondent aux pêcheries de Lyon.

(2) Ces granules qui forment les mailles, semblent avoir été épuisés de leurs parties nutritives ; ils ne se colorent plus sous l'influence des réactifs, semblables en cela aux granules vitellins rejetés par les œufs. Au contraire, les éléments vitellins qui ont fusé dans la zone centrale, se colorent fortement à la manière du vitellus resté dans le follicule et ils sont de plus disposés en gros amas fort irréguliers ; il n'est donc pas possible de confondre ces deux formations.

vitellines. Ils refoulent les tissus ou glissent entre leurs mailles. Mais les granules vitellins, qui arrivent continuellement, se glissent dans les intervalles des œufs et ils fusent entre ces produits avec facilité ; c'est l'origine de ces espèces de mailles dont nous venons de parler. Nous verrons des phènomènes analogues se passer dans le tube-matrice du Bothriocéphale large.

Il est très facile de vérifier les faits que nous venons de rapporter. L'explication que nous allons en donner nous permet de les réunir tous et elle montre en même temps pourquoi nous n'avons pas vu la terminaison du tube-matrice. Dans les deux cas, cet organe s'arrête au milieu des tissus ; la différence est simplement dans la longueur du tube. Il est probable qu'il en est toujours ainsi chez la Ligule et que le tube-matrice n'est jamais complet chez cette espèce. Même dans les cas où le tube est long, si les œufs se formaient en très grand nombre, si le vitellus était fort abondant, en d'autres termes si l'anneau était très fécond, nous pouvons parfaitement supposer que malgré la longueur du tube-matrice, l'on verrait les œufs en sortir et se répandre dans les tissus voisins.

Une pareille inégalité de développement dans une même espèce et surtout entre les anneaux d'un même individu, alors qu'il s'agit d'organes aussi importants, peut surprendre à première vue. On sera moins étonné, si l'on réfléchit à ce fait que, dans la Ligule asexuée, le rudiment du tube-matrice est presque nul, tandis que les ovules et les glandes vitellogènes sont toutes prêtes à entrer en fonction. Il faut aussi se rappeler que le développement de l'animal sexué se fait avec une très grande rapidité (1). L'on concevra ainsi

---

(1) « Après trente heures, terme moyen, dit M. Donnadieu, les œufs sont en pleine production, et, » après quarante-huit heures, la production des œufs est presque complètement terminée. On peut dire » alors que la formation des œufs est commencée, après un jour ou un jour et demi de séjour dans » l'intestin, et qu'elle est terminée après deux jours où deux jours et demi. Si ce terme est dépassé, ce » n'est qu'accidentellement » (*Contrib. à l'histoire de la Ligule*, p. 74). M. Duchamp dit qu'il faut quatre jours pour que la Ligule arrive à son complet développement. — Nos expériences n'ont pu être aussi nombreuses que celles des observateurs lyonnais, mais elles tendent plutôt à confirmer ce qu'avance M. Duchamp.

En effet, nous avons observé des Ligules qui avaient séjourné les unes trente-six heures, les autres quarante-huit heures, d'autres enfin cinquante-deux heures dans l'intestin de leur hôte, et nous n'avons pu trouver aucune différentiation appréciable dans les organes génitaux de ces parasites. Chaque fois, nous avons dû attendre quatre jours pour obtenir des Ligules complètement développées, et encore, ainsi que nous l'avons dit plus haut, n'avons-nous pu trouver les anneaux antérieurs sexués. Peut-être cela est-il dû à ce que la maturation n'était pas complète. Quoi qu'il en soit, puisque les organes génitaux des Ligules que nous avons étudiées n'étaient pas développés au bout des deux premiers jours, mais entre le second et le quatrième jour, il faut admettre que c'est tout au plus en quarante-huit heures, qu'ils se forment et parcourent leur complète évolution.

que le rudiment du tube-matrice n'ait pas le temps de se développer complètement et de se mettre en communication avec l'extérieur ; on ne s'étonnera même plus qu'il soit très peu développé, lorsque de grandes quantités d'œufs l'ont déjà envahi et sont sortis par son extrémité pour tomber dans la zone centrale. Comme nous le verrons plus loin, les choses se passent autrement chez le Bothriocéphale, mais cela est dû à ce que, chez cet animal, le tube-matrice se développe lentement, progressivement et que les organes femelles sont complètement formés lorsque les œufs arrivent à leur intérieur. Chez le Schistocéphale, le tube-matrice est également complet quand le parasite arrive chez son hôte définitif (1).

Je dois signaler ici une observation qui se présente naturellement après tout ce que nous avons dit. Chez tous les individus que j'ai étudiés, tandis que la partie antérieure n'offre pas trace de différentiation sexuelle, la partie postérieure est dans une infériorité marquée au point de vue des produits génitaux, et la portion moyenne est gorgée d'œufs. Dans la partie postérieure, il m'a semblé que le tube-matrice ne contenait pas d'œufs et ne renfermait que du vitellus. On peut observer dans cet organe des gouttelettes de volume variable, ou même de très grosses gouttes d'une matière jaune très réfringente et d'un aspect huileux (2). J'ai trouvé cette matière huileuse chez plusieurs autres types et j'ignore encore sa signification.

Je n'ai pas suffisamment étudié les anneaux de la partie postérieure du corps de la Ligule, pour dire si les particularités que je viens de signaler sont constantes et de quelle façon elle se produisent.

Les coupes de le Ligule asexuée sont instructives à différents égards. La figure 3 (Pl. VI) marque, entre autres choses, que le tube-matrice décrit réellement des ondulations dans un seul plan, comme le font voir les figures 3 et 5 Pl. V : on s'explique ainsi la très faible épaisseur des anneaux. Dans cette coupe, on ne retrouve plus les parois du tube-matrice à la partie inférieure de la zone centrale. Ceci est conforme à ce que nous avons dit du mode de terminaison probable de cet organe, et concorde avec ce que montrent

(1) Notons que nous n'avons étudié que des Ligules obtenues expérimentalement chez les Canards. Or, M. Donnadieu croit que cet Oiseau n'est pas l'hôte normal de notre parasite. C'est un fait bien connu que la condensation du développement facilite les aberrations tératologiques, il se pourrait peut-être que le développement se fasse plus lentement chez les Harles, Hérons, Plongeons, Mouettes, etc, et que la Ligule présente chez ces Oiseaux, des faits un peu différents de ceux que nous venons de rapporter.

(2) Après l'action du picrocarmin.

les coupes verticales. La figure 4 Pl. VI, fait voir que les œufs, même dans les points où le tube-matrice n'existe pas, n'en sont pas moins disposés sur un seul plan, sauf tout à fait à la base. Ce même dessin reproduit un aspect assez fréquent, et qui pourrait embarrasser un observateur non prévenu. En effet, la coupe intéresse l'ovaire central dans trois anneaux successifs, mais l'anneau moyen diffère des deux autres, en ce qu'il présente seulement quelques cellules de cet organe. Au milieu de l'un des ovaires bien développés, on voit s'élever une colonne d'œufs qui refoule ces éléments en avant et en arrière. L'explication de cette disposition nous paraît très simple : ce sont des œufs sortis du tube-matrice qui, obligés de rester dans un plan déterminé par la forme et les dimensions de l'anneau, se sont engagés entre les cellules de l'ovaire central.

Pour M. Donnadieu, l'appareil femelle se compose de deux éléments : « 1° des tubes dans lesquels se constituent les vésicules vitellines ; 2° d'une » matrice dans laquelle se forment les œufs.

» Les tubes femelles sont au nombre de deux ; comme le tube séminal, ils » sont rudimentaires dans le strobile où leur position est nettement indiquée. » Développés pendant l'état proglottique, ils affectent la forme de longs tubes » flexueux qui s'enchevêtrent par leurs extrémités initiales..... Les deux » tubes se séparent bientôt, se placent sur les côtés du tube séminal, et » l'accompagnent jusque la matrice.....Lorsque le tube mâle commence à » se rétrécir, les tubes femelles s'élargissent et, vers leur extrémité, ils se » renflent en une véritable ampoule qui vient s'ouvrir dans la matrice, sur » les côtés du tube séminal.....On ne voit pas d'éléments appréciables dans » la partie initiale des tubes femelles, mais, un peu plus haut, on voit très » bien se former les vésicules vitellines, que l'on trouve bien constituées » dans la partie terminale.....Je ne saurais distinguer dans ces tubes *un* » *cœcum germigène et un cœcum vitellogène*.....et l'organisation des organes » reproducteurs telle que la donne M. Duchamp est certainement entâchée de » beaucoup de fantaisie.....Les matrices se montrent dès le début avec leur » forme et leur disposition caractéristique, les dimensions seules varient..... » la matrice est un sac limité par une membrane très mince, qui se moule » exactement sur le contenu.....ce contenu est une substance opaque, gra- » nuleuse, coagulable, comme toute celle qui remplit les autres parties de » l'appareil reproducteur.....elle disparaît à mesure que les œufs se con-

» stituent, et lorsque la matrice est pleine d'œufs, on ne trouve plus aucune » trace de cette substance riche en principes chitineux..... etc., etc. » (1)

Nous avons dit que M. DONNADIEU, en prenant le vagin pour le tube séminal et la poche péniale pour le rudiment de la matrice, a considéré le tube vitelloducte et le spermiducte comme des tubes ovariens, tandis que le véritable ovaire lui a totalement échappé. Après cela, on s'explique assez comment il a pu voir ces deux tubes « s'enchevêtrer par leurs extrémités, alors qu'ils vont se réunir dans un tube commun. On se rend moins compte de ce que M. DONNADIEU appelle « des renflements qui vont se terminer en ampoule sur la matrice», attendu qu'il n'existe pas de matrice chez la Ligule, que les deux tubes en question vont déboucher à l'extérieur, et que l'un d'eux, le vagin est très étroit à son extrémité. Les caractères de la poche péniale, avec son bulbe et avec le spermiducte, correspondent jusqu'à un certain point avec la description que le savant lyonnais donne de la matrice. Il peut se faire qu'il l'ait prise pour cet organe, mais alors comment a-t-il pu trouver des œufs à son intérieur? D'un autre côté, si je m'explique parfaitement que M. DONNADIEU n'ait point vu les *ovules* (1) dans la portion initiale des tubes qu'il appelle *ovariens*, je ne puis comprendre qu'il ait trouvé ces éléments dans la partie terminale des tubes, et pour interpréter son dessin, je suis obligé de supposer, que la coupe qu'il donne passe en deçà ou au-delà des organes génitaux. et que, par une seconde erreur, il a vu cette fois une partie du véritable ovaire.

En ce qui concerne la matrice, M. DONNADIEU ne nous explique pas son développement; évidemment, il n'a pu voir ce qu'il appelle la matrice qu'à l'état rudimentaire, ou à l'état très développé, or, pour nous, l'interprétation des faits observés par M. DONNADIEU doit être la suivante: Chez la Ligule asexuée, M. DONNADIEU appelle *matrice* le rudiment de la poche péniale et, chez la Ligule sexuée, il donne ce nom à l'amas d'œufs enfermé ou non dans le tube-matrice, et limité par les spermatozoïdes, de la façon que nous l'avons décrite et figurée. Quant à la description qu'il fait de la

---

(1) Nous avons voulu nous limiter dans cette analyse aux données *histologiques*, nous ne pouvons songer à discuter le mémoire de M. DONNADIEU au point de vue de la forme de la matrice, de l'extension de cet organe, de son mode d'ouverture, etc; nous renvoyons le lecteur à son travail.

(2) C'est sans doute ce qu'il appelle les vésicules vitellines.

structure de cet organe, de la substance qu'il contient et de la nature de cette substance, nous ne croyons pas devoir nous y arrêter (1),

Ajoutons, en ce qui concerne l'appareil femelle, que M. DONNADIEU n'a pas vu les glandes vitellogènes, malgré leur grand développement. « Je me suis » souvent demandé, dit le professeur de Lyon, par quoi sont formés les » matériaux, qui s'ajoutent aux vésicules vitellines pour constituer l'œuf. » Je suppose que c'est par la matrice elle-même, car celle-ci renferme dès » l'état strobilaire, une matière que les acides coagulent et colorent... c'est » un organe plein. » (2)

Nous devons maintenant chercher à comparer ce que nous connaissons de la Ligule, avec ce que nous a révélé l'étude du *Leuckartia*. La situation de l'appareil génital n'est pas la même chez ces deux types. Tandis que, chez le *Leuckartia*, la poche péniale et le vagin sont disposés sur le côté, chez la Ligule, ils sont réunis à la face ventrale, ce qui implique une organisation différente. L'absence chez cette dernière, d'une matrice et d'un orifice pour la ponte, nous paraissent des régressions d'ordre accessoire.

Chez le *Leuckartia*, les cellules embryonnaires latérales de la zone centrale, donnent à la fois naissance aux spermatozoïdes et aux glandes vitellogènes; chez la Ligule leur rôle estplus restreint, et elles ne fournissent que des spermatozoïdes. Les follicules vitellogènes se forment en un point très différent dans la zone intermédiaire. Cette modification d'ordre primaire est corrélative de la présence d'un organe qui débouche sur le spermiducte : le vitelloducte.

---

(1) Les deux savants qui, les premiers, ont étudié la Ligule avec quelque détail, ont publié des mémoires assez analogues. Nous ne pouvions les passer sous silence, mais nous n'avons pas cru possible d'analyser complètement les observations contenues dans ces travaux, encore moins de les discuter. Le travail de M. DONNADIEU, étant plus développé que celui de M. DUCHAMP, nous nous somme borné à l'examen des principaux points traités par cet auteur; c'est d'ailleurs la seule raison de notre préférence. Pour donner une idée du mémoire de M. DUCHAMP, nous en citerons quelques extraits : « La Ligule paraît formée de deux couches principales, l'une externe, nous l'appellerons le » *tégument*, l'autre interne, molle, gélatineuse..... parenchyme..... Des canaux latéraux .... se terminent » à la vesicule pulsatile.... ils sont toujours gorgés d'une subtance blanche qui en obstrue complètement » la lumière..... L'organe femelle s'ouvre à l'extérieur par une cupule..... celle-ci donne accès dans un » tube qui s'enfonce perpendiculairement dans le parenchyme..... puis s'incurve, décrit une série de » sinuosités, puis présente un renflement à la partie supérieure duquel vient déboucher un autre tube..... » terminé en cœcum. Cette dernière partie peut-être regardée comme le *germigène* le renflement comme » le *vitellogène*, le tube flexueux deviendra la *matrice*, tandis que la portion rectiligne constitue le » *vagin*... »

(2) Pour l'intelligence du texte de M. DONNADIEU, rappelons que cet auteur donne le nom de *vésicules vitellines* aux *ovules*.

L'ovaire présente aussi de très-notables différences. Nettement central chez le *Leuckartia*, il est chez la Ligule beaucoup plus développé à la partie ventrale de l'anneau, et un ovaire central rudimentaire, témoigne seul d'un état qui semble être primitif chez les Cestodes.

La disposition musculaire n'offre pas de différences fondamentales entre ces deux types, mais les vaisseaux irréguliers de la Ligule n'ont rien qui rappelle la disposition si particulière de ceux du *Leuckartia*. La forme des anneaux, beaucoup plus aplatis chez la Ligule, a aussi son importance.

En résumé, nous croyons que le *Leuckartia* et la Ligule sont deux types très éloignés l'un de l'autre, quoique constituant tous deux des formes inférieures dans le groupe des Cestodes. Chez ces types, les organes génitaux ne sont pas symétriques par rapport à l'anneau. Ce fait déjà parfaitement indiqué chez le *Leuckartia*, l'est bien plus nettement encore chez la Ligule : ici, en effet, les ovaires alternent complètement, et de telle façon que si, par un processus de condensation, deux anneaux venaient à se souder, on obtiendrait un ovaire parfaitement régulier.

V.

SUR LE BOTHRIOCEPHALUS LATUS.

La formation et l'évolution des organes chez le Bothriocépale large, n'ont pas été étudiées; nous groupons sous un même chapître, tous les faits que nous avons observés à cet égard et pour lesquels nous n'aurons à discuter aucune opinion contradictoire. Nous exposerons ensuite l'histoire des différents organes de cet animal.

Les anneaux les plus jeunes que nous ayons observés, chez cette espèce, avaient un demi-centimètre de largeur (1). Comme on peut s'y attendre, après ce que nous avons vu chez le *Leuckartia*, l'*Abothrium* et la Ligule, les anneaux très jeunes du Bothriocéphale sont formés par un réticulum de fibres, dans lesquelles sont intercalées de très nombreuses cellules embryonnaires bi- ou pluripolaires. C'est un stade par lequel passent tous les anneaux, avant de différencier des organes.

L'apparition des rudiments coïncide avec l'élargissement des annneaux. L'anneau déjà très aplati, dont j'ai représenté une portion Pl. VIII, fig. 4 a eu d'abord la forme marquée par la figure Pl. VIII fig. 5.

On voit que, si la hauteur de la zone centrale a proportionnellement très peu changé, il en est tout autrement de sa largeur.

Rudiments — La première différentiation que nous ayons observée est

(1) A ce propos, disons une fois pour toutes, que nous n'accordons pas une bien grande importance à la dimension des anneaux, et que nous ne croyons pas à un rapport constant entre la situation numérique d'un anneau sur la chaîne et le degré de son développement. La forme des anneaux est à peu près le seul guide dans la recherche d'un stade déterminé.

représentée, fig. 4 Pl. VIII (1). On voit au centre de l'anneau un très grand nombre de cellules fusiformes, serrées en un amas ovoïde, qui se colorent très vivement par les réactifs. Au milieu de ces éléments disposés dans le sens vertical, on en distingue d'autres, distribués horizontalement, et qui, en coupe, paraissent arrondis. Cette masse ovoïde est épaisse, elle représente le rudiment des organes génitaux. A la partie inférieure de l'anneau, contre la zone musculaire circulaire, on remarque une traînée celluleuse, bien caractérisée par des éléments beaucoup plus volumineux que toutes les autres cellules de la zone centrale. Ces cellules sont pourvues d'un noyau très net, d'un nucléole ; elles sont chargées de granulations vitellines et se colorent vivement par les réactifs. C'est le rudiment de la partie principale de l'ovaire.

Le Bothriocéphale large montre admirablement que les ovules naissent aux dépens du tissu de la zone centrale, et la coupe que nous décrivons fait voir leur identité primitive avec les autres cellules embryonnaires.

Lorsque le rudiment de l'ovaire est complètement développé, on peut remarquer que le point où il se termine à droite et à gauche est à peu près le même que celui où commencent les follicules testiculaires. Ce fait, joint à ce que l'anneau perd beaucoup de sa hauteur au point où se termine l'ovaire, pourrait faire croire que les deux rudiments se raccordent et ne forment plus qu'une bande continue, relevée à leur point de rencontre ; quand la différentiation est effectuée, les deux séries de produits chevauchent un peu l'une sur l'autre.

On peut étudier avec la plus grande facilité les vitellogènes du Bothriocéphale large : c'est même un des Cestodes chez lequel l'évolution de ces produits se laisse voir avec le plus de netteté. Nous avons voulu montrer, par deux dessins, les stades principaux de leur développement. Un anneau du même âge que celui dont nous venons d'étudier les rudiments génitaux, offre dans la zone intermédiaire, en ce moment peu développée, c'est-à-dire dans l'espace situé entre la couche musculaire longitudinale et la couche des cellules musculaires sous-cuticulaires, des cellules très grandes, ayant les caractères d'ovules, nucléées, pourvues d'un nucléole et chargées de granulations vitellines nombreuses. Ces cellules, dont les prolongements se continuent avec les éléments des tissus au sein desquels elles se sont déve-

(1) Une erreur de gravure a renversé ce dessin, la partie supérieure correspond à la face ventrale du Bothriocéphale.

loppées, sont rapprochées quoique très distinctes les unes des autres. C'est le stade que représente, à 400 diamètres, la fig. 4 Pl. IX.

A un stade ultérieur, lorsque l'augmentation en volume de l'anneau, corrélative de la transformation en fibrilles conjonctives d'une partie des cellules, s'est effectuée, les éléments qui doivent former les matières vitellines augmentent beaucoup en volume, en même temps que leurs granulations se multiplient et deviennent plus grosses. Certaines d'entre elles évoluent isolément, mais la plupart se groupent en follicules. Les éléments de la zone intermédiaire qui ne deviennent pas des cellules vitellogènes, subissent la transformation fibrillaire, ou deviennent des cellules fusiformes. La fig. 5, Pl. IX, montre toutes ces modifications : on y retrouve des cellules avec la taille et la forme qu'elles avaient dans la coupe d'un anneau plus jeune (Pl. IX, fig. 4), d'autres sont devenues fusiformes et plus ou moins allongées, d'autres enfin ont formé des follicules vitellogènes, amas de cellules polyédriques, intimement unies aux tissus. Les follicules vitellogènes, on le voit, ne sont aucunement des glandes pourvues de parois propres et d'un canal excréteur.

En même temps que se passaient ces phénomènes, la zone intermédiaire subissait un agrandissement considérable, dont on peut se rendre compte, en comparant la fig. 4 Pl. IX, avec la Pl. IX, fig. 5). Dans cette dernière figure, cette zone n'a pu être représentée toute entière, et il faudrait, pour atteindre les premières fibres musculaires longitudinales, la prolonger d'une longueur égale à la moitié des follicules vitellogènes.

Organes développés.

Je n'insiste pas davantage sur la structure et le premier développement des cellules embryonnaires, qui ne m'ont guère présenté d'autre particularité. Je passe à l'étude des organes développés ; il est nécessaire de les connaître avant de chercher comment se fait l'évolution des produits dont nous avons vu naître les rudiments.

Tissu fondamental. — La division du corps des Cestodes en plusieurs zones, telle que nous l'avons établie pour la commodité de l'exposition n'a pour nous aucun sens morphologique. En réalité, les tissus se continuent d'une zone à l'autre, sans interruption, et il n'y a aucune démarcation à établir entre eux. De la cuticule dorsale à la cuticule ventrale, et du côté droit au côté gauche, s'étend un même reticulum conjonctif, qui présente çà et là, en nombre variable, des noyaux de cellules fusiformes ou arrondies. C'est au milieu de ce tissu que sont plongés tous les organes dus au développement et à la prolifération des éléments du tissu cellulaire du réseau; la cuticule et la couche qui la forme ont la même origine.

Ce sont là des faits importants, que nous croyons avoir mis en lumière, et qu'il ne faut jamais perdre de vue dans l'étude des Cestodes. Pour ne pas avoir eu connaissance de la structure du tissu fondamental, l'on est arrivé à compliquer beaucoup et à rendre incompréhensible la structure histologique si simple de ces animaux. Nous avons déjà étudié chez plusieurs types, la formation et l'évolution des organes, et nous rencontrerons encore des phénomènes analogues au cours de ce travail; nous n'insisterons donc pas sur ce point. Jetons seulement un coup d'œil sur la manière dont le tissu fondamental a été envisagé jusqu'ici, en laissant de côté les travaux qui, ne traitant pas la question histologique, sont faits à un point de vue différent du nôtre.

Pour Stieda, la substance fondamentale est une substance conjonctive cellulaire formée de cellules serrées les unes contre les autres, solidement soudées entre elles, et qu'on ne peut isoler. Parfois, dit-il, dans les préparations durcies par l'alcool, on trouve encore ces cellules bien conservées, mais, d'ordinaire, on ne voit plus que le noyau, plongé dans une substance fondamentale granuleuse. A la périphérie du corps, assez près de la cuticule, on trouve des noyaux particulièrement abondants, souvent serrés les uns contre les autres.

Pour Sommer et Landois, le tissu fondamental commence contre la zone sous-cuticulaire. Il est formé, disent ces auteurs de grosses cellules rondes ou ovales, extrêmement nombreuses et d'une substance intercellulaire très peu abondante. Le noyau de ces cellules est assez petit; leur protoplasme a une consistance gélatineuse (gallertartig) et un aspect finement grenu. La substance intercellulaire a l'aspect des cellules; elle semble un produit de leur sécrétion; au point où cette substance fondamentale formée de gros éléments, passe aux tissus sous-cuticulaires, les cellules deviennent plus petites et leur noyau reste rarement net; elles présentent l'aspect d'amas protoplasmiques ou gélatineux, arrondis et homogènes; elles sont plongées dans une substance intercellulaire très peu abondante.

Nous avons reproduit une portion du dessin que Sommer et Landois consacrent à l'histologie du Bothriocéphale (Pl. VIII, fig. 1). Si, pour plus de netteté, nous faisons abstraction de la cuticule et des couches sous-cuticulaires et si, pour le moment, nous laissons de côté les fibres musculaires, il nous restera à considérer le tissu fondamental en lui-même, tel que l'ont vu les auteurs allemands. Un grand nombre des éléments figurés n'ont pas de noyau, et, sur d'autres, il est peu accentué; de plus, le nucléole est absent: nous en pouvons conclure que les cellules vues pas SOMMER et LANDOIS étaient aussi peu caractérisées que possible. Ces éléments cellulaires dépourvus de tout prolongement, ne se rattachent à rien.

Nous avouons ne pas très bien comprendre comment des éléments peuvent vivre absolument isolés, au sein d'une masse aussi épaisse, et comment un animal tout entier peut être constitué par une masse compacte, analogue à celle que décrivent SOMMER et LANDOIS. Nous nous demandons quels sont les rapports des différents organes avec les tissus qui les séparent et quelle est la génèse de ce tissu fondamental. La manière de voir de ces auteurs est inspirée évidemment par des considérations sur le tissu cartilagineux d'animaux supérieurs; mais toutes nos études sur les Cestodes nous mènent à des conclusions absolument différentes. Le dessin de SOMMER et LANDOIS, que nous avons reproduit, est en tous points inexact. On peut s'assurer, avec la plus grande facilité, que le tissu fondamental de Bothriocéphale ne diffère pas de celui des autres Cestodes et nous ne pouvons nous expliquer l'erreur dans laquelle sont tombés les savants allemands.

Le dessin que nous donnons fig. 6, Pl. IX représente une portion de la zone centrale de l'animal, prise dans un anneau très mûr. On voit que toutes les cellules sont transformées en réticulum, et les caractères du réseau conjonctif sont d'une netteté remarquable. Çà et là, des mailles arrondies, marquent des éléments encroûtés de calcaire qui se sont détachés comme les corps marqués *cc*; d'autres mailles sont irrégulières. Il n'y a pas trace de substance intercellulaire. L'observation à l'aide des plus forts grossissements, confirme ce que nous venons de dire, et il n'est pas douteux, pour nous, que SOMMER et LANDOIS n'aient pris les mailles pour des cellules.

Nos études sur les anneaux jeunes, nous ont d'ailleurs constamment montré les mêmes faits, à cela près que les cellules embryonnaires sont plus nombreuses et moins rapprochées; nos observations sur le tissu fondamental de ces anneaux sont en parfaite harmonie avec tout ce que nous savons sur l'histologie des Cestodes et sur le développement de leurs tissus.

Cuticule. — STIEDA, à propos de la cuticule, dit simplement qu'elle forme une couche large et anhiste. Pour SOMMER et LANDOIS, la cuticule est caractérisée principalement par les fibres qu'elle contient à son intérieur, par les canaux poreux qui la traversent, et par les fibres musculaires homogènes qui tapissent sa face interne.

D'après ces auteurs, les fibres qui existent dans la cuticule sont étendues dans le sens du large diamètre de l'anneau; elles forment une couche simple, serrée, et ne communiquent pas entre elles. Les canaux poreux qui traversent la cuticule, débouchent à la surface, en des points extrêmement serrés. Ces canaux semblent servir à l'émission de fibrilles protoplasmiques, granuleuses, extrêmement abondantes, et qui, parfois isolées, se groupent le plus souvent en faisceaux. Dans d'autres cas, ces fibrilles protoplasmiques sont tellement serrées les unes contre les autres sur de larges espaces, qu'elles donnent l'impression d'une couche granuleuse qui recouvrirait la cuticule. SOMMER et LANDOIS laissent en suspens la question de savoir si tous les canaux poreux servent uniquement au passage des fibrilles protoplasmiques, ou si une partie d'entre eux, servent à faire communiquer le système vasculaire plasmatique avec l'extérieur. Ces savants ne parlent pas de la formation de la cuticule. Ce que nous avons dit précédemment de cette formation chez la Ligule, nous dispense d'insister longtemps sur les nombreuses erreurs émises par SOMMER et LANDOIS. Comme nous l'avons fait voir, ce sont les couches sous-cuticulaires, qui fournissent la cuticule, non par sécrétion, mais par transformation directe. On rencontre des coupes où la cuticule présente en même temps des cellules fusiformes entières et des fibres, des corpuscules calcaires, en un mot, tous les éléments des couches sous-jacentes : c'est lorsque, pour une cause quelconque, ces éléments n'ont pas pris part au processus général de cuticularisation. Il n'est donc pas étonnant que SOMMER et LANDOIS y aient trouvé des fibres musculaires.

Nous nous sommes suffisamment expliqué au sujet des canaux poreux, à propos de la Ligule, pour que n'ayions plus à y revenir. Quant aux fibrilles protoplasmiques décrites par les auteurs allemands, ce sont tout simplement les cils cuticulaires. SOMMER et LANDOIS auraient dû se demander, d'où pouvaient provenir ces éléments, et se mettre ainsi en garde contre les apparences. Nous avons parlé à plusieurs reprises de ces cils cuticulaires à propos de la Ligule (Pl. VI, fig. 8), et à propos des Tétrarhynques (1); ils sont très régulièrement développés en certains points des

(1) R. MONIEZ. *Note sur l'histologie des Tétrarhynques*. Bull. scientif. du Nord 1879, p. 393
HOEK. *Ueber den encystirten Scolex von Tetrarhynchus*. Niederlandisches Archiv. f. Zoologie, t. V.

anneaux du *Tænia wimerosa* (1), et nous les avons rencontrés assez souvent sur d'autres espèces encore (Pl. V, fig. 2).

Couches sous-cuticulaires. — Les couches sous-cuticulaires du Botriocéphale, nous ont paru d'une étude relativement facile. Immédiatement sous la cuticule, se trouve une couche peu épaisse, dans laquelle je n'ai distingué que des granulations serrées; après viennent de très grandes cellules fusiformes, disposées sur plusieurs rangs. La couche la plus périphérique de ces cellules se perd dans la partie granuleuse immédiatement sous-cuticulaire. Les autres cellules diminuent de taille, et passent ainsi aux éléments de la zone intermédiaire (Pl. IX, fig. 4 et 5).

Les grosses cellules sous-cuticulaires du Bothriocéphale présentent à leur intérieur, une ou plusieurs séries de gros granules réfringents; elles ont parfois conservé leur noyau. Ces éléments varient en dimensions, suivant leur état de développement, de contraction etc. Nous avons observé la même structure de la zone sous-cuticulaire chez la Ligule, et il ne paraît pas douteux que les processus de cuticularisation soient les mêmes ici que dans cette dernière espèce. Tout cela ne concorde pas avec ce qu'ont décrit et figuré SOMMER et LANDOIS.

D'après ces auteurs, la couche celluleuse sous-jacente à la cuticule, donne l'impression d'une substance finement granuleuse « einer Molecular oder Punktmasse, mit zarter radiärer Streifung, » pourvue de nombreux noyaux finement grenus aussi. Les éléments de la couche sous-cuticulaire sont des cellules fusiformes, dirigées perpendiculairement à la face interne de la cuticule à la manière d'une couche celluleuse fondamentale, ou d'une couche matrice de la cuticule. Leur protoplasme, continuent-ils, manque de membrane, il est très mou et d'apparence granuleuse. Comme il est la plupart du temps soudé avec le corps des cellules voisines, les limites primitives de ces éléments échappent facilement et si, çà et là, de petits espaces semblent encore sous la dépendance d'un noyau, ailleurs on ne voit sur de grandes étendues, que de nombreux noyaux plongés au milieu d'une masse moléculaire grenue, non délimitée.

Pour compléter la description que nous venons d'analyser, nous renvoyons

(1) R. MONIEZ. *Description du Tænia wimerosa*. Bulletin scientif. du Nord, 1880, p. 240.

le lecteur au dessin que nous avons reproduit (Pl. VIII, fig. 1) et qui est extrait du mémoire de SOMMER et LANDOIS. Si ces auteurs n'ont pas vu les éléments sous-cuticulaires bien délimités, c'est qu'ils se sont servis d'anneaux mal conservés, et qu'ils étaient guidés par leur idée première d'un tissu formé de cellules plongées dans une substance fondamentale. Les cellules musculaires à gros granules que nous avons figurées, s'observent avec la plus grande facilité; pour ce qui concerne la mince zone de granules immédiatement sous-jacente à la cuticule, il n'est pas douteux, pour nous, qu'elle ne provienne de la transformation des éléments sous-cuticulaires et qu'elle ne marque un stade de la cuticularisation. Nous avons obtenu par la dilacération des anneaux d'un autre Cestode, des éléments qui montrent bien la marche du phénomène (Pl. XII, fig. 9). Nous y reviendrons plus loin.

SOMMER et LANDOIS ont figuré, immédiatement contre la cuticule, des éléments disposés en une couche simple, écartés les uns des autres, et qui avaient déjà été signalés par STIEDA. Ce sont des éléments musculaires dirigés d'avant en arrière et fixés par leurs deux extrémités à la face interne de la cuticule, soit directement, soit par l'intermédiaire d'une fibre tendineuse. Ces fibres existent, bien que nous ne les ayions pas figurées, et elles ne sont pas difficiles à voir, mais nous ne sommes pas encore complètement fixé à leur sujet.

Muscles. — Il est inutile de rappeler que les fibres appelées muscles, ont ici une disposition analogue à celle qu'elles présentent chez les espèces étudiées ordinairement. La couche dite circulaire se présente avec ses caractères habituels, elle est peu épaisse. Contrairement à ce que nous avons vu chez la Ligule et chez le *Leuckartia*, la disposition des muscles longitudinaux n'est pas sensiblement différente, dans les divers points de la chaine. D'une manière générale, l'on peut dire que les muscles longitudinaux du Bothriocéphale, sont disposés en une seule série de faisceaux, dont les éléments sont plus nombreux et plus serrés à la partie externe qu'à la partie périphérique. SOMMER et LANDOIS, comparant les muscles de ces parasites aux fibres lisses, déclarent n'avoir jamais pu leur trouver de noyau (!)

Muscles transverses. — Le dessin de SOMMER et LANDOIS que nous avons reproduit, fait voir ce que ces auteurs appellent les muscles transverses : ce sont des fibres isolées, étendues de haut en bas de la zone centrale, moins abondantes au milieu, beaucoup plus nombreuses sur les côtés. STIEDA les décrit à peu près dans les mêmes termes. Mes dessins montrent qu'il s'agit de fibres du tissu fondamental, très peu différenciés, et non point de fibres musculaires indépendantes. Nous n'insistons pas, nous verrons plus tard, chez d'autres espèces, ces mêmes fibres beaucoup mieux caractérisées.

Corpuscules calcaires. — Chez le Bothriocéphale, c'est au sein du tissu fondamental que se trouvent les corpuscules calcaires ; ils sont peu nombreux et LEUCKART avait même nié leur existence. Nous nous sommes suffisamment étendu sur ces formations à propos de la Ligule, et il serait bien inutile d'y revenir. Signalons cependant un fait qui se présente nettement chez le Bothriocéphale large, mais qu'on peut déjà observer chez la Ligule et chez d'autres Cestodes : indépendamment des corpuscules calcaires vrais, aux grandes dimensions, on trouve, en plus grande quantité peut être, de nombreux éléments calcaires de petite taille et de forme ovoïde, qui doivent être considérés comme formés également aux dépens du tissu fondamental. En effet, si l'on compare les tissus représentés fig. 1 Pl. VIII, d'après un anneau jeune, avec les mailles fig, 6 Pl. IX, qui proviennent d'un anneau vieux, on verra que les cellules ont été remplacées par les éléments calcaires. Les mailles arrondies de cette dernière coupe ont enfermé de ces petits corpuscules calcaires, qui se détachent facilement dans les manipulations. Dans les anneaux jeunes, les mailles de cet aspect n'existent pas, ou sont peu abondantes ; il est probable que SOMMER et LANDOIS les ont prises, avec leur contenu, pour les cellules de ce qu'ils appellent leur « substance fondamentale ».

Les corpuscules calcaires proprement dits sont peu nombreux chez le Bothriocéphale, surtout dans les couches sous-cuticulaires. Ceux que l'on rencontre sont souvent pincés par le milieu ; cela semble indiquer que la cellule qui leur donne naissance se divise en deux parties égales, contrairement à ce que nous avons observé chez la Ligule.

Système nerveux. — Jusqu'ici, le système nerveux du Bothriocéphale avait échappé à la plupart des naturalistes ; quelques-uns l'avaient pris pour un vaisseau ; seul M. Emile Blanchard a reconnu sa nature. L'appareil nerveux du Bothriocéphale est situé à droite et à gauche de la ligne médiane et au milieu de l'espace qui s'étend entre cette ligne et le bord latéral de l'anneau. Il est très bien développé et ne présente aucune particularité histologique ou morphologique que nous ne connaissions déjà. Nous l'avons vu, représenté par les petites cellules qui le constituent normalement, ou transformé en ce réseau de fibres que nous avons décrit chez la Ligule et que SOMMER et LANDOIS ont vu chez le Botriocéphale, sans en comprendre la signification. D'une manière générale dans les jeunes anneaux, les cordons nerveux sont de nature cellulaire; les vieux anneaux, au contraire, les montrent transformés en reticulum. Il n'est pas rare d'observer des coupes dans lesquelles une plus ou moins grande partie des cellules nerveuses a été conservée; ces éléments sont alors juxtaposés, et il n'y a pas de mailles au point qu'elles occupent.

Boettcher, qui avait aussi commis l'erreur de prendre le système nerveux pour un appareil vasculaire, ne put suivre dans la tête ce qu'il appelle le vaisseau externe et qui n'est autre chose que le cordon nerveux. Toutefois, le professeur de Dorpatt nous dit que, à la partie postérieure de la tête, il a « trouvé zwei dunkle Punkte, die ich meistens durch einen etwas minder » dunkel gefärbten Streifen vereinigt sah. »

Comme il avait observé quatre vaisseaux dans les anneaux du Bothriocéphale, Boettcher est porté à croire qu'il ne s'agit pas dans ces deux points réunis par une commissure, de l'origine du système vasculaire et il conclut « qu'il ne peut rejeter complètement la possibilité » que ce soit là le corps ganglionnaire.

L'observation de Boettcher nous paraît intéressante: nous n'avons pas vu les faits dont il parle, mais nous ne pouvons douter un instant, qu'il ait eu sous les yeux une commissure nerveuse. Ce qui n'est pas moins certain, c'est que les deux troncs nerveux se rencontrent très nettement isolés dans les coupes de la ventouse même (Pl. VI, fig. 12), par conséquent, fort au-dessus du point où Boettcher a trouvé la commissure. Il faudrait rechercher comment se terminent les deux cordons nerveux à la partie supérieure de la tête et voir s'ils se joignent en un ganglion terminal, ou s'ils se réunissent par une seconde commissure ou par un anneau.

Déjà, à propos de la disposition de l'appareil nerveux dans la tête des Tænias du type *T. serrata*, nous avions été amené à reconnaître l'exactitude des données fournies par M. E. Blanchard sur cette question. « Vers la » moitié de la longueur de la tête, dit cet auteur, très près des bords latéraux, » il existe un centre nerveux de forme oblongue. En avant et en arrière, j'ai » suivi, dans une certaine longueur, le nerf auquel il donne naissance..... » Il y a bien certainement une commissure entre les deux centres nerveux, » mais il m'a été impossible de la mettre en évidence.... (1) » On le voit, nos observations réunies à celles de Boettcher, confirment ce qu'a vu le profes-

(1) Blanchard sur l'organisation des Vers *Ann. des natur. Sc. nat.* 3e série t. XI, p. 114.

seur de Muséum. — Nous avons de plus montre le trajet des cordons nerveux par toute la chaîne et le déplacement qu'ils subissent.

Vaisseaux. — Après le système nerveux, les vaisseaux du Bothriocéphale sont certainement les organes au sujet desquels on s'entend le moins. Nos observations nous ont permis d'apporter une certaine lumière sur cette question.

ESCHRICHT comparait les vaisseaux du Bothriocéphale au tube digestif des Trématodes et admettait, sans avoir pu le vérifier, que les deux vaisseaux se réunissent dans la tête, pour aller se terminer dans l'ouverture buccale ; il niait l'existence d'anastomoses transverses entre ces vaisseaux, bien qu'elles eussent été admises antérieurement par différents helminthologistes. Le « tube digestif » étudié par ESCHRICHT est situé de chaque côté, entre la ligne médiane et le bord latéral, mais beaucoup plus près de la ligne médiane (1). Nous verrons que telle est bien la situation des véritables vaisseaux.

VON SIEBOLD admet que les vaisseaux se ramifient en fines branches dans la tête. LEUCKART n'a pu retrouver que rarement des traces nettes de ces organes (2).

BOETTCHER vit dans la zone médiane, non plus deux vaisseaux longitudinaux mais quatre; le Bothriocéphale, dit-il, est en cela semblable aux Tænias. D'après l'anatomiste de Dorpatt, les vaisseaux sont rapprochés de la ligne médiane; leur paroi est mince et délicate; le vaisseau externe est d'ordinaire rempli d'une masse grenue, l'interne, au contraire, est généralement vide. BOETTCHER n'ayant pu suivre ces vaisseaux dans la tête émet le doute qu'ils s'y prolongent (3).

La même année, STIEDA disait que les vaisseaux du Bothriocéphale « sont » très peu développés et semblent même manquer parfois complètement; les » coupes ne me les ont montrés que rarement ; il y en a deux seulement, un

(1) ESCHRICHT. Anatomisch-physiologische Untersuchungen über die Bothriocephalen, *Nova acta Acad. Cæs. Léopold. Carol.* 1841, t. XIX. p. 57.

(2) LEUCKART. Die menschlichen Parasiten und die von ihnen herrührenden Krankheiten, t. 1, 427.

(3) BOETTCHER. Studien über den Bau des Bothriocephalus latus. *Archives* de Virchow, t. XXIII, 1864 p. 108.

» de chaque côté » STIEDA ne vit rien de la terminaison de l'appareil vasculaire (1).

SOMMER ET LANDOIS, confirmant à cet égard ce qu'avait dit BOETTCHER, admettent qu'il existe deux vaisseaux de chaque côté dans les jeunes anneaux du Bothriocéphale. Ces vaisseaux sont rapprochés et plus près de la ligne médiane que du bord; tandis que le plus externe s'étend en ligne droite, l'interne décrit dans chaque anneau une courbe à convexité dirigée vers le bord. Pour ces auteurs, le vaisseau interne a un diamètre plus grand que le vaisseau externe, il offre des contours beaucoup plus nets que celui-ci, et d'ordinaire il est vide. Les auteurs allemands n'ont pas trouvé de communication entre ces deux vaisseaux.

Dans les anneaux mûrs de Bothriocéphale, SOMMER et LANDOIS n'ont plus rencontré qu'un seul vaisseau latéral, correspondant au vaisseau externe des jeunes anneaux, et rapproché du côté dorsal.

Soumis à l'injection, ce vaisseau latéral ne leur a montré aucune anastomose transverse entre lui et le vaisseau correspondant; il n'y a non plus plus aucune connexion entre ce système et un autre appareil vasculaire, leur « *plasmatische System* », que nous laissons de côté maintenant, pour y revenir plus loin.

Un point important à considérer, c'est que SOMMER et LANDOIS ont remarqué dans les anneaux bien conservés, que le vaisseau persistant n'avait pas de parois bien nettes, et que sa lumière présentait un réseau extrêmement délicat, partant du tissu conjonctif du parenchyme du corps, et dans les mailles duquel il y avait une masse finement grenue. — On voit quelle confusion régnait sur ce point, et lorsqu'on n'a pas étudié spécialement ces animaux, on s'explique difficilement que de pareilles divergences puissent exister au sujet d'une question qui, en apparence, semble des plus facile à résoudre.

En réalité, dans la zone centrale, il n'existe qu'un seul vaisseau de chaque côté, mais, quoi qu'on en ait dit, ce vaisseau est très marqué par les grosses cellules qui l'entourent (Pl. VIII, fig. 4). Il est d'abord situé plutôt dans le haut de l'anneau; mais, à la suite du développement des organes, il est refoulé au voisinage du plan musculaire circulaire inférieur; il n'en conserve pas moins ses caractères, et l'on ne manque pas de le retrouver, même sur les vieux anneaux, quand les préparations sont bonnes, et qu'on sait où le

(1) STIEDA. Ein Beitrag zur Anatomie des Bothriocephalus latus. *Archiv. für Anatomie und Physiologie*. 1864 p. 174.

chercher. Le vaisseau du Bothriocéphale, est situé dans les anneux jeunes, à peu près au milieu de l'espace qui sépare la ligne médiane de l'anneau, de son bord latéral, un peu en dedans du cordon nerveux, qui occupe juste le point médian. Plus tard, ces rapports sont altérés, et, tandis que le cordon nerveux conserve sa situation, le vaisseau se dispose à peu près au milieu de l'espace situé entre la ligne médiane et le cordon nerveux.

J'ai cherché vainement, tant dans les anneaux jeunes, que dans les vieux, un second vaisseau dans la zone centrale. Contrairement à ce que l'on observe chez les Tænias, il n'existe qu'un seul vaisseau chez le Bothriocéphale.

Comment BOETTCHER, et après lui SOMMER et LANDOIS, ont-ils puvoir quatre vaisseaux chez ces animaux? La description qu'ils donnent de ces organes est trop circonstanciée pour que l'on puisse admettre une erreur d'observation. La réponse en est bien simple : ces auteurs ont pris les cordons nerveux pour des vaisseaux. En effet, d'après eux, le vaisseau externe est généralement rempli d'une masse granuleuse, tandis que le vaisseau interne est vide, — la matière granuleuse n'étant autre chose que les cellules nerveuses, — d'autre part, la situation respective qu'ils donnent dans les anneaux jeunes aux deux vaisseaux dont ils parlent, est exactement celle qui existe entre le cordon nerveux et le vaisseau unique du Bothriocéphale. Des deux vaisseaux vus par SOMMER et LANDOIS dans les jeunes anneaux, l'un est évidemment le véritable vaisseau, l'autre est le cordon nerveux. Les rapports changent, avons-nous dit, et le vaisseau s'éloigne du cordon nerveux, à mesure que l'anneau s'élargit; dans les anneaux mûrs, ces deux organes sont fort éloignés l'un de l'autre et le vaisseau n'est plus situé au milieu du champ latéral, aussi, ce dernier a-t-il facilement échappé aux auteurs allemands, qui n'ont plus considéré que leur prétendu vaisseau externe, le cordon nerveux. Ils ont pu alors constater sa continuité avec le « vaisseau externe » qu'ils avaient observé dans les jeunes anneaux. Une autre preuve de l'exactitude des faits que nous avons vus, est dans la structure que SOMMER et LANDOIS attribuent à ce faux vaisseau; ils ont trouvé à son intérieur un reticulum très net, en continuité avec les tissus de la zone centrale. Ce sont là précisément les caractères que nous avons observés dans les cordons nerveux de la Ligule, et la structure dont nous avons expliqué la formation. D'ailleurs, SOMMER et LANDOIS n'ont pas trouvé de système nerveux chez le Bothriocéphale. La transformation des cellules nerveuses en réticulum explique comment les auteurs allemands ont pu si facilement injecter l'appareil nerveux. Ce n'est pas la seule fois que semblable erreur a été commise (1), et il est infiniment probable que STIEDA a pris aussi le système nerveux pour un vaisseau. La description qu'il en donne est, d'ailleurs trop incomplète, pour que l'on puisse se prononcer à ce sujet.

Mais les vaisseaux dont nous venons de parler, qui existent dans la zone centrale, ne sont pas le seuls que présente le Bothriocéphale : il y a, dans la zone sous-cuticulaire de cet animal, une série de vaisseaux longitudinaux à parois très minces ou nulles, visibles surtout sur les jeunes anneaux, mais qu'on retrouve aussi sur les anneaux âgés. Nous les avons représentés fig. 5, Pl. VIII : il sont situés un peu au-delà de la zone des vitellogènes et nous en avons compté une vingtaine. La fig. 2, Pl. VII en montre également un certain nombre.

Il est bien probable que les vaisseaux sous-cuticulaires ont entre eux des communications, mais je ne les ai pas étudiés à ce point de vue. Je rappellerai que nous avons trouvé des vaisseaux en même nombre et dans la même situation chez la Ligule. Ces vaisseaux doivent se diviser avant d'entrer dans la tête, où, d'après les coupes, ils paraissent plus nombreux.

Je n'ai pas vu sur les anneaux, l'anastomose des vaisseaux sous-cuticulaires avec les vaisseaux de la zone centrale, mais je suis loin de nier des connexions entre ces deux ordres de canaux. En effet, un peu au-dessus de la coupe que nous avons dessinée, nous avons cru voir des dispositions qui nous font croire à l'existence de larges communications entre ces vaisseaux : la coupe présente, derrière les cordons nerveux, de nombreuses sections de tubes, dont les caractères sont ceux des vaisseaux sous-cuticulaires. Il semble que, en ce point, il y ait des branches anastomotiques plus ou moins horizontales. La coupe Pl. VI, fig. 12, montre que, à cette hauteur, les deux vaisseaux transverses ont conservé leurs caractères.

Nous devons nous demander quels rapports offrent les vaisseaux sous-cuticulaires avec les canaux dont l'ensemble a été appelé par SOMMER et LANDOIS, du nom de *système plasmatique* (plasmatiches Canalsystem). D'après ces auteurs, on peut observer ce système vasculaire juste au point de séparation de la couche sous-cuticulaire avec la zone intermédiaire ; les canaux étroits qui le forment ont les parois extrêmement minces. Comme le montrent les coupes, disent-ils, et comme l'indique l'analogie avec le

(1) R. MONIEZ. Sur quelques points de l'organisation du *Solenophorus megacephalus*. *Bulletin scientifique du Nord*, 1379, p. 113.

T. mediocanellata, ils s'étendent dans deux directions essentielles, verticalement et transversalement. On voit partir de ces tubes, aussi bien vers la cuticule que vers le centre, des branches extrêmement fines qui sont en onnexion avec des prolongements de cellules, analogues aux cellules du tissu conjonctif.

L'interprétation de ces faits, donnée par les auteurs allemands, est la suivante : les canaux plasmatiques communiquent d'une part avec l'extérieur, par l'intermédiaire de ces cellules et d'une partie des canaux poreux de la cuticule, et d'autre part ils sont en rapport avec les parties centrales de l'anneau, par les prolongements de ces mêmes cellules qui gagnent vers le centre. Toutefois, SOMMER et LANDOIS n'ont pu voir les communications du système plasmatique ni avec l'extérieur, ni avec les parties centrales de l'anneau, mais ils ont vu ses rapports avec la surface de la cuticule chez le *Tænia mediocanellata*, lequel, d'après eux, présenterait à cet égard les mêmes particularités que le Bothriocéphale.

La description de SOMMER et LANDOIS nous paraît insuffisante et leurs dessins ne viennent pas la suppléer. En effet, ils ne nous apprennent pas le nombre et la disposition de ces vaisseaux dans un anneau, et l'on est réduit à cet égard à des suppositions. Leurs dessins ne montrent qu'un seul vaisseau de cet ordre, et encore sur une portion de coupe horizontale, de sorte qu'il semble être un vaisseau circulaire. Cette lacune est vraiment regrettable ; il semble probable que les auteurs allemands n'ont pas vu souvent le système vasculaire qu'ils décrivent aussi imparfaitement. Toutefois, comme SOMMER et LANDOIS comparent volontiers le système plasmatique du Bothriocéphale à un appareil de même nom qu'ils indiquent chez le *Tænia mediocanellata*, on est autorisé à déduire de ce qui existe chez ce dernier, le nombre et la disposition des vaisseaux plasmatiques du Bothriocéphale. Si dans les documents fournis par SOMMER sur les Tænias humains nous recherchons ce qui concerne le système plasmatique, nous voyons que le canal de ce nom est interne; quant au vaisseau plus large que nous avons appelé la lacune, ce n'est autre chose pour eux que le véritable vaisseau situé, non plus dans la zone sous-cuticulaire comme le vaisseau plasmatique du Bothriocéphale, mais dans la zone centrale. (1)

Comme dans le long paragraphe qu'il consacre au vaisseau plasmatique des *Tænia solium* et *mediocanellata* SOMMER ne fait pas de comparaison avec ce

(1) F. SOMMER, Ueber den Bau und die Entwickelung der Geschlechtsorgane von Tænia mediocanellata und Taenia solium. *Zeitsch., f. wiss zool.* 1864, p. 174.

qui se passe chez le Botriocéphale, on peut conclure que les faits sont fort analogues et qu'il faut prendre à la lettre ce qu'en disent Sommer et Landois (1), c'est-à-dire considérer le système vasculaire du Bothriocéphale comme formé de chaque côté par un vaisseau, de la même façon que chez le *Tænia mediocanellata*.

Mais dans cet hypothèse, déduite du travail même de ces savants, une difficulté subsiste, celle d'expliquer leur dessin, que nous avons reproduit pl. VIII fig. 1, et dans lequel le vaisseau plasmatique est représenté comme ayant une disposition circulaire; s'il n'y a pas erreur de dessin, comment expliquer que Sommer et Landois disent que cet appareil et semblable dans les deux types qu'ils ont étudiés, lorsqu'ils présentent une si grande différence? La véritable interprétation est selon nous la suivante. On peut souvent voir sur des anneaux mûrs du Bothriocéphale, un véritable tube, sans parois nettes, étendu dans la région indiquée par Sommer et Landois et disposé comme le serait un vaisseau circulaire; mais ce tube n'est autre chose que le tube collecteur des vitellogènes à l'état vide et on ne le trouve qu'à la partie inférieure de l'anneau. L'existence des cellules que Sommer et Landois ont vues, attachées à ce tube, n'est pas une difficulté, puisque nous connaissons les rapports des cellules sous-cuticulaires avec les tissus.

Comparons maintenant le système vasculaire sous-cuticulaire, tel que nous l'avons décrit, avec le système vasculaire superficiel que plusieurs auteurs ont indiqué.

Knoch a observé sur de jeunes Bothriocéphales, longs d'un pouce et large d'une demi-ligne, un fin réseau de tubes qui se trouve principalement sur la tête et les ventouses; il conclut de son observation qu'il existe sur tout le corps du Bothriocéphale, un riche système de vaisseaux anastomosés. Ces vaisseaux, d'après lui, sont distribués « *unmittelbar unter der Haut* (2). »

Boettcher, qui n'avait pu d'abord distinguer sur les Bothriocéphales vivants, le réseau vasculaire découvert par Knoch, finit par le reconnaître, en partie du moins. Si je n'ai pas vu plus tôt ce système, dit-il, ce n'est point par inattention ni par suite de l'emploi d'instruments insuffisants,

---

(1) Bemerken wollen wir indess dass wir bei T. mediocanellata analoge Verhältnisse fanden, *loc. cit.* p. 10.

(2) Knoch. *Die Naturgeschichte des Breiten Bandwurmes*. Mémoires de l Acad imp de St-Pétersbourg, t. V, 1862, p. 118 et 119.

c'est parce qu'il n'est point toujours visible. Aussi longtemps que l'animal est vivant et se meut, il n'y a absolument rien à voir en fait de vaisseaux. Il n'y en a pas davantage trace quand l'animal est mort. Au contraire, le réseau vasculaire dont nous parlons, apparaît lorsque la musculature de l'animal encore vivant se relâche, et qu'il devient immobile. On obtient facilement ce résultat en laissant se refroidir progressivement l'eau dans laquelle on observe le Cestode. (1)

Le réseau vasculaire, d'après Bœttcher, est d'autant plus serré et plus fin, qu'il est plus voisin de l'extrémité. Au voisinage du cou, il s'élargit, et devient irrégulier. Sur le cou même, certaines branches augmentent de volume et bientôt elles se réunissent de chaque côté ; elles forment généralement à droite et à gauche trois grands canaux reliés par des anastomoses. Bœttcher a cessé de voir les vaisseaux, dès le point où les anneaux sont indiqués. Sommer et Landois n'ont pu vérifier cette description.

L'on peut voir, par ce qui précède, que les renseignements fournis par Bœttcher, quant au siège exact de ce réseau, sont aussi peu précis que ceux donnés par Knoch ; les dessins de ces deux auteurs montrent que le réseau est très superficiel et rien de plus. Correspond-il à notre système vasculaire sous-cuticulaire? Nous ne le pensons pas. Le dessin de Bœttcher qui est très net, montre trois vaisseaux longitudinaux naissant de chaque côté de ce réseau céphalique, à une assez longue distance de la tête. Or, nos coupes ne laissent point de douter à cet égard, les vaisseaux sous-cuticulaires sont beaucoup plus nombreux, aussi bien dans le cou que dans les anneaux mûrs, et ils sont régulièrement distribués. D'un autre côté, Bœttcher ne dit mot des rapports possibles de ce système vasculaire superficiel avec les *quatre* vaisseaux qu'il avait reconnus dans la zone centrale, mais Knoch, qui n'admet que *deux* vaisseaux dans la zone centrale, affirme qu'il y a communication entre ces vaisseaux et le réseau superficiel. Il semble en effet, d'après les dessins de cet auteur, que les troncs longitudinaux naissent des vaisseaux ramifiés de la tête.

Or, nos dessins montrent que, dans la tête du Bothriocéphale, les vaisseaux de la zone centrale restent distincts des vaisseaux sous-cuticulaires, et nous n'avons rien vu qui put nous faire croire à de nombreuses anastomoses entre ces organes. D'un autre côté les vaisseaux sous-cuticulaires ne sont pas moins

---

(1) Boettcher. *Verschieden Mittheilungen. I. Das oberflachische Gefässystem der* Bothriocephalus latus. Archiv für pathologische Anatomie und Physiologie, und wissenschaftliche Medicin, t. 47, 1869, p. 370.

nombreux dans les anneaux mûrs que dans le cou. Il semble donc qu'il n'y ait pas de rapports à établir entre les vaisseaux sous-cuticulaires que nous avons décrits et le réseau superficiel découvert par KNOCH et revu par BŒTTCHER, mais alors comment interpréter ce qu'ont vu ces observateurs ?

Il faut bien constater, tout d'abord, que les observations des deux naturalistes russes ne sont pas complètes. On se demande si c'est bien dans la zone sous-cuticulaire que s'étend le système vasculaire dont ils parlent, s'il ne se trouve pas plutôt immédiatement sous la cuticule, et, étant données les conditions spéciales indiquées par BŒTTCHER pour déterminer l'apparition de ce réseau, on peut soupçonner qu'on se trouve en présence d'une simple infiltration dans la cuticule. L'eau pénètre peut-être par une sorte d'osmose, s'accumule pour ainsi dire dans des points de décollement, et forme des trajets réguliers, tandis que les vaisseaux sous-cuticulaires et ceux de la zone centrale, restent complètement étrangers à cette imbibition. Dans cette hypothèse, l'on comprend comment l'épaisseur des anneaux a pu empêcher l'observation de ce système artificiel. Quoiqu'il en soit, la question ne peut-être définitivement tranchée que lorsqu'un naturaliste observant le Bothriocéphale vivant, recherchera le siège précis du réseau vu par BŒTTCHER et par KNOCH (1).

Il faut rapprocher des faits que nous venons de citer, ce qui a été vu sur différents Cestodes par plusieurs naturalistes, M. E. BLANCHARD entre autres. A-t-on affaire, dans les observations de ces auteurs, à un réseau sous-cuticulaire ? Je le crois : j'ai vu une fois chez le *Tænia cucumerina* ; un reticulum très serré, un peu différent de celui qui a été figuré par M. BLANCHARD, et je crois me rappeler que ce réseau était sous-cuticulaire ; l'observation se faisait par transparence.

Un mot avant de terminer, sur les cellules par lesquelles le « système vasculaire plasmatique » de SOMMER et LANDOIS communique d'une part avec l'extérieur, d'autre part avec les parties centrales. Ces éléments ne nous paraissent différer en rien des autres éléments du tissu fondamental qui peuvent parfaitement être pluripolaires. Ces éléments ne sont pas les cellules dont nous avons parlé à plusieurs reprises et qui rayonnent de

(1) Notons que, d'après SOMMER et LANDOIS, les canaux plasmatiques ne sont pas identiques avec le système vasculaire décrit par KNOCH et que ces auteurs n'ont pu le retrouver sur les anneaux mûrs du Bothriocéphale.

vaisseaux, et l'on se perd en conjectures sur ce que les auteurs allemands peuvent entendre par ces mots : « le vaisseau plasmatique communique par ces cellules avec l'extérieur et avec les parties centrales. »

Il nous reste à traiter deux questions avant de terminer ce long chapitre sur l'appareil vasculaire du Bothriocéphale. Les vaisseaux communiquent-ils avec l'extérieur, ont-ils dans la tête une disposition spéciale ?

Je n'ai pu me procurer qu'une seule tête de Bothriocéphale et, d'après les coupes que j'en ai faites, il semble que les vaisseaux communiquent avec l'extérieur ; mais on comprend que de nouvelles recherches soient nécessaires pour se prononcer d'une manière affirmative sur ce point délicat. Il m'a semblé voir des vaisseaux gagner le bord recourbé de la ventouse et s'ouvrir dans une série de petits oscules (?) qui garnissent ses bords et ne s'étendent pas beaucoup au-delà de la zone sous-cuticulaire. Ces oscules sont dus à l'écartement des cellules musculaires qui semblent ménager une sorte d'ampoule pyriforme en apparence ouverte à l'extérieur. Nous avons représenté fig. 8 Pl. VIII, la portion de ventouse dont nous venons de parler (1).

Relativement à la seconde question, je me bornerai à dire que, dans la zone sous-cuticulaire, j'ai pu suivre un vaisseau circulaire sur plus d'un quart de l'anneau. On pouvait l'observer par fragments et le compléter ainsi sur le reste de la coupe. Ce vaisseau annulaire avait les mêmes parois très minces que les autres vaisseaux sous-cuticulaires, il se trouvait immédiatement sous la tête. C'est la seule observation que nous ayons faite à ce sujet, mais il est probable que l'on trouvera dans la tête du Bothriocéphale, des dispositions semblables à celles que nous avons décrites chez d'autres espèces.

Poche péniale et spermiducte. — La poche péniale du Bothriocéphale est très développée ; elle occupe toute la hauteur de l'anneau (Pl. VIII, fig. 3); sa structure est analogue à celle de la poche péniale de la Ligule. Des fibres serrées la limitent, le tube qui la traverse ondule fortement et est revêtu d'une couche mince de cuticule Un reticulum contenant des cellules fusiformes et autres, rattache les parois de ce tube aux fibres serrées qui forment la périphérie de la poche. Le bulbe, situé un peu en arrière de la poche péniale, prolonge le spermiducte : il est plus différencié que le bulbe de la Ligule. Il est formé de fibres très serrées, disposées en une couche épaisse ; de ces fibres se détachent, à l'intérieur,

(1) Faut-il rapprocher de ces oscules (?) les « Becherzellen » décrits et figurés, insuffisamment aussi, par STEUDENER et qu'il a rencontrées chez plusieurs Cestodes ? (STEUDENER, loc. cit. p. 285).

des cils dirigés en bas et vers le centre de la cavité. Ces cils sont volumineux et, comme nous le verrons chez le Schistocéphale, leur nature cellulaire ne peut être mise en doute. A l'extérieur, de gros éléments, doués sans doute de propriétés musculaires, rayonnent de la couche fibrillaire feutrée qui forme le bulbe, ils s'y rattachent par une extrémité, tandis que par l'autre ils passent aux tissus ambiants (fig, 3, Pl. IX).

Le spermiducte naît de l'extrémité du bulbe de la poche péniale ; il s'incline d'abord sur le côté, descend jusqu'à la partie inférieure de la zone centrale et remonte en formant une boucle, pour aller passer au-dessus du bulbe, contre le plan musculaire circulaire supérieur. Le spermiducte redescend alors de l'autre côté de la poche péniale, jusqu'au bas de la zone centrale, en décrivant ainsi une deuxième courbe, assez semblable à la première. Revenu encore une fois à son point de départ, il le dépasse un peu et va enfin se terminer dans un rudiment que je n'ai pas étudié en détail, mais auquel aboutissent des tubes qui amènent les spermatozoïdes (fig. 3, Pl. IX).

Le spermiducte conserve généralement les mêmes caractères sur tout son parcours, ce qui permet de le suivre aisément : ses parois sont minces, godronnées et de calibre régulier (1). Lorsque ses caractères sont moins nets, il devient très difficile de le reconstituer au milieu des circonvolutions du tube-matrice. L'étude des anneaux jeunes nous a permis de suivre exactement le trajet de cet organe.

Aussitôt que les œufs commencent à se former, l'anneau s'allonge et il augmente en dimensions : à mesure que le tube-matrice se remplit, le spermiducte, ayant acquis tout son développement, ne peut suivre l'extension de l'anneau qu'en déroulant les circonvolutions qu'il décrit ; il tend ainsi à se mettre en ligne plus ou moins droite, à la partie supérieure de l'anneau. On peut le voir dans l'anneau mûr (fig. 3, Pl. IX), où il présente de légères inflexions, et le suivre jusque près de l'ovaire central, refoulé contre la zone des muscles circulaires supérieurs. Je n'ai étudié ni la terminaison, ni les rapports de cet organe avec les follicules testiculaires.

La poche péniale (*Cirrus-Beutel* des auteurs allemands), et le bulbe qui la

(1) La figure 3, pl. IX, de même que les figures 1 et 2 de la même planche, sont schématiques, en tant seulement qu'elles ne reproduisent pas les tissus ; le trajet des organes et leurs rapports sont conformes à a nature.

surmonte ont été reconnus par tous les auteurs, mais interprétés de façons diverses. SOMMER et LANDOIS en font une étude topographique assez complète et en donnent des mensurations probablement exactes ; ils comparent les deux parties de l'appareil à des *muscles creux*. Ces auteurs ont parfaitement vu d'ailleurs, les fibres de la zone circulaire pénétrer dans la poche péniale, et ils ont aussi étudié la structure histologique de cet organe. Toutefois, la description qu'ils font du bulbe et la figure qu'ils en donnent sont inexactes ; en outre, ils n'ont pas vu les gros cils qu'il contient. Le dessin de la poche péniale ne nous semble pas non plus très fidèle, et il laisse supposer que la coupe dessinée a été prise sur un anneau en mauvais état. Les grosses papilles que cet auteur figure à la base de la poche péniale n'existent pas en réalité, et sont dues vraisemblablement à des déchirures. Nous sommes d'autant plus certain de l'exactitude de nos observations, que nous les avons répétées sur un grand nombre d'anneaux d'âge différent, et tous bien conservés.

SOMMER et LANDOIS ont étudié le spermiducte sur les anneaux développés: ils le décrivent comme formant des ondulations nombreuses et très étendues au-dessus de l'utérus, entre cet organe et la portion des muscles circulaires. D'après eux, le spermiducte se termine par une dilatation variable de volume, dans laquelle s'amassent les spermatozoïdes. Plusieurs conduits séminaux viennent s'ouvrir dans ce réservoir ; ils ont un contour extrêmement délicat et se rendent dans les champs latéraux de l'anneau, en longeant la couche musculaire supérieure ; ils vont alors en se dichomotisant aux divers follicules testiculaires de l'anneau et même aux premiers follicules de l'anneau suivant.

L'extrémité du spermiducte, c'est-à-dire, la partie enfermée dans la poche péniale, peut se renverser et saillir au dehors sous l'influence des contractions de l'organe. Il est bien difficile de se rendre compte à priori de la direction que peut prendre le pénis sous l'influence d'une contraction physiologique, et nous ne croyons pas impossible, contrairement à l'opinion de SOMMER et LANDOIS, que le pénis pénètre dons le vagin. L'inclinaison de la poche péniale, la situation du bulbe, l'espèce de cloaque qui peut se produire par la rétraction de ces organes, forment autant de conditions qui facilitent l'intromission. Il n'est pas prouvé, d'ailleurs, que la saillie considérable que fait le pénis à l'extérieur, telle qu'on peut parfois l'observer chez beaucoup d'espèces, ne soit pas déterminée par des contractions pathologiques.

Testicules. — Les follicules testiculaires s'étendent de chaque côté de l'anneau chez les Bothriocéphales. En dehors des cordons nerveux, ils arrivent à occuper tout l'espace entre les deux plans musculaires ; en dedans de ces cordons, ils paraissent s'étendre moins, parce que la zone centrale s'élargit. Je n'ai pas suivi le développement de ces produits. D'après les dessins de SOMMER et LANDOIS, ils auraient une queue très courte. Bien que j'aie examiné les spermatozoïdes sur un très grand nombre d'anneaux, je n'ai pu leur voir cet appendice. Il n'y a certainement pas, chez le Bothriocéphale large, ces enroulements de spermatozoïdes autour des follicules, tels que nous les connaissons chez tous les Cestodes que nous avons étudiés. J'ai trouvé dans les anneaux mûrs, de très petits éléments que j'eusse considérés comme des spermatozoïdes, n'était leur manque de queue ; dans les anneaux plus jeunes je n'ai rien vu non plus qui rappelât ce qui se passe partout ailleurs. Je ne puis m'enpêcher de citer mon observation, toute négative qu'elle soit, mais il n'est pas douteux que ces appendices existent puisque STIEDA les a vus aussi et les a figurés.

ESCHRICHT découvrit les follicules testiculaires, et leur assigna leur véritable fonction. LEUCKART reconnut aussi ces organes pour des testicules, mais il ne put établir leurs rapports avec le spermiducte. Pour cet auteur ce sont des petits sacs exactement semblables à ceux des Tænias (1).

Pour BŒTTCHER qui les a longuement étudiés, il n'existe pas de membrane d'enveloppe aux testicules ; ceux-ci sont formé d'amas de petits noyaux qui se groupent souvent pour former des corps d'apparence cellulaire, lesquels tapissent les parois de la glande. Ces organes forment, d'après BŒTTCHER « ein Convolut von Windungen vielfach mit einander verschlungener dünnwandiger Canäle (2). »

STIEDA vit une membrane autour de chaque follicule testiculaire ; il observa sur les anneaux mûrs un tube délicat partant de chaque testicule et il considéra ce tube comme un canal excréteur. Cette interprétation est plus juste et plus simple que celle donnée par BŒTTCHER (3).

---

(1) LEUCKART. Die menschlichen Parasiten, und die von ihnen herrührenden Krankheiten, Leipzig, 1863, p. 429.

(2) BOETTCHER. Studien über den Bau des Bothriocephalus latus, *Archiv. f. Anat. Phys. u. wis. Medicin*, 1864, p. 97.

(3) STIEDA. Ein Beitrag zur Anatomie des Bothriocephalus latus, *Archiv. f. Anat. u. Phys.*, 1864, p. 174.

SOMMER et LANDOIS ont vu aussi que les testicules s'étendaient en une couche simple, non-seulement dans les champs latéraux, mais encore dans la partie médiane. Les documents que ces auteurs ont fournis sur ces organes sont beaucoup plus exacts et résultent d'une observation soignée. D'après eux, il n'y a autour des follicules testiculaires de membrane d'aucune sorte, ce sont simplement des cavités creusées dans la zone centrale et remplies par les éléments séminaux. Pour ce qui concerne l'origine de ces produits, il semble, disent SOMMER et LANDOIS que les follicules se forment aux dépens des nombreuses cellules de la zone centrale du jeune anneau, qui se multiplieraient par voie de division. A la suite d'une prolifération locale de ces éléments, les tissus voisins refoulés se disposent de manière à former une sorte de cavité qui abrite les spermatozoïdes formés à leurs dépens.

L'hypothèse des savants allemands, quoique assez vague, montre qu'ils ont beaucoup approché la vérité. Nous pouvons la confirmer dans ses traits généraux, tout en en précisant les détails :

La fig. 7, pl. VIII, représente une portion d'un anneau jeune qui a déjà fourni la coupe pl. VIII fig. 4; elle est prise au-delà du vaisseau marqué *vs* dans cette dernière figure, et montre les rudiments des spermatozoïdes à un fort grossissement. L'origine de ces éléments n'est pas plus douteuse que dans le cas des ovules. On voit d'abord les cellules indépendantes, isolées les unes des autres, chacune d'elles montrant deux ou plusieurs prolongements qui la rattachent aux tissus de la zone centrale. C'est plus tard, à la suite de leur multiplication, de l'augmentation de leur volume, et de la transformation fibrillaire des éléments interposés, que les cellules formatrices des glandes mâles se groupent en follicules et se différencient complètement pour former les spermatozoïdes.

Nous devons aussi nous demander quels sont les rapports des follicules testiculaires avec le spermiducte ; nos observations ne nous ont rien appris à cet égard, et nous n'avons rien vu que les deux branches opposées l'une à l'autre, qui terminent le spermiducte. Les opinions des auteurs, à ce sujet, n'étant point basées sur une observation histologique suffisante, nous laisserons subsister la question de savoir s'il existe des canaux extérieurs à parois propres, ou si, ces canaux n'existant pas, les spermatozoïdes cheminent à travers les tissus, disposés de la manière que nous indiquons à propos des vitellogènes.

Vagin. — L'orifice vaginal est situé en arrière, tout contre la poche péniale ; d'abord assez court, il s'allonge pour aller, comme le spermiducte, vers la partie postérieure de l'anneau ; il suit la face ventrale dans son trajet (pl. VIII fig. 3).

La fig. 2, pl. IX, montre les rapports complets de cet organe : elle n'est schématique que dans la partie pointillée, qui représente le tube vaginal en raccourci. La fig. 1 , pl. VII , fait voir que les éléments cellulaires de l'organe femelle deviennent plus petits et modifient leurs caractères, lorsqu'il s'élargit pour former le *receptaculum seminis*, très vaste poche qui arrive au voisinage du pavillon. Un tube très court, très étroit, difficile à voir, formé d'éléments très petits, assure la communication du vagin avec la matrice. C'est la seule issue des spermatozoïdes, elle débouche un peu au-delà de l'ouverture du pavillon.

Le vagin du Bothriocéphale est garni de cils qui se prolongent jusqu'à la partie initiale du *receptaculum seminis*. Nous avons dit que les idées les plus diverses avaient été émises au sujet de l'ouverture du vagin ; elles n'étaient pas basées sur l'observation. Stieda, le premier, a étudié complétement cet organe et établi ses vrais rapports ; il a vu sa communication avec le tube matrice. Sommer et Landois n'ont fait que confirmer les observations de Stieda et nous-même y avons ajouté peu de chose.

La tube-matrice commence par le pavillon , à la partie postérieure de l'anneau ; il est représenté fig. 2 et 1, Pl. IX ; ces dessins sont schématiques, en tant qu'ils font abstraction des parois et des tissus , le trajet de l'organe est exactement figuré, ainsi que les rapports de ses différentes parties.

Le pavillon, après avoir décrit un coude accentué , reçoit le tube de communication du *receptaculum seminis ;* un peu plus haut , le tube-vitelloducte entre en communication avec lui, sous un angle obtus. Du point de rencontre du vitelloducte avec le tube qui prolonge le pavillon , part le tube-matrice proprement dit. Dès son origine , cet organe s'incurve brusquement et vient passer entre le vitelloducte et le pavillon, pour se porter au côté opposé de l'anneau (Pl. IX , fig. 2). Il revient ensuite vers le centre , et , à la faveur d'un coude, à angle droit , il descend à la partie inférieure de l'anneau ; il croise alors en dessous sa portion terminale , au point où elle devient brusquement verticale, pour s'aboucher à l'ouverture de sortie. Le tube-matrice, devenu alors beaucoup plus épais, dépasse de nouveau le centre et s'étend encore latéralement, pour revenir du côté opposé de l'anneau ; il gagne enfin la face ventrale où il se termine. (Pl. IX, fig. 1.)

Le développement de l'anneau et l'accumulation des œufs modifient un peu les rapports que nous venons d'établir. Le trajet du tube-matrice, long et compliqué et son enchevêtrement avec le spermiducte, rendent très difficile l'étude de cet organe. Il est presque impossible de l'étudier sur des anneaux mûrs, car on doit alors reconstituer un trop grand nombre de coupes et l'accumulation des œufs à son intérieur dissimule plusieurs de ses caractères. Il faut choisir de préférence les anneaux d'âge moyen, dans lesquels le tube-matrice est complètement développé, bien que les œufs ne l'aient point encore envahi. On peut obtenir ainsi, sur une même coupe, des portions étendues de l'organe. La fig. 2, Pl. IX, représente une partie du tube-matrice qui existe presqu'entière sur une préparation que je conserve, et j'ai pu obtenir, en deux ou trois coupes, toute la partie représentée fig. 1.

La structure du tube-matrice n'est pas la même sur tout son trajet. La partie initiale, réprésentée toute entière fig. 2, Pl. IX, a des parois cellulaires relativement très minces, tandis que tout le reste du tube (fig. 1, Pl. IX), possède des parois fort épaisses, dues à plusieurs rangées de grosses cellules fusiformes, rattachées aux tissus par leurs prolongements. A ce stade de l'évolution de l'anneau, le calibre du tube-matrice n'est pas non plus le même dans toute son étendue, et sa lumière, tant qu'il conserve des parois minces, est beaucoup plus grande que lorsque ces parois sont devenues épaisses. La fig. 1, pl. VII, exprime les modifications que l'organe subit sur son parcours.

Les ovules, amenés par le pavillon, les spermatozoïdes, déversés par le vagin, et les éléments vitellins, fournis par un tube spécial, se rencontrent et agissent les uns sur les autres à l'entrée du tube-matrice. Nous avons étudié plus haut la formation de l'œuf, nous n'y reviendrons pas ; nous n'avons à nous occuper ici que des modifications imprimées au tube-matrice par l'accumulation des œufs à son intérieur.

Les œufs, dont le volume est de beaucoup supérieur à celui des ovules, dilatent considérablement le tube-matrice ; les circonvolutions serrées que décrivait cet organe s'éloignent les unes des autres, en même temps que l'anneau s'allonge, mais ces modifications se font d'une façon régulière, aucune partie du tube ne se dilate plus particulièrement pour jouer le rôle d'utérus, et c'est sans présenter aucune modification de cette sorte, que le tube-matrice va se terminer au pore ventral.

Quand l'anneau est mûr et que le tube-matrice a subi à peu près toute la dilatation dont il est susceptible, il faut une certaine attention pour retrouver la paroi de la portion mince de l'organe, et, si celle de la grosse portion reste toujours bien nette, cela est dû aux éléments très développés et très caractérisés qui la formaient primitivement. Ces éléments de la grosse portion du tube-matrice finissent par se réduire à une couche simple de cellules, qui peuvent même devenir assez écartées les unes des autres (pl. VIII, fig. 3.)

La coupe que nous venons de citer, est en quelque sorte typique, elle nous montre les œufs nettement séparés les uns des autres dans les diverses parties du tube-matrice, mais la coupe dessinée fig. 2, pl. VII, présente une particularité qui est constante chez les vieux anneaux et sur laquelle nous devons nous arrêter un instant.

Ici, en effet, nous voyons, sur une partie du dessin, les œufs plongés dans une substance commune qui leur forme des sortes de mailles. Lorsque quelques-uns d'entre eux sont détachés par la manipulation, les mailles qui les enfermaient persistent.

Cette matière dans laquelle les œufs sont plongés, possède la réfringence et tous les autres caractères des granules vitellins. Que signifie donc cette disposition? Il est bien certain qu'il ne s'agit pas ici de vitellus épanché dans la zone centrale et qui aurait entraîné les ovules.

S'il en était ainsi, l'on verrait les traînées vitellines partant directement des follicules pour se rendre dans la zone centrale. Nous somme convaincu que nous avons simplement affaire, dans ces cas, à des portions très dilatées du tube-matrice, dans lesquelles s'est accumulé le vitellus nutritif arrivé en excès, et qui est rejeté ou non employé par les œufs. Les granules, dont cette matière est formée, finissent par se souder et forment ainsi une sorte de gangue qui enferme les œufs

Eschricht avait déjà remarqué cette espèce d'incrustation des œufs dans le tube-matrice (1) mais il ne s'en était pas rendu compte.

(1) « Vieilleicht, und so scheint es in der That der Fall zu sein, nimmt der Dotter selbst nach und » nach eine mehr gelbe Farbe an; sicherlich aber rührt die stärkere braune Farbung der Eiermassen an beiden Enden des Eierbehälters hauptsächlich von ergossener Incrutationsmasse. » Eschricht, *Anatomisch-physiologische Untersuchungen über die Bothriocephalen*, 1841, p. 41.

Quoique le tube-matrice soit certainement l'appareil le plus nettement défini de tout l'animal, il n'est guère d'organes du Bothriocéphale au sujet duquel règne plus de divergence. Il est impossible de s'en faire une idée juste par les descriptions ; quoique données par des auteurs distingués, elles n'ont souvent aucun point commun.

Il est à remarquer que tous les dessins de cet organe fourni par Boettcher, par Stieda, par Sommer et Landois sont tous des représentations schématiques ; il est ainsi difficile de savoir quelle part revient à l'interprétation dans les conclusions tirées par ces auteurs. Nous comprenons, d'ailleurs pourquoi la question peut être aussi embrouillée, et c'est seulement par l'observation d'un nombre considérable de coupes faites sur des individus relativement très bien conservés, que nous avons pu arriver à des idées nettes sur la question. Nous avons conservé les préparations, figurées dans nos planches. Nos dessins serviront tout au moins à fixer un certain nombre de points litigieux.

Comme nous l'avons fait jusqu'ici, il nous paraît nécessaire de résumer les diverses descriptions du tube-matrice données par les auteurs.

Eschricht expliqua la forme étoilée que présente le tube matrice à l'extérieur, il fit voir qu'elle la perdait sous l'influence de l'allongement de l'anneau. Il distingua deux enveloppes au tube-matrice : l'externe qu'il appelle la *capsule de la matrice*, peu épaisse, mais très solide, et l'interne tube assez mince, et plusieurs fois contourné. La capsule, en connexion sur la face ventrale avec les ouvertures génitales, forme, pour chaque corne de l'utérus, une cavité particulière, mais elle est disposée de manière à enfermer à la fois deux des ondulations de la partie étroite et postérieure du tube-matrice. D'après Eschricht également, la capsule forme une enveloppe commune à ce qu'il appelle le « knauâl. »

---

(1) La description que donne Eschricht des rapports topographiques du tube-matrice dans les anneaux jeunes, est trop fidèle pour que je ne la rapporte pas. Elle donnera d'ailleurs l'explication de différents termes que nous employons dans l'analyse de l'œuvre du professeur danois : «...... strecken sich » aus diesem Eierbehälter zu jeder Seite 5, 6 bis, 7 Horner, von denen die vorderen gewöhnlich viel » dunkler gefärbt sind, dabei auch dicker, die beiden vordersten oft sehr viel dicker, das 3te oder 4te Seitenhorn an jeder Seite ist fast immer viel länger und schmäler. Gewöhnlich sind alle diese Seitenhörner » ziemlich gerade ausgestreckt seh oft, aber, die hintersten wieder mehr in die Länge gestreckt. Sie » liegen keinesweges paarig, gewöhnlich undeutlich alternirend, mit Ausnahme der vordersten dicken » Hörner, die gewöhnlich fast dieselbe Höhe haben. Der hinterste Theil des Eierbehälters ist in Form.

Le savant danois se demandant ensuite s'il n'existe pas chez le Bothriocéphale des glandes spécialement destinées à sécréter la coquille, répond que l'on peut à peine en douter, et qu'elles sont situées sans doute, comme chez le *Distoma hepaticum* « nämlich in den Ecken des Eierbehälters. »

D'après Eschricht, on trouve facilement ces glandes quand la matrice est vide, particulièrement dans ses parties moyenne et postérieure (1) ; il croit enfin qu'il existe deux parties à la matrice, l'utérus proprement dit et le « Knauëlrohre » (2).

Ce dernier, trois fois aussi long à lui seul que tout l'anneau, n'a pas partout les mêmes dimensions, il s'élargit en forme de sac en son milieu, au point où il reçoit le tube vitelloducte. Cette dilatation enferme une masse jaunâtre, (matière vitelline), dans laquelle on ne distingue pas d'œufs. Au contraire, le tube-matrice contient des œufs très nets, plongés dans la même matière provenant des vitellogènes.

Comme plusieurs de ses prédécesseurs, Eschricht, considère l'ouverture ventrale du tube-matrice comme un vagin : il pense que, chez le Bothriocéphale comme chez les Tænias, les œufs n'arrivent au dehors que par des déchirures de l'anneau.

Leuckart confirma d'une manière générale la description donnée par Eschricht et répéta son erreur au sujet de l'ouverture destinée à la ponte ; il nia l'existence de la capsule reconnue par l'auteur danois, et n'admit pas ses idées touchant la structure histologique du tube-matrice. Il décrivit un tube spécial qui vient s'ouvrir dans la partie dilatée du *Knauëlrohre*, après de nombreuses et faibles ondulation : ce tube conteint tantôt des ovules

---

« und Grösse sehr veränderlich. Bisweilen erscheint er als ein klein kugeliger Theil, bisweilen aber als « ein sehr ausgedehntes rundliches Gebilde. Wir werdn diesen Theil das *Knauël des-Eierbehälters* nennen « (pl. 12 et 13) Der ganze Eierbehälter ist mithin eine einfache Röhre welche, von hinten nach vorne « gerechnet bisweilen ziemlich regelmässig alternirende bisweilen aber 2-3 mal erst rechts, dann links « oder ömgeächrt ösenförmige Umbiegungen macht. Am deutlichsten ist dies Verhältniss aber bei jun- « geren Gliedern » (p. 24).

(1) A la page 21 du mémoire souvent cité, Eschricht attribue l'aspect particulier de la capsule du tube-matrice à d'innombrables conduits glandulaires qui le traversent pour gagner le tube matrice proprement dit ; ces glandes, dit-il, servent très vraisemblablement à sécréter la coque de l œuf.

(2) Les deux portions de l'utérus, telles qu'Eschricht les a distinguées, sont en parfaite continuité et se remplissent également d'œufs, aussi, n'avons nous pas cru devoir faire comme l'auteur allemand et leur imposer à chacune un nom propre. Toutefois, les considérations morphologiques, nous portent a regarder la partie pourvue de parois épaisses comme homologue de la matrice des autres Cestodes, tandis que la portion aux parois minces caractérisant le Kauëlrähre d'Eschricht délimiterait un organe collecteur accessoire, parfaitement comparable à l'oviducte des autres Cestodes.

tantôt un liquide jaunâtre fortement réfringent qui sert à former la coquille.

BOETTCHER confirma ce qu'avait dit ESCHRICHT sur la forme en rosette de l'utérus, et il émit l'idée que les différentes anses formées, par les circonvolutions de l'organe femelle, étaient en communication au centre par des ouvertures qui facilitaient la distribution des œufs. Il contesta aussi l'existence de la capsule de l'utérus. Pour BOETTCHER, la portion terminale de cet appareil a des parois propres épaisses et elle enferme des groupes de granules dans une substance fondamentale. Ces granules se retrouvent dans le canal du tube-matrice et semblent un produit de sécrétion de la paroi, etc.

STIEDA fit faire un grand pas à la connaissance de l'organe récepteur des œufs : il découvrit le vagin, et s'assura du véritable rôle de l'ouverture anciennement connue et que l'on avait supposé servir à la fécondation. Il nia la communication des différentes branches du tube-matrice imaginée par BOETTCHER. STIEDA, vit, en outre, sur les anneaux dont l'utérus était rempli d'œufs, un revêtement formé de une ou deux rangées de cellules, revêtement qui disparaît plus tard, dit-il, sous l'influence de la distension. « Das nächste » Umgebung des Canals ist bei massiger Füllung mit Eiern von Muskelfa- » sern frei und wird nur durch die Bindesubstanz gebildet, was ESCHRICHT » als Capsel des Eierbeh¨lters beschrieb. Mit der Ausdehnung des Canals » schwindet nicht allein die oben erw¨nhte zellenlage, sondern auch die in » der Umgebung befindliche Bindesubstanz, so dass schliesslich der Canal » nur von Muskelelementen umgeben erscheint » (1).

D'après SOMMER et LANDOIS, l'utérus commence par une dilatation fusiforme qui prolonge le tube excréteur de l'ovaire, à partir du point où se déversent les vitellogènes. Cette dilatation se continue par un long tube qui décrit des circonvolutions irrégulières dans la partie postérieure de l'anneau et qui, plus loin, forme de chaque côté cinq à sept grandes anses pour se terminer enfin à la face ventrale, près de la poche péniale, à droite ou à gauche de cet organe.

D'après ces auteurs la membrane du tube-matrice est anhiste, d'une grande minceur, solide et élastique. Il n'est pas possible, dans sa partie terminale, de distinguer cette paroi de la substance fondamentale conjonctive de l'anneau. Dans les coupes de circonvolutions remplies d'œufs, on voit

---

(1) ESCHRICHT. *Anatomisch-Physiologische Untersuchungen über die Bothriocephalen*, 1841, p. 197.

d'ordinaire ces éléments et les prolongements délicats des tissus voisins interposés, qui rappellent dans la cavité utérine les alvéoles des infundibula du poumon. Les cellules de la substance fondamentale, disent SOMMER et LANDOIS, forment une couche serrée autour du canal utérin. ESCHRICHT qui a vu ces cellules croit qu'elles forment une enveloppe spéciale à la matrice; elles se colorent et donnent à l'utérus, contre lequel elles sont serrées, l'apparence d'un revêtement épithélial. Plus les circonvolutions utérines sont distendues par les œufs, moins cette couche celluleuse est nette, par suite de l'écartement de ses éléments. Il n'existe de véritable épithélium ni dans l'utérus jeune, ni dans l'utérus des anneaux mûrs.

On voit d'après ces résumés que, parmi les auteurs qui ont étudié le Bothriocéphale, STIEDA et SOMMER et LANDOIS sont ceux qui ont le plus approché de la vérité. La capsule dont parle ESCHRICHT n'existe pas à la façon qu'il l'a décrite; il y a bien à l'entour d'une grande partie de la matrice, une enveloppe cellulaire dont nous avons fait connaître les caractères, mais cette enveloppe constitue la paroi même de la matrice.

La partie terminale de cet organe ne s'enroule pas dans une loge que lui formerait une capsule, elle en est absolument dépourvue, comme le montrent nos dessins. La fig. 2, Pl. VIII explique peut-être l'erreur d'ESCHRICHT : dans cette figure, on voit la portion initiale du tube-matrice se présenter trois fois en coupe (*mt'' mt'*) tandis que l'ovaire central l'embrasse en partie; peut-être ESCHRICHT a-t-il pris ce dernier organe pour la capsule. La fig. 1, Pl. VII, montre l'aspect véritable de l'utérus, quand les œufs ne l'ont pas encore rempli. On voit que sa portion mince n'a qu'une enveloppe très peu épaisse quoique cellulaire, tandis que le reste de l'organe possède une paroi à éléments cellulaires volumineux, disposés sur plusieurs couches. Celle-ci, lorsqu'elle est distendue par les œufs, se réduit à une seule couche, comme nous l'avons dit plus haut et comme le montre la fig. 3, Pl. VIII, qui représente un anneau mûr.

Ce sont évidemment ces grosses cellules, entourant le tube-matrice qui, étudiées sur un individu mal conservé, ont été prises par BOETTCHER pour « des amas de granules dans une masse fondamentale » STIEDA avait bien vu ces éléments, mais il croyait qu'ils devaient disparaître avec l'âge; cet auteur ne les figure pas et ne dit même pas s'ils sont ou non limités à une portion de l'organe. STIEDA crut voir la « capsule », décrite par ESCHRICHT, mais il ne donne à ce sujet aucune indication histologique. Pour STIEDA l'enveloppe conjonctive qui la formerait est distincte du revêtement cellulaire proprement dit, tandis que pour SOMMER et LANDOIS, la capsule et cette enveloppe sont une seule et même membrane. Pour ces derniers, l'utérus possède une enveloppe anhiste, très mince, qui forme sa propre membrane : nos dessins montrent que cet organe a un revêtement celluleux à éléments nets, quoique très petits; pour SOMMER et LANDOIS, les cellules du tissu fondamental forment une couche serrée autour du tube-matrice, mais les caractères qu'ils leur donnent ne sont en aucune façon ceux des cellules que nous avons toujours rencontrées en ce point et il y a là une grosse erreur d'observation de la part des auteurs allemands. On peut s'en convaincre en comparant notre dessin fig. 1, Pl. VII avec la fig. 1, Pl. VIII, qui reproduit un dessin de SOMMER et LANDOIS : notons que ces savants ne disent pas sur quelle étendue de l'organe s'étale ce revêtement de tissu, fondamental, et que la coupe sagittale non schématique, qu'ils figurent, est muette pour ce qui concerne la structure du tube-matrice; aucun autre dessin vrai ne nous renseigne à ce sujet.

Les prolongements des tissus interposés aux œufs dont parlent SOMMER et LANDOIS, nous paraissent, tout simplement, ce qui reste sur la coupe d'un anneau en mauvais état, après que les manipulations ont détruit les mailles vitellines. Quant aux « innombrables conduits glandulaires » destinés à sécréter la coquille, signalés par ESCHRICHT, ce sont évidemment ces cellules que nous avons décrites comme formant la paroi du tube-matrice, du moins nous ne connaissons rien d'autre qui puisse être pris pour tel. Déjà STIEDA avait nié l'existence de ces conduits.

L'observation de BOETTCHER sur la communication entre elles des diverses anses de l'utérus est en tous points inexacte. Je n'ai rien vu qui puisse expliquer cette erreur dont STIEDA fait déjà justice. Quant au tube dont parle LEUCKART et qui serait le canal excréteur de l'ovaire, il devient difficile de préciser ce que le célèbre helminthologiste a voulu désigner sous cette appellation. S'il s'agit du pavillon, nous devons dire qu'il est toujours très court, qu'il présente de rares ondulations, et ne possède pas de parois minces (fig. I. pl. VII). Le vitelloducte, quoique régulièrement courbe est plus long et a des parois plus minces. Or, l'on sait que LEUCKART n'admet pas de communication entre les vitellogènes et les parties centrales de l'anneau; il est bien possible que cet auteur ait confondu le vitelloducte et le tube qui prolonge le pavilon en étudiant tantôt l'un, tantôt l'autre. Cela expliquerait comment il a pu trouver à l'intérieur de ce tube tantôt des ovules, tantôt une autre matière. Nous avons parlé de ce liquide jaunâtre et très réfringent vu par LEUCKART, et aussi des organes considérés par lui comme glandes coquillères, nous n'y reviendrons pas.

Ovaire. — L'ovaire du Bothriocéphale est situé dans la partie postérieure de l'anneau. Nous représentons (pl. VIII fig. 2) une coupe horizontale, nécessaire pour l'intelligence des coupes verticales; elle donne l'ovaire avec tout son développement d'un côté. (1).

On voit par cette coupe, que l'ovaire est symétrique et qu'il est formé de traînées cellulaires rayonnant d'un point central. C'est en ce point central que s'amassent les ovules aussitôt que, leur développement terminé, ils se détachent des tissus dans lesquels ils avaient pris naissance.

La disposition rayonnante de l'ovaire explique en premier lieu l'arrangement particulier que présente cet organe sur les coupes verticales. En effet, la plupart du temps, il semble formé de petits follicules en apparence indépendants les uns des autres et disposés assez régulièrement (pl. VII fig. 2). L'on serait tenté de croire qu'il s'agit là d'une structure analogue à celle des testicules. On voit que, en réalité, les faits sont très différents; les traînées qui forment les ovules ne sont nullement des noyaux glandulaires, chacun d'eux est indépendant et reste attaché aux éléments du réticulum auquel il appartient, jusqu'à son complet développement. Nous avons voulu montrer par la fig. 4 pl. VII, les formes diverses que peuvent prendre les cellules ovulaires sous l'influence des pressions qu'elles exercent les unes sur les autres. Nous avons laissé l'indication des prolongements qui rattachent ces éléments à la zone centrale.

Les cellules des traînées ovulaires lorsqu'elles sont complètement développées, se détachent, avons nous dit, et s'amassent en un point déterminé contre lequel va s'aboucher l'organe qui doit les mener dans la matrice. Les ovules mûrs se reconnaissent à la netteté de leurs contours, à la disparition de leurs prolongements, à leur forme arrondie ou régulièrement polyédrique ; ils sont libres de toute adhérence.

L'ovaire du Bothriocéphale n'est pas limité aux boyaux horizontaux que nous venons de décrire : chez cette espèce aussi, l'organe se continue dans les parties centrales, et s'étale pour y former ce que nous appelons l'*ovaire central*, en rappelant la disposition primitive de l'ovaire conservé chez l'*Abothrium* et chez le *Leuckartia*. Cette portion de l'ovaire est très étendue. La fig. 2, pl. VII, la représente en partie ; on la retrouve pl. VIII fig. 3, où on

(1) Cette figure est schématique en tant seulement que les tissus ne sont pas représentés.

la voit s'étendre en avant et décrire une courbe à convexité postérieure. L'ovaire central est symétrique par rapport à l'anneau et il se rattache par sa base moins fournie à la partie horizontale de l'ovaire. Les cellules qui donnent naissance à la portion de l'ovaire dont nous nous occupons, ont tous les caractères des autres cellules embryonnaires des Cestodes, rappelés fig. 7, pl. V, et qui sont aussi ceux des ovules de *l'Abothrium*, par exemple.

Les anneaux mûrs présentent ces éléments en voie de régression, complétement dépourvus de leur noyau, chargés de fines granulations ; leur contour s'affaiblit à mesure que leur taille augmente, et il faut parfois une certaine attention pour les retrouver. Nous croyons fort que les ovules de l'ovaire central ne donnent point naissance à des œufs, et que tous ses éléments sont résorbés. Cet organe reste le témoin d'un état primitif dans lequel la partie inférieure de l'ovaire était loin d'avoir la prédominance qu'elle a acquis actuellement.

Les observations de Sommer et Landois sur l'ovaire sont absolument différentes des nôtres, bien qu'elles soient faites sur le même organe, situé, comme ils l'ont reconnu, à la partie inférieure et postérieure de la zone centrale, tout contre le plan des muscles circulaires inférieurs. Sommer et Landois ont injecté l'ovaire ! Les injections leur ont appris qu'il formait un corps glandulaire aplati, dans lequel ils ont distingué une partie moyenne peu développée et deux portions latérales étendues. L'ovaire d'un anneau empiète légèrement sur l'anneau suivant. D'après ces auteurs, l'ovaire du Bothriocéphale appartient au groupe des glandes en tubes. La membrane de chacun des culs-de-sac ovariens est anhiste et extrêmement mince; elle renferme une grande quantité de cellules claires, arrondies, au contour délicat, qui sont les ovules.

La situation de l'ovaire, sa forme, l'empiètement qu'il fait sur l'anneau suivant, sont les seules particularités de l'organe pour lesquelles nous puissions confirmer les observations de Sommer et Landois. Nous pouvons cependant interpréter la donnée qu'ils fournissent au sujet des trois parties de l'ovaire : ce qu'ils appellent la portion médiane est évidemment le point où s'accumulent les ovules détachés, et les parties latérales ne sont autres que les portions droite et gauche de la partie ventrale de l'organe. Pour tout le reste, les observations des auteurs allemands sont erronées : les ovules n'ont pas les caractères qu'ils leur assignent ; ils sont grenus, et ils ne deviennent arrondis que lorsqu'ils sont détachés.

Sommer et Landois n'ont pas reconnu la véritable nature de la partie de l'ovaire que nous avons appelée l'*ovaire central*, ils l'ont considérée comme la glande secrétrice de la coquille. Pour ces auteurs, en effet, les glandes coquillères sont situées à à la partie supérieure, entre les pièces latérales de l'ovaire ; elles forment un complexe étendu de glandes unicellulaires et possèdent toutes leur conduit propre. La configuration générale de ces glandes serait celle d'une section de sphère creuse, à convexité tournée vers l'anneau suivant : toutes déboucheraient au point où le canal excréteur de l'ovaire passe à la partie antérieure de la matrice et reçoit le tube vitelloducte. Les cellules sécrétrices seraient volumineuses, arrondies ou fusiformes et auraient un aspect trouble.

D'après cette description les glandes coquillères dont parlent Sommer et Landois doivent évidemmeut représenter l'ovaire central, assez bien décrit mais inexactement interprété et mal figuré.

On peut se convaincre de ce que nous avançons en comparant les coupes reproduites dans les deux dessins cités plus haut, avec la figure donnée par les auteurs allemands et que nous avons fait reproduire (pl. VII fig. 3). La disposition, la situation, le point d'insertion qu'ils indiquent, concordent avec ce que nous avons vu, et il n'y a d'ailleurs au voisinage aucune formation qui puisse donner le change. D'ailleurs Stieda qui avait beaucoup mieux observé cet organe que Sommer et Landois, l'avait vu appliqué contre la partie postérieure de l'anneau et s'étendant un peu contre la face dorsale. C'est la disposition que nous avons vérifiée dans nos coupes ; notons que Stieda avait remarqué que les éléments de ces glandes ressemblaient à ceux de l'ovaire, à cela près qu'ils étaient moins serrés et qu'ils n'avaient pas les contours nets. Ces observations sont parfaitement exactes. Stieda, toutefois, crut trouver là une membrane d'enveloppe; il ne vit pas nettement leurs rapports avec le conduit excréteur de l'ovaire et imagina que leur produit était nécessaire pour favoriser le mélange des ovules avec le spermatozoïdes (1) Stieda changea plus tard sa manière de voir à l'égard de cet organe et il le considéra comme un amas de cellules pyriformes, plongées dans le tissu conjonctif du corps, et dont la position dépend de l'état de contraction de l'anneau. D'après lui, toutes ces cellules viennent s'ouvrir dans une cavité centrale où débouchent également le tube qui réunit le canal excréteur de l'ovaire, et celui des vitellogènes, et où la matrice prend naissance. Partant de ses observations

(1) Stieda. Ein Beitrag zur Anatomie des Bothriocephalus latus, *Archiv. für Anat. und Physiologie*, 1864, p. 19.

sur le *Distoma hepaticum*, il conclut que cet appareil glandulaire sécrète la coquille.

ESCHRICHT avait vu l'ovaire central ; il l'appelle du nom de *Knauëldrüse*, par suite de ses rapports avec le tube-matrice, (*Knauëlrohre*), il le considère comme une glande albumineuse (1)

LEUCKART qui regardait la partie horizontale de l'ovaire comme un système de glandes vitellogènes, prit la portion qui nous occupe pour le véritable ovaire ; il reconnut exactement sa situation mais la considéra comme un amas de tubes aveugles, enchevêtrés (2).

Pour BŒTTCHER, les deux glandes latérales et la glande centrale, constituent l'ovaire. Le professeur de Dorpatt insiste sur l'identité des deux organes, mais il les décrit comme environnés d'une membrane et revêtus d'un épithélium de grosses cellules ; les dessins qu'il donne de cet ovaire sont de tous points inexacts.

Pavillon. — Les ovules arrivent à la matrice par l'organe que nous avons appelé le *pavillon*. Si l'on peut douter à première vue de la signification de cet organe lorsqu'on l'étudie de face, il n'en est plus de même lorsque la coupe le prend de côté. L'on se convainc alors facilement que le pavillon du Bothriocéphale est aussi net, aussi indépendant, que celui des Cestodes précédemment étudiés.

La fig. 7 pl. V, représente une portion de coupe verticale prise dans un anneau d'âge très voisin de celui que nous avons figuré pl. VIII fig. 1. Le pavillon est vu de côté, avec une partie du canal qui le met en communication avec le tube-matrice. L'organe collecteur des œufs est très volumineux, ses parois sont fort épaisses ; on distingue très facilement son ouverture en entonnoir, les fibres musculaires dont il est ceint et les grosses cellules musculaires qui en rayonnent. Le tube qui le prolonge conserve des parois épaisses sur une assez grande longueur mais il ne présente plus les fibres circulaires caractéristiques de l'organe.

Le pavillon dans la coupe représentée, s'applique contre un amas d'ovules libres dans une cavité. Nous sommes fixé sur cette dernière partie dans laquelle

---

(1) ESCHRICHT. Anatomisch-physiologische Untersuchungen über die Bothriocephalen, 1841, p. 39.

(2) LEUCKART. Die menschlichen Parasiten und die von ihnen herrührenden Krankheiten, t. 1, p. 431.

débouchent toutes les traînées ovariennes horizontales. Quant au pavillon, il présente évidemment, dans ce cas, la disposition qu'il a lorsqu'il fonctionne. Nous l'avons encore figuré dans les mêmes rapports pl. VIII fig. 2, et nous en conservons plusieurs exemples. Mais les contractions musculaires peuvent facilement déplacer les différents organes ; aussi, les coupes verticales donnent-elles plus souvent le pavillon de face que de côté. C'est ainsi que nous l'avons représenté pl. VIII fig. 1, à une certaine distance de l'amas formé par les œufs libres. Dans cet état, le pavillon se présente contracté, avec une ouverture étroite, circonscrite par une couche épaisse de fibres circulaires, entremêlées de fibres longitudinales. De grosses cellules musculaires fusiformes, rayonnent tout autour; elles se rattachent, d'une part, aux fibres circulaires du pavillon et d'autre part, aux tissus voisins.

Dans la disposition figurée (pl. VI, fig. 1) et qui se rencontre très fréquemment, il existe, je le répète, une certaine distance entre le pavillon et l'ovaire; il n'est pas rare d'obtenir des coupes semblables qui donnent, avec une assez grande portion du tube-matrice, *le receptaculum seminis* tout entier et le vitelloducte, en même temps qu'elles montrent les rapports de tous ces organes. On n'y trouve, toutefois, aucune partie de l'ovaire. — Plus tard, les rapports changent quand l'anneau s'allonge, et le pavillon n'est plus si facile à trouver. Toutefois, il n'existe pas moins et nous avons pu le figurer dans une coupe horizontale prise sur un anneau très développé (pl. VIII fig. 2).

Le pavillon a totalement échappé aux naturalistes qui ont étudié le Bothriocéphale, et ils se sont trompés au sujet des rapports de l'ovaire avec le tube-matrice. Pour Sommer et Landois, le tube excréteur de la glande ovarienne part de l'extrémité antérieure de l'ovaire : il descend entre la dilatation qui termine le vagin et le tube collecteur des matières vitellogènes. D'abord assez étroit, il double bientôt son diamètre, entre alors en communication, à la faveur d'un tube, avec la dilatation qui termine le tube vaginal (*receptaculum seminis*), s'élargit encore, puis se rétrécit et décrit enfin un coude pour s'ouvrir au commencement de la matrice.

Leuckart n'a rien dit de précis sur le point qui nous occupe, Stiéda pense que le conduit excréteur de l'ovaire se prolonge directement dans le tube-matrice. Pour Bœttcher, il est à peine possible que le transport des œufs ait lieu par un seul conduit, aussi, ajoute-t-il, par l'emploi des coupes longitudinales, voit-on à plusieurs reprises sur le même anneau les connexions de l'ovaire et du tube-matrice. Nous ne mentionnons pas les dessins de BOETTCHER à ce sujet, ils sont à peu près insignifiants, ni ceux de STIEDA, dont plusieurs sont très bons toutefois, mais qui sont malheureusement schématiques ; nous avons jugé devoir reproduire le dessin qui marque comment SOMMER et LANDOIS entendent les rapports des différents organes, (pl. VIII, fig. 1). Contrairement aux figures données par les auteurs, nos dessins ne sont pas schématiques, et ils représentent des coupes vraies, dont nous conservons les préparations (pl. V, fig. 7; pl. VII, fig. 1 et 2; pl. VIII, fig. 2).

Le dessin des auteurs allemands que nous avons reproduit est emprunté à la Pl. V, fig. 2, de leur mémoire ; il est réduit de moitié et orienté dans le sens des nôtres. Les glandes unicellulaires marquées de la lettre *k*, correspondent à l'ovaire central, représenté Pl. V, fig. 7, Pl. VII, fig. 2 et Pl. VIII, fig. 3. Nous nous sommes déjà trop étendu sur cet organe, pour revenir maintenant sur ses caractères et pour faire ressortir l'inexactitude du dessin de SOMMER et LANDOIS, aussi nous contenterons-nous de donner l'explication de la figure : la lettre *a* marque un organe représenté assez fidèlement, quant à la forme, le *receptaculum seminis* ; en *f* est figuré le conduit excréteur de l'ovaire, le pavillon, qui semble s'aboucher sur le canal de communication du *receptaculum* et de la matrice. Le tube *b* correspond au canal qui, dans notre dessin, fait communiquer le *receptaculum seminis* avec le pavillon; *i* marque la première circonvolution du tube-matrice, qui prolonge le tube *f*, organe collecteur des ovules. On voit en *c* et en *d* les tubes vitelloductes représentés sous une forme qu'ils ne présentent jamais; quant au tube vitelloducte, en particulier, nous savons qu'il se prolonge jusqu'à la couche musculaire circulaire où il reçoit les différents boyaux vitellins, et que jamais ces boyaux ne pénètrent isolément dans la zone centrale.

Vitellogènes. — Nous avons étudié les premiers stades du développement des glandes vitellogènes. Elles modifient rapidement leurs caractères dès que les autres parties de l'appareil reproducteur sont prêtes à entrer en fonctions. Toutes les cellules vitellogènes deviennent complètement granuleuses, aussi bien celles qui se sont développées isolément, que celles dont le groupement constitue les follicules; elles rompent leurs parois et mélangent plus ou moins leur contenu à celui des cellules et des follicules voisins, en fusant entre les mailles du tissu. Ce sont les follicules les plus voisins du centre qui mûrissent les premiers.

De même que chez la Ligule, les éléments vitellogènes ne se développent pas à la partie moyenne de l'anneau, mais les granulations y sont néanmoins amenées par la zone intermédiaire à travers les tissus. Les granules nutritifs, chassés par une rapide multiplication, suivent ici aussi, en s'acheminant vers le centre, un trajet bien déterminé. A droite et à gauche, un boyau de granules part du follicule le plus voisin du centre et marche vers le boyau semblable du côté opposé, tandis que les follicules se relient entre eux par des traînées de granules. Un nombre variable de boyaux semblables, partant ainsi de différents plans de l'anneau, convergent vers un centre, d'où s'élève, comme chez la Ligule, une colonne de vitellus qui pénètre dans un organe collecteur particulier (Pl. VII, fig. 2). Le vitelloducte est pourvu de parois propres et, comme celui de la Ligule, il ne descend pas plus bas que la couche musculaire circulaire.

La convergence des boyaux vitellins vers la base de la colonne ascendante n'est pas une hypothèse : je l'ai constatée sur des coupes heureuses, soit sagittales, soit verticales, et les auteurs l'ont décrite dans ses principaux traits, (Pl. VII, fig. 2, Pl. VIII, fig. 3).

Parfois les coupes montrent, parallèlement à la face ventrale, une sorte de tube ou des fragments de tubes aux parois indistinctes, que l'on peut voir partir des follicules du centre, et qui viennent déboucher à la base de la colonne ascendante : ce sont les boyaux vitellins dont nous venons de parler, vidés par une contraction violente de l'animal, ou par les manipulations que subissent les coupes. Les fibres refoulées par le passage du vitellus, fixées par l'alcool, sont restées en place. Le tube « plasmatique » de SOMMER, dont nous avons parlé à propos du système vasculaire, n'a-t-il pas quelque rapport avec ce tube vitellin? La raison pour laquelle les différents boyaux vitellins horizontaux, et surtout la colonne vitelline verticale suivent un trajet constant, est vraisemblablement analogue à celle qui détermine le même phénomène chez la Ligule. Il n'existe pas non plus de rudiment de ces organes chez le Bothriocéphale large.

Notons en passant que tous les boyaux vitellins que nous avons pu observer présentaient un calibre faible et uniforme.

Les granules vitellins fusent-ils directement dans la zone centrale? La chose est possible, bien que je n'aie jamais pu la constater chez le Bothriocéphale.

Comme nous l'avons déjà observé pour la Ligule, espèce dans laquelle les anneaux ne sont pas très distinctement séparés, les follicules vitellogènes du Bothriocéphale se succèdent régulièrement d'un anneau à l'autre, sans être aucunement influencés par la formation du pli. (Voyez la fig. schématique 7, Pl. IX).

Pour SOMMER et LANDOIS, les vitellogènes forment une glande paire appartenant au type des glandes en grappe, située entre les couches sous-cuticulaires et la couche musculaire longitudinale. Les culs-de-sac de la glande, sont disposés en une couche simple et régulièrement distribués sur les deux faces de l'anneau, excepté sur le champ médian. De forme régulière lorsqu'ils sont jeunes, ils deviennent très irréguliers, quand la matière vitelline les distend fortement : ils envoient alors des prolongements dans la substance fondamentale qui les entoure et fusent souvent les uns vers les autres.

Les tubes excréteurs des vitellogènes ont une membrane délicate, anhiste. D'après les auteurs allemands, ils partent isolément des follicules, et se réunissent les uns aux autres, en formant un réseau étendu entre les follicules et la couche musculaire longitudinale. Il se développe de chaque côté et à la face ventrale, de fortes branches qui se réunissent en un seul tronc pour pénétrer dans la zone centrale et se déverser dans le canal excréteur de l'ovaire, qui va s'aboucher avec le tube-matrice. SOMMER et LANDOIS ne disent rien de l'origine et du développement des vitellogènes, ils les dérivent ainsi : ces glandes contiennent, en outre de gouttelettes graisseuses isolées et de sphérules vitellins libres, une grande quantité de cellules, rondes ou ovales lorsqu'elles sont indépendantes, et de forme polygonale lorsqu'elles sont groupées en masses de volume variable. Les unes ont un noyau et un protoplasme homogène, les autres, et ce sont les plus fréquentes, contiennent à leur intérieur des granules incolores, brillants, de volume variable les granules vitellins. — On le voit, les données fournies par SOMMER et LANDOIS ne nous apprennent pas grand'chose sur l'histologie et la transformation de ces glandes.

Avant ESCHRICHT, on avait considéré les vitellogènes, comme des œufs non mûrs ; le professeur danois vit quels rapports ces produits avaient avec les œufs et quels tubes les amenaient dans la matrice.

LEUCKART ne put trouver de membrane propre aux follicules vitellogènes. Il ne vit pas les connexions qui existent entre les granules vitellins et les œufs, et il émit l'idée que ces éléments étaient tout simplement des produits d'excrétion ; nous avons vu plus haut que cet auteur considère l'ovaire central comme le véritable ovaire et qu'il donne le nom de glande vitellogène à l'ovaire vrai.

Pour SIEBOLD (1), les follicules vitellins et les tubes qui en partent, représentent l'appareil vitellogène du Bothriocéphale; STIEDA fut du même avis, il confirma en beaucoup de points les assertions d'ESCHRICHT et donna des détails plus circonstanciés sur la distribution de ces glandes. Pas plus que le professeur de Copenhague, toutefois, il ne put trouver de conduits aux follicules vitellogènes de la partie dorsale.

BOETTCHER combattit l'idée de LEUCKART, et trouva que les follicules étaient entourés d'une membrane, qu'ils communiquaient entre eux par des anastomoses et que leurs produits se déversaient dans un canal unique qui les conduisait dans la matrice. En même temps, il crut voir les follicules communiquer avec l'extérieur, chacun par un canal propre (2).

BOETTCHER ne cherche pas à expliquer le fait particulier que présentent ainsi ces glandes et SOMMER et LANDOIS marquent avec raison la plus grande incrédulité au sujet de cette observation. En réalité, nous avons vu chez la Ligule des dispositions qui rappellent absolument ce que BOETTCHER a figuré chez le Bothriocéphale, et l'explication n'en est pas difficile. Il ne faut pas oublier que les follicules vitellogènes sont dépourvus de membrane : à un certain moment, les granules accumulés et tassés à leur intérieur peuvent fuser aussi facilement vers la périphérie que vers le centre. Or, ce dernier côté leur offre un point de moindre résistance, le tube par lequel ils peuvent arriver plus facilement à la matrice et peut-être aussi la disposition de ce qui peut rester des rudiments de l'appareil vitelloducte primitif. Chaque fois que le vitellus, accumulé dans les conduits, ne se déverse pas assez vite, lorsque les rudiments auxquels nous venons de faire allusion n'ont pas suffisamment tracé la voie à la matière nutritive, les granules vitellins fusent vers la périphérie de la façon figurée par BOETTCHER. Nous n'avons pas observé ces faits chez le Bothriocephale à la vérité, mais nous sommes convaincu qu'on pourra répéter l'observation de BOETTCHER, à cela près, toutefois, qu'on ne verra pas les follicules s'ouvrir à l'extérieur. Les fusées de cette nature, en effet, s'arrêtant dans la zone cuticulaire. La fig. 6, pl. VII est instructive à cet égard.

L'on croyait que les ventouses du Bothriocéphale étaient situées sur le côté de la tête. BOETTCHER avança que, au contraire, ces organes sont situés à la

(1) Manuel d'Anatomie, t. 1

(2) BOETTCHER, loc. cit. p. 137.

face dorsale et à la face ventrale de la tête. Leuckart ne tarda pas à confirmer le fait avancé par Boettcher. Celte opinion était basée sur la situation des ventouses par rapport à l'orientation des anneaux; le criterium était insuffisant, et nous avons voulu nous appuyer sur d'autres considérations.

Nous nous sommes facilement convaincu que les ventouses, en effet, ne sont nullement latérales, mais bien dorso-ventrales. Le système nerveux et les deux grands vaisseaux fournissent, à cet égard, un excellent point de repère. Ces organes sont latéraux dans toute l'étendue de la chaîne et conservent cette situation dans la tête, comme l'on peut s'en assurer par une série de coupes. Si l'on examine notre dessin, fig. 12, pl. vi, on voit que les vaisseaux et les cordons nerveux, sont situés à droite et à gauche des ventouses et non dans leur prolongement: la disposition que nous indiquons est si marquée qu'il ne peut y avoir aucun doute à cet égard.

La tête du Botriocéphale, telle que nous l'avons représentée, est dans une apparente asymétrie. Les bords d'un côté de la ventouse s'enroulent, en effet, vers l'intérieur de la dépression et sont recouverts par les bords de l'autre côté. De cette façon une moitié de la tête semble plus petite que l'autre moitié.

Boettcher, dans l'un de ses dessins, représente la commissure nerveuse et les deux ventouses comme perpendiculaires l'une à l'autre (1). Dans l'une des autres figures qu'il consacre à la tête du Bothriocéphale, les deux bords sont représentés droits, de sorte que la coupe est symétrique et concorde avec ce que l'on sait du *Bothriocephalus cordatus*. Boettcher se demande si ce n'est pas là un effet de l'alcool dans lequel était conservé l'individu qui lui a fourni cette coupe. Nous croyons que l'hypothèse de Boettcher repose sur une observation incomplète; la partie antérieure des ventouses, aussi bien que leur partie postérieure, n'est pas enroulée et la coupe en acquérant ainsi une disposition symétrique, concorde alors avec certaines figures de la tête du *Bothriocephalus cordatus*. Notre dessin représente une coupe passant par le milieu des ventouses.

On remarque, à droite et à gauche de la tête, deux légères dépressions perpendiculaires aux deux vraies ventouses. Immédiatement en dedans de la

(1) Contrairement à ce que nous avons vu sur l'unique tête de Bothriocéphale que nous avons pu étudier, Boettcher ne représente pas du même côté, les deux bords enroulés de la ventouse. Il figure l'un d'eux comme appartenant à un certain côté et à la partie supérieure, et l'autre, comme appartenant à l'autre côté et à la partie ventrale. De nouvelles observations seraient nécessaires pour savoir s'il y a là une erreur du naturaliste de Dorpatt, ou si la disposition des ventouses n'est pas constante.

zone sous-cuticulaire, formée de cellules fusiformes, on trouve une série de vaisseaux longitudinaux, au nombre de plus de trente, disposés régulièrement par toute la circonférence. Ces vaisseaux correspondent évidemment aux vaisseaux sous-cuticulaires que nous avons indiqués sur la chaîne des anneaux Plus en dedans, une couche de muscles longitudinaux, mince et régulièrement disposée, suit dans toute son étendue la zone sous-cuticulaire. Au point où le fond de la ventouse supérieure se rapproche le plus de la ventouse inférieure, les deux zones musculaires semblent se confondre. La figure triangulaire dans laquelle sont enfermés, à droite, et à gauche le cordon nerveux et le vaisseau, est déterminée par la profondeur de la dépression des ventouses, et l'on voit les fibres transversales, correspondant aux fibres musculaires circulaires des anneaux, se déployer en éventail pour aller se perdre dans les dilatations droite et gauche de la tête. Plus haut, cette disposition regulière des muscles longitudinaux se perd et ils vont s'insérer aux différents points du sommet de la tête.

VI.

SUR L'ABOTHRIUM GADI.

L'*Abothrium Gadi*, que nous avons représenté en grandeur naturelle pl. IX, fig. 9, se rencontre très fréquemment dans les appendices pyloriques du *Gadus morrhua*, où il a été découvert par Van BENEDEN (1). C'est un type intéressant qui n'avait pas été étudié jusqu'ici. Les anneaux de l'Abothrium comme ceux du *Leuckartia* et de beaucoup de Bothriocéphaliens, sont très étroits, de dimensions égales; ils se succèdent en nombre considérable sur la chaîne d'un même individu, et ne se détachent pas à la maturité, grâce à la présence d'un orifice destiné à assurer la ponte.

La coupe sagittale que nous avons figurée (pl. IX fig. 10) représente le stade le moins avancé que nous ayons étudié chez ce parasite. La zone centrale est formée de petites cellules serrées, non encore différenciées en rudiments; rien à l'intérieur n'indique encore les futurs anneaux bien qu'ils paraissent dejà marqués au dehors.

Plus tard, cet aspect homogène de la zone centrale, dû à une égale répartition des cellules embryonnaires, a cessé d'exister, les rudiments se sont à peu près localisés, et ils forment trois groupes principaux qui occupent tout l'espace enfermé par la zone musculaire circulaire : l'un d'eux plus petit est impair et situé au centre, les deux autres, disposés de chaque côté, sont

(1) P. J. Van BENEDEN. Les *Poissons des côtes de Belgique, leurs parasites et leurs commenseux*, p. 56 Mém. de l'Académie royale de Belgique, 1871, t. XXXVIII.

groupés en trois bandes (pl. IX, fig. 11) dont l'inférieure et la supérieure présentent peut-être déjà une différentiation histologique puisqu'elles, montrent, après l'action des réactifs, une teinte rougeâtre un peu plus accentuée que la couleur de la bande médiane. Il est facile de distinguer encore un autre rudiment sur le côté de l'anneau.

Le rudiment latéral impair doit donner naissance à la poche péniale et à la partie antérieure du vagin, le rudiment central va fournir l'ovaire, la matrice et l'oviducte, et c'est aux dépens des rudiments latéraux de la zone centrale que se formeront les spermatozoïdes et les glandes vitellogènes.

Organes génitaux.

Nous allons d'abord exposer les modifications que le développement imprime au rudiment central. Ce sont les cellules qui forment sa portion inférieure qui, les premières changent de caractère : elles s'arrondissent, deviennent de plus en plus granuleuses, s'isolent des autres parties du rudiment et s'engagent en forme de coin vers la face ventrale, en écartant les muscles longitudinaux (pl. IX fig. 12). Pendant ce temps, les autres cellules du rudiment, acquièrent des caractères différents, selon qu'ils vont donner naissance à l'oviducte, ou persister pour former l'ovaire. Les éléments qui doivent former les ovules, augmentent de volume et deviennent fusiformes, tandis que d'autres, interposés aux précédents, prennent les caractères du tissu conjonctif. Les cellules du rudiment qui vont donner naissance aux ovules, écartées les unes des autres, sont très claires, dépourvues de granulations, avec un noyau et un nucléole très net. A la faveur de ces modifications, on ne voit que mieux leurs rapports avec le reticulum qui forme le tissu de la zone centrale.

Le *pavillon* se forme à la partie inférieure de l'ovaire; ses bords se perdent au milieu des ovules. Cet organe est très net et ne présente aucune particularité que l'on ne rencontre dans le pavillon du *Leuckartia*; le tube qui le prolonge est très-court; il se fixe immédiatement sur l'oviducte.

Au stade que nous étudions, l'oviducte est disposé sur un seul plan : il est bien facile de l'observer dans tous ses rapports (pl. X fig. 2). Les parois de cet organe sont peu épaisses, formées d'une seule rangée de cellules; ses éléments. nés aux dépens du rudiment central, ont un aspect très différent de celui des ovules, ils sont arrondis et ont conservé leurs faibles dimensions.

L'oviducte s'élève, sans présenter d'inflexions du point où il se continue par le pavillon, jusqu'à la partie inférieure de la zone centrale; il décrit alors plusieurs circonvolutions très-accentuées avant de descendre pour se terminer sur la matrice.

Le vagin ne présente aucune particularité importante. Placé au-dessous de la poche péniale, un peu dilaté à son début, il descend parallèlement à la zone musculaire circulaire, pour se relever et décrire une courbe très accentuée, avant de déboucher sur l'oviducte; il rencontre ce dernier organe au point précis où s'embranche le pavillon.

Le vagin est garni dans toute sa longueur de cils raides, dirigés vers l'extérieur et non vers l'intérieur (1). Il est entouré de grosses cellules que nous considérons comme des restes du rudiment de l'organe; ces éléments jouent sans doute un rôle musculaire, ils se perdent dans les tissus voisins.

La poche péniale a une structure typique. Elle présente à l'extérieur une couche épaisse de fibres longitudinales et circulaires, dans laquelle prédominent ces dernières, plus en dedans, une couche interne de même épaisseur et de même composition qui contient surtout des fibres longitudinales. Au centre, une zone peu épaisse de nouvelles fibres circulaires, forme le substratum des cils qui garnissent intérieurement l'organe. Nous étudierons chez d'autres types la formation de ces appendices. Le vagin et la poche péniale s'ouvrent, sur le côté, dans un cloaque commun.

Le spermiducte, qui prolonge la poche péniale, a des parois minces; il décrit des ondulations très marquées à la partie supérieure de l'anneau; je ne l'ai pas particulière étudié chez cette espèce.

Produits génitaux.

Tandis que, chez le *Leuckartia*, les rudiments des parties latérales de la zone centrale, se distribuent sous deux bandes, dont l'une, la supérieure, donne naissance aux spermatozoïdes et dont l'autre, fournit les vitellogènes, chez *l'Abothrium* ces mêmes rudiments se partagent en trois zones,

(1) Ici comme chez les autres espèces de Cestodes, le rôle de ces appendices, ne semble être autre que de s'opposer à l'entrée des corps étrangers par l'ouverture vaginale.

subdivisées elles-mêmes en un certain nombre de petits groupes de cellules. De ces trois zones, l'une, la médiane, est l'origine des follicules testiculaires, les deux autres, tant la supérieure que l'inférieure, donnent naissances aux follicules vitellogènes (pl. IX fig. 12, pl. X fig. 2.

Le développement des *spermatozoïdes* m'a paru ne présenter aucune particularité qui mérite d'être signalée : chez cette espèce comme chez les autres, la queue s'enroule autour des cellules-mères, et, au fur et à mesure de leur multiplication, ces éléments semblent se glisser par faisceaux dans tous les intervalles libres. Je n'ai rien vu chez l'*Abothrium* que j'aie pu considérer comme des ramifications du spermiducte : je pense, au contraire, que les follicules testiculaires se détruisent chez cette espèce et que les spermatozoïdes se dirigent librement vers la poche péniale. Ces éléments finissent par occuper un large espace dans l'anneau. (Pl. X fig. 2).

Les cellules des *vitellogènes* se résolvent de bonne heure en très petits granules réfringents qui se colorent fortement par l'action du picrocarminate d'ammoniaque. Les follicules ne gardent pas longtemps la disposition régulière qu'ils avaient primitivement; ils glissent entre les tissus et s'intercalent entre les testicules (Pl. IX, fig. 12). Par suite de leur active multiplication, les granules formés aux dépens des cellules vitellogènes, sortent bientôt des follicules dans lesquels ils ont pris naissance et se répandent sur l'ovaire.

On peut facilement observer les granules vitellins à la surface de ce dernier organe; ils déterminent bientôt la transformation complète des ovules; ceux-ci augmentent beaucoup en volume et se chargent de très fines granulations. (Pl. X, fig. 2).

Chez l'*Abothrium*, pas plus que chez le *Leuckartia*, on ne peut trouver d'organes collecteurs de la matière vitelline, néanmoins une partie des granules vitellins suit une voie déterminée. Une disposition fréquente est celle que nous avons représentée Pl. X, fig. 2; les granules provenant de la série supérieure des follicules vitellogènes forment, de chaque côté, un boyau qui marche à la rencontre du boyau opposé : les particules nutritives s'amassent au point de rencontre et c'est de là que part une mince colonne de granules vitellins qui fusent sur l'ovaire. J'ai parfois observé la même disposition à la face inférieure du corps. On conçoit que, de cette façon, une certaine quantité de vitellus puisse pénétrer dans l'oviducte par le pavillon, mais ce phénomène ne nous paraît pas avoir d'importance au point de vue du processus normal de la formation de l'œuf.

Si l'on trouve des granules nutritifs dans l'oviducte, il ne faut pas oublier que l'ovule mûr, lorsqu'il est encore dans l'ovaire, offre les mêmes dimensions que l'œuf proprement dit, dans la matrice. Nous croyons fort que l'ovule n'acquiert guère d'éléments nutritifs dans l'oviducte, et que c'est principalement dans l'ovaire même que se fait l'assimilation. On voit, en certains points de l'oviducte, de gros granules vitreux, semblables à ceux qui accompagnent l'œuf mûr. Nous croyons qu'ils marquent le point où le travail intime, déterminé par la fécondation, se manifeste par le retrait de la cellule-œuf, l'expulsion de globules vitellins et la formation de la coque.

Les œufs ont acquis leurs caractères définitifs lorsqu'ils atteignent la branche descendante de l'oviducte. Arrivés dans la matrice, ils s'y accumulent bientôt, et refoulent la paroi de cet organe en l'amincissant de plus en plus. Ils finissent par la distendre à un tel point que, à la maturité, la matrice devenue énorme occupe la plus grande partie de l'anneau, en s'étendant par toute la hauteur de la zone centrale et en gagnant sur les côtés d'une façon régulière et symétrique. Comme on peut s'y attendre après ce que nous venons de dire, les œufs ne quittent pas la matrice pour glisser dans les tissus et ceux-ci ne leur forment pas de mailles. La fig. 4, Pl. X, montre le développement que la matrice peut atteindre et la réduction qui frappe corrélativement l'ovaire.

A mesure que les œufs s'accumulent dans la matrice, le prolongement que cet organe envoie entre les fibres musculaires longitudinales, modifie ses caractères et se transforme en une sorte de tube qui progresse vers l'extérieur et finit par communiquer avec le dehors.

Le *système nerveux* de l'*Abothrium* nous a présenté des particularités intéressantes ; nous l'avons spécialement étudié sur les deux cordons longitudinaux. Les coupes sagittales font voir que ces cordons se comportent, au point de vue de la disposition, comme ceux des autres Cestodes. Comme nous allons le montrer, les coupes verticales établissent très nettement les rapports des éléments nerveux avec les tissus de la zone centrale.

Etudié chez la Ligule et chez la plupart des Cestodes, le tissu nerveux est formé de cellules arrondies ou polyédriques, juxtaposées, sans interposition de fibres, et il est impossible d'observer leurs rapports. De ce que, dans certains cas, ces éléments sont remplacés par un réseau à larges mailles très développées qui contient un second réseau très délicat, nous avions tiré cette conclusion que le tissu nerveux se transforme en un reticulum de nature conjonctive, par un processus que nous avons observé très fréquemment chez les Cestodes. Nous avions de plus émis l'idée que les éléments nerveux n'étaient pas des formations indépendantes, mais qu'ils se rattachaient aux tissus de la zone centrale au même titre que toutes les autres cellules du corps. L'étude de l'*Abothrium* démontre l'exactitude de notre hypothèse.

Chez cette espèce, en effet, les éléments nerveux ne sont plus très petits, mais au contraire très volumineux ; ils ne sont remplacés à aucun moment par un reticulum, mais ils conservent toujours leurs caractères et, de plus, ils montrent admirablement leurs rapports. La fig. 3, Pl. X, établit l'histologie de cet appareil. Les cellules nerveuses sont finement granuleuses, munies d'un noyau et d'un nucléole, elles sont bipolaires, régulièrement espacées et tranchent avec le tissu de la zone centrale auquel elles se rattachent par leurs prolongements. Cette structure des cordons nerveux peut s'observer d'un bout à l'autre de la chaîne, même dans les anneaux mûrs et l'on ne trouve jamais chez cette espèce le reticulum que nous avons figuré Pl. IV, fig. 5.

Il est certain que les grosses cellules dont nous venons de parler correspondent aux très petits éléments des cordons nerveux des autres Cestodes. A cet égard, l'*Abothrium* montre donc d'une façon permanente et avec la plus grande netteté, une structure transitoire et dont il est difficile de se rendre compte chez les autres types.

Vaisseaux. Les vaisseaux de l'*Abothrium* offrent des particularités curieuses. Vus sur des coupes transverses, ils paraissent solides ou pourvus au centre d'une sorte de hile; à la périphérie, ils semblent garnis d'éléments réfringents dont l'aspect est différent de celui que présentent les cellules musculaires qui hérissent les vaisseaux ordinaires des Cestodes. (Pl. IX, fig. 12 et Pl. X, fig. 2.)

En coupe longitudinale, ces vaisseaux ont un aspect que nous ne sommes pas habitués à rencontrer chez les Cestodes : à l'intérieur de ce que l'on serait tenté de prendre pour les parois du tube, on trouve un second tube qui présente des dispositions variées, figurées toutes Pl. IX, fig. 14.

Ce second tube a une lumière très nette, ses parois sont anhistes et ne se rattachent pas aux éléments voisins ; quand le hasard d'une coupe le met en liberté il sort de son enveloppe et s'étale sur le côté. Le plus souvent enroulé en spirale aux tours serrés, on peut le suivre très longtemps sans qu'il présente aucune modification ; il donne alors l'illusion d'une trachée déroulable. D'autres fois, la spire se transforme en une ligne fortement ondulée, ou bien, le tube semble s'écraser ; il est alors généralement droit mais avec des dilatations et des rétrécissements très accentués.

Une étude plus attentive fait voir cet appareil sous un aspect moins bizarre, quoique toujours très particulier. Ce que l'on serait tenté de prendre sur une coupe verticale, pour la paroi d'un tube externe avec des cellules musculaires périphériques, n'est autre chose qu'une série de muscles longitudinaux disposés en cercle, dont quelques-uns sont superposés. La coupe fig. 13, Pl. IX, montre cette structure sous un fort grossissement. Quant au tube enroulé dans cette sorte de gaîne musculaire, il n'est autre chose que le vaisseau lui-même, mais complètement indépendant des tissus et offrant ainsi un caractère que nous ne lui connaissons pas ailleurs.

L'arrangement si particulier du vaisseau chez l'*Abothrium* n'est pas dû à la contraction de l'animal par l'alcool, car le développement du tube est beaucoup plus considérable que la contraction possible des anneaux. L'indépendance complète de l'organe démontre d'ailleurs son grand degré de différenciation : c'est un de ces cas comme nous en verrons d'autres plus tard, dans lesquels un organe acquiert un développement exagéré, tandis que l'anneau lui-même reste avec ses dimensions ordinaires, ou se réduit plus ou moins. On peut se demander quelle est la signification des éléments musculaires qui forment une gaîne aux vaisseaux ; ne proviendraient-ils pas de cellules homologués à celles qui, dans les cas ordinaires, hérissent les vaisseaux? On peut supposer qu'elles ont été l'objet d'une différentiation spéciale dans le cas de l'*Abothrium*.

La disposition des tubes, que nous venons de décrire, n'est pas propre aux vieux anneaux ; on la rencontre, avec les mêmes caractères, dans la partie tout-à-fait antérieure de l'animal. Nous devons cependant signaler une disposition que nous avons plusieurs fois rencontrée en ce dernier point, et que nous avons figurée (Pl. X, fig. 6). Elle semble être un état primitif du tube que nous étudions : au milieu des muscles longitudinaux qui le circonscrivent, on trouve une sorte de vaisseau droit, aux parois épaisses et granuleuses d'où partent de nombreux trabécules de même caractère. Il faudrait pour élucider la question, voir ce qui se passe dans l'animal très jeune.

Les vaisseaux de l'*Abothrium* sont nettement situés au-dessus de la poche péniale et du vagin ; ils sont au nombre de trois de chaque côté, et tous situés en dedans du cordon nerveux. Deux d'entre eux, plus extérieurs, sont à peu près sur une même ligne verticale, le troisième est entre les deux autres et plus en dedans.

La *disposition musculaire* chez l'*Abothrium*, offre peu de particularités ; de nombreux petits faisceaux d'éléments appartenant aux muscles longitudinaux, sont intercalés entre les muscles circulaires. Les muscles longitudinaux sont distribués en groupes allongés, assez compactes, plus larges près du centre et non interrompus par des fibres circulaires (Pl. IX, fig. 12).

Les *muscles* ne se rencontrentpas toujours avec les caractères que nous venons d'indiquer; leur arrangement est différent dans les vieux anneaux; ils sont groupés en masses beaucoup plus grosses, mais peu allongées. La fig. 5, Pl. X, permettra de se rendre compte de cette disposition.

La zone sous-cuticulaire est assez difficile à étudier chez cette espèce, néanmoins on y peut distinguer des éléments fort semblables à ceux que nous avons observés chez la Ligule et le Bothriocéphale; elle ne s'éloigne pas, à cet égard, de la disposition qu'elle affecte chez les autres Cestodes.

Annélation : Une particularité assez curieuse que présente *l'Abothrium* est cette fausse annélation que nous avons indiquée schématiquement Pl. IX, fig. 15. Il se fait à la partie dorsale, en regard de l'ouverture de la matrice, un pli que l'on pourrait considérer comme la marque de séparation des anneaux, si l'examen microscopique ne venait réformer ce jugement et montrer que ce pli correspond, au contraire, à la partie médiane des anneaux. Ces derniers ont pour limite, des plis beaucoup moins marqués.

Systématique. On voit, après tout ceci, que l'*Abothrium* présente beaucoup d'analogie avec le *Leuckartia* en ce qui concerne l'appareil génital. La poche péniale et le vagin sont également latéraux; il y a une matrice pourvue d'une ouverture de sortie, un oviducte complet et les vitellogènes sont compris dans la zone centrale. Il est probable aussi que la structure de l'extrémité antérieure est la même, la forme des anneaux est identique, l'ovaire offre une grande analogie, la disposition musculaire n'est pas très différente, et la formation de l'œuf est semblable. Mais l'organisation de la matrice n'est pas la même non plus que celle du système nerveux, il existe deux séries de vitellogènes au lieu d'une, les testicules n'ont pas la même situation, l'*Abothrium* est ovovivipare et les vaisseaux de ces deux types sont d'ordre absolument différent. En résumé, l'*Abothrium* et le *Leuckartia* doivent former deux genres bien distincts, quoiqu'ils appartiennent tous deux à un même grand groupe.

VII.

SUR LE SCHISTOCEPHALUS DIMORPHUS.

Je dois à l'obligeance de M. le professeur KUPFFER, de l'Université de Kœnigsberg, d'avoir pu étudier cet animal sous sa forme asexuée. M. le professeur von SIEBOLD a bien voulu aussi m'envoyer des fragments de l'animal parfait, qu'il avait recueillis dans le *Larus argentatus*. Jusqu'ici, la science ne possédait aucune donnée anatomique ou histologique sur cette forme intéressante.

Nous avons représenté le Schistocéphale en grandeur naturelle (Pl. IX, fig. 16). Cet animal à l'état de contraction est plus large à l'extrémité antérieure qu'à l'extrémité opposée. Ses anneaux, parfaitement distincts les uns des autres sur toute la longueur de la chaîne, sont régulièrement espacés, fort étroits et tous semblables à l'extérieur. Il n'existe pas de cou. Les fig. 18 et 19, Pl. IX, montrent les anneaux d'un Schistocéphale mûr à deux stades différents; je n'en ai pas observé dont la forme fut plus allongée Un gros tubercule ventral marque le point du corps où les œufs mûrs sont accumulés et il y a, chez l'animal bien développé, une ouverture qui assure la ponte. Je n'ai rien trouvé chez le Schistocéphale asexué qui pût me faire croire à un accroissement continu, et il y a tout lieu de penser que cet animal acquiert, comme la Ligule, tous ses métamères dans le premier hôte, et que le seul changement corrélatif de sa transformation sexuelle est un allongement des anneaux.

Tous les Schistocéphales que j'ai eus à ma disposition étaient à peu près de même âge et avaient acquis le maximum de leur développement asexué. Je n'ai donc pu étudier la formation des organes; je décrirai seulement un anneau développé pris sur la larve, pour le comparer ensuite à l'animal sexué, aussi loin que le permettront nos observations sur ce dernier.

Etudions d'abord les extrémités antérieure et postérieure qui présentent quelques particularités.

La partie *antérieure* du Schistocéphale contracté par l'alcool, présente le plus souvent une sorte d'emboîtement des anneaux les uns dans les autres; cela est dû à ce que les premiers d'entre eux sont plus étroits que les suivants. La partie postérieure est au contraire de forme arrondie et paraît souvent terminée par un anneau plus long que les autres; elle n'est pas emboîtée dans les anneaux précédents et n'offre pas de dépression apparente.

Nous avons donné Pl. IX, fig. 17, la coupe horizontale de la partie antérieure du corps.

Les cordons nerveux ont une disposition assez analogue à celle qu'ils présentent chez la Ligule; ils sont aussi entourés d'une espèce d'enveloppe celluleuse rattachée aux tissus; mais, bien qu'à d'autres égards le Schistocéphale semble plus élevé en organisation que la Ligule, il ne présente pas dans la tête, les renflements ganglionnaires que nous avons indiqués chez ce dernier animal (Pl. VI, fig. 8). Il n'y a plus de commissure proprement dite, mais les deux cordons nerveux sont reliés par une anse qui ne présente avec eux aucune espèce de démarcation. L'anse nerveuse passe très près de l'extrémité du corps.

Chez le Schistocéphale, les éléments nerveux ne nous ont pas paru transformés en réseau conjonctif; il est probable qu'ils ne subissent cette régression que dans l'animal parfait. On se rappelle que, chez la Ligule, la commissure est peu riche en cellules nerveuses, ici l'anse nerveuse n'est pas moins celluleuse, que les cordons. Les deux troncs nerveux sont parcourus de fibres longitudinales semblables aux fibres que nous appelons des muscles, entre lesquelles sont des cellules extrêmement petites, nucléées, sans granulations, serrées au point qu'on ne peut voir leurs rapports. Les réactifs ordinaires donnent à cet appareil la coloration olivâtre que nous avons déjà signalée à plusieurs reprises

Les cordons nerveux du Schistocéphale se suivent jusqu'à l'extrémité postérieure et atteignent l'angle du dernier anneau. Environ à cette hauteur, ils s'écartent brusquement du centre pour se rapprocher des bords, et ils se perdent dans les fibres longitudinales. J'ignore quelle disposition histologique ils présentent en ce point.

Il y a, chez le Schistocéphale comme chez la Ligule, un système de vaisseaux sous-cuticulaires ramifiés, et la zone centrale présente un riche système vasculaire aux anastomoses fréquentes, dont toutes les parties sont garnies de grosses cellules fusiformes. Les corpuscules calcaires sont grands et peu nombreux, leur forme est souvent irrégulière ; ceux des couches sous-cuticulaires ont un diamètre trois ou quatre fois moindre que les autres. Les muscles longitudinaux et tous les éléments des tissus se terminent dans la tête de la même façon que chez la Ligule ou l'*Abothrium* et, sans la commissure nerveuse du premier anneau, la tête ne présenterait aucune particularité.

La portion antérieure du corps présente parfois une apparence sur laquelle il est bon d'attirer l'attention. On voit, sur certains individus, quelque chose que l'on pourrait prendre pour une ventouse, avec ses cellules musculaires et les fibres qui en partent ; il ne s'agit pas cependant d'un appareil de ce genre. L'aspect auquel nous faisons allusion est dû à une forte rétraction, en un point déterminé, des parties périphériques du corps, et nullement à un organe de structure propre : c'est un simple pli en parfaite continuité avec les parties voisines. Ce pli montre tous les caractères des tissus ordinaires de l'animal, cuticule, couches sous-cuticulaires et éléments qui s'y rattachent, et ces éléments n'ont aucune disposition particulière. On sait qu'il n'en est pas de même pour les ventouses des Tænias. Je n'ai pas toujours rencontré la dépression dont je viens de parler et, quand je l'ai vue, je ne l'ai trouvée que d'un seul côté. Il faudrait à cet égard observer ce qui se passe chez l'animal vivant. Il est probable qu'il s'agit ici d'une disposition qui remplace la ventouse, d'un appareil d'adhérence qui se forme et disparaît à la volonté de l'animal, en un point quelconque de son extrémité antérieure et sous la seule influence d'un groupe de muscles longitudinaux qui se contracte isolément. Quoiqu'il en soit, nous avons représenté Pl. X, fig. 13, ce pli qui ne saurait être considéré comme accidentel (1).

L'extrémité *postérieure* du Schistocéphale est arrondie ; on y peut suivre les muscles longitudinaux qui s'anastomosent et passent d'un côté à l'autre

(1) A part la dépression dont nous venons de parler et que nous n'avons pas retrouvée chez tous les individus, nous n'avons rien vu chez le Schistocéphale qui puisse justifier le nom imposé par CREPLIN. On pourrait croire, peut-être, que la fente profonde de l'extrémité antérieure mentionnée par cet auteur, n'est autre chose que la dépression due à la rétraction des anneaux, mais il n'en est rien, car CREPLIN est formel au sujet de la disposition de cette fente : « *Der Schistocephalus*, dit-il, *steht den Riemenwürmern.... ganz nahe durch seinen gespaltenen Kopf.* » CREPLIN *Eingeweidewürmer in* Ersch u. Grübe *Encycl*). La figure donnée par BREMSER (*Icones helminthum, taf XIII*) marque deux dépression latérales. Il est nécessaire d'étudier de nouveau l'animal vivant pour s'assurer de la forme exacte de la tête

nous avons dit un peu plus haut de quelle manière le système nerveux s'y termine. On peut observer des follicules vitellogènes dans cette partie du corps.

Deux fois, j'ai vu, à l'extrémité postérieure, une espèce d'ombilic marquant une déchirure nette, peu profonde, semblable à la formation que nous avons signalée à la même place et dans certains cas chez la Ligule.

Structure des anneaux. Nous avons reproduit Pl. X fig. 11, une portion de coupe prise sur un anneau de Schistocéphale.

Chez cet animal la *disposition des muscles* frappe à première vue. Tandis que, les types que nous avons étudiés jusqu'ici, offraient une seule couche musculaire circulaire disposée autour de la zone centrale, le Schistocéphale en présente plusieurs qui n'ont pas de rapport avec cette partie du corps. Nous trouvons, en effet, une série externe de muscles longitudinaux isolée par deux groupes de fibres musculaires qui courent de droite à gauche comme les fibres dites ordinairement circulaires. La couche la plus externe de ces muscles circulaires sépare de la zone sous-cuticulaire la série externe des muscles longitudinaux, et une seconde couche circulaire, plus interne, sépare la série des muscles longitudinaux dont nous venons de parler, de la zone des follicules vitellogènes. La zone centrale reste enveloppée par la couche de muscles circulaires qu'elle présente habituellement et en dehors de laquelle se trouve la masse principale des muscles longitudinaux. Mentionnons aussi les fibres musculaires longitudinales, distribuées isolément au-delà de la couche externe des muscles circulaires.

Les muscles longitudinaux du Schistocéphale sont serrés en groupes allongés, aussi fournis du côté du centre que vers la périphérie, séparés les uns des autres par des fibres verticales. La série interne de ces muscles est beaucoup plus développée que la série externe, ses éléments sont aussi plus volumineux. Les groupes musculaires diminuent brusquement d'épaisseur à la face ventrale et s'arrêtent même au point d'insertion de la poche péniale. La série externe des muscles longitudinaux est formée de groupes qui montrent une vague alternance avec les gros faisceaux internes.

La couche interne des muscles longitudinaux est disposée, comme les muscles circulaires, en deux plans distincts, l'un supérieur, l'autre inférieur ; les groupes qui forment ces deux plans, très développés aux parties ventrale et dorsale, ainsi que nous l'avons figuré, diminuent d'épaisseur sur les côtés, à mesure qu'ils se rapprochent d'une ligne qui serait le grand axe de l'anneau.

La couche musculaire longitudinale externe, au contraire, fait le tour complet de l'anneau sans présenter aucune modification (1).

Les *follicules vitellogènes* sont disposés tout autour de l'anneau, ils présentent seulement une interruption à la partie inférieure et moyenne, au point où se développent les organes génitaux. Une lacune correspondante se remarque à la partie supérieure. Ces glandes sont situées entre la zone musculaire longitudinale interne et la couche musculaire circulaire qui la sépare de la seconde série longitudinale ; elles ont tous les caractères des vitellogènes chez le Bothriocéphale large. Les cellules qui forment chaque follicule sont très distinctes des élément voisins, et l'on peut voir très nettement leurs rapports par des prolongements, avec le reticulum formé par les tissus ambiants. Les cellules vitellogènes sont peu nombreuses dans chaque follicule, et il y a un follicule correspondant à chaque faisceau musculaire ; d'abord très distincts les uns des autres, ils confluent plus tard, au moins au centre de l'anneau, tout en restant isolés sur les côtés. Je n'ai pas vu les éléments de ces follicules subir la dégénérescence granuleuse ; il est probable que cela n'arrive que lorsque le parasite est chez son hôte définitif. La couche sous-cuticulaire présente la structure habituelle ; elle contient une très grande quantité de corpuscules calcaires. (2).

Les *cordons nerveux*, très facilement visibles chez cette espèce, sont situés à peu près à mi-hauteur de l'anneau ; comme chez le Bothriocéphale, ils sont beaucoup plus rapprochés du centre qu'ils ne le sont en général chez les Tænias; ces organes occupent l'espace moyen entre le côté et le centre de l'anneau.

Les fibres dirigées de haut en bas dans la *zone centrale*, sont beaucoup plus accentuées chez le Schistocéphale que chez les formes étudiées précédemment ; nous verrons qu'elles peuvent être encore plus marquées chez d'autres types. Ces grosses fibres musculaires sont très rapprochées les unes des autres, et elles se relient entre elles par un très-fin reticulum. Elles semblent souvent creusées d'un pli et possèdent à l'égard du reste des tissus une indépendance beaucoup plus grande que les éléments analogues que nous avons observés jusqu'ici.

Les spermatozoïdes sont nettement situés à la partie supérieure de la zone

(1) Il faut peut-être homologuer les muscles longitudinaux de la série externe chez le Schistocéphale, avec les groupes musculaires peu développés que nous avons signalés dans une région analogue chez la Ligule. (Voyez pl. VII, fig. 5).

(2) Notre dessin est fait à une trop petite échelle pour qu'on ait pu conserver les dimensions relatives des corpuscules calcaires de la zone centrale et celles des corpuscules des couches sous-cuticulaires.

centrale. Les follicules destinés à leur donner naissance sont formés de cellules serrées dont nous n'avons pas suivi l'évolution ; assez souvent, ils semblent prendre la disposition en croissant, et chacun d'eux paraît rattaché à deux fibres verticales par ses deux extrémités, comme si tous ses éléments avaient été produits par voie endogène (1). Les follicules testiculaires s'étendent dans toute la largeur de l'anneau ; ils ne présentent aucune différentiation chez l'animal asexué.

Les vaisseaux se montrent dans les anneaux aussi irréguliers en coupe verticale qu'en coupe horizontale : leurs anastomoses sont nombreuses, leurs parois sont très délicates; formées de mailles très fines, elles diffèrent de celles des tubes longitudinaux ordinaires des autres Cestodes, et ressemblent complètement aux parois des tubes transverses du *Cysticercus fasciolaris*. Il n'y a, chez la larve du moins, ni vaisseau ni lacune transverse.

L'ovaire est situé à la partie inférieure de l'anneau ; il est symétrique et possède une portion droite et une portion gauche, réunies par une partie commune qui se continue sans démarcation avec le pavillon. On se rappelle que l'ovaire, complet chez l'*Abothrium* et chez le *Leuckartia*, conserve chez la Ligule et chez le Bothriocéphale, malgré des modifications profondes, des vestiges non équivoques de son ancienne disposition. Il n'en est plus de même chez le Schistocéphale, et la partie que nous avons appelée l'*ovaire central* est complètement disparue; du moins n'existe-t-elle plus chez l'animal asexué. Il est intéressant de constater que le Schistocéphale, dont les anneaux sont aussi réguliers que ceux du Bothriocéphale, présente également un ovaire symétrique.

L'ovaire du Schistocéphale rappelle celui de la Ligule, pour la structure et la forme. Dans les individus très développés qui étaient à notre disposition, nous l'avons souvent vu formé en plus ou moinsgran de partie de véritables boyaux, mais on en trouve aussi dont les éléments sont nettement pluripolaires.

Il n'est pas facile de se rendre compte de la disposition et des rapports des *organes génitaux* assez complexes du Schistocéphale. La poche péniale, située à la face ventrale, en avant et près du bord de l'anneau, montred ans l'animal sexué, la même structure que celle du Bothriocéphale adulte; elle en diffère principalement par son plus grand développement. Chez la larve, elle est repré-

(1) Nous avons plusieurs fois constaté cette multiplication endogène, soit pour l'ovaire, soit pour le esticule chez différentes espèces. Ce processus n'est peut-être pas sans influence sur la formation des ovaires en boyaux

sentée par ses rudiments : des fibres entrecroisées enferment de nombreuses cellules et vont se continuer avec les éléments de la zone centrale et l'on voit les fibres musculaires circulaires y pénétrer et se ramifier. Les nombreuses cellules de ce rudiment formeront le réseau qui, dans la poche péniale développée, reliera le canal central aux fibres de la périphérie (pl. XII fig. 6). Le bulbe est aussi formé de fibres entrecroisées ; il est entouré d'une couche de longues cellules fusiformes qui le rattachent aux tissus voisins et qui provoquent sans doute ses changements de forme. Les cils qui revêtent le bulbe à l'intérieur sont rattachés par leur prolongement interne aux fibres qui constituent sa trame. Les caractères qu'offrent ces éléments démontrent leur nature cellulaire. On distingue très bien un noyau, et cette observation nous fixe sur la signification des appendices semblables que l'on trouve dans des organes analogues chez les autres Cestodes.

Le spermiducte qui prolonge le bulbe de la poche péniale, décrit ses ondulations dans plusieurs plans ; il atteint jusque la partie supérieure de la zone centrale et semble, chez la larve du moins, s'arrêter court au milieu des tissus. Cet organe est hérissé de grosses cellules qui le rattachent à la partie du réticulum qui l'entoure, (fig. 6, pl. XII). N'ayant pu suivre l'évolution du spermiducte chez l'animal sexué, je ne saurais dire comment cet organe se met en rapport avec les produits mâles.

L'appareil femelle (Pl. X, fig. 12), commence au tube qui réunit les portions droite et gauche de l'ovaire et dans lequel il ne se développe pas d'ovules. Le pavillon est intimement uni à ce tube ; tous deux sont formés de petits éléments difficiles à distinguer, qui leur donnent un aspect très finement grenu ; ils sont toujours contenus dans une seule coupe, ce qui montre leur peu de largeur à l'état de repos. Le pavillon, très peu différencié chez cette espèce à l'état asexué, se prolonge par un canal qui se relève brusquement et reçoit bientôt le vagin ; celui-ci, n'offre pas de dilatation correspondante au *receptaculum seminis ;* il est court, quoiqu'il s'élève relativement haut dans la zone centrale. Le tube femelle, se recourbe alors et se perd, chez la larve, dans une grosse masse cellulaire, d'où part d'un côté l'oviducte, de l'autre côté un tube court et grêle. Il n'est pas bien facile d'analyser cette masse celluleuse. Des coupes heureuses dans certains anneaux plus nets ou mieux développés, finissent par montrer sa structure d'une façon satisfaisante.

La partie qui se définit le plus facilement se trouve à la périphérie : elle prolonge le point où se perd la portion initiale du tube femelle, après qu'elle a reçu le vagin, et on peut la voir se continuer par le petit tube grêle (*vt*) de la partie inférieure. Les rapports de position de ce petit tube, le point où il s'arrête, enlèvent tous les doutes et le font reconnaître pour le vitelloducte. Quant à l'oviducte, si on le suit attentivement sur des coupes appropriées, quand il va se perdre dans la masse grenue dont nous venons de parler, on le voit s'arrêter au point où convergent le vitelloducte et la partie initiale du tube femelle ; les trois tubes communiquent en ce point.

La fig. 12, pl. X, donne les rapports exacts et les dimensions relatives des différentes parties que nous venons d'analyser. Quant à l'espace marqué I dans cette figure et qui est limité par un pointillé, il est rempli chez la larve par des cellules embryonnaires destinées à la résorbption ou à toute autre transformation.

L'oviducte s'élève droit dans la zone centrale ; il décrit quelques circonvolutions et perd ses caractères de tube grêle, pour se continuer avec la partie beaucoup plus épaissie qui forme le tube-matrice et qui descend en ondulant, vers la face ventrale de l'anneau.

On voit que l'appareil femelle, dont nous venons de donner la description, ressemble beaucoup à celui du Bothriocéphale ou à celui de la Ligule ; il diffère principalement du premier par ses faibles dimensions, et du second parce qu'il forme un tube complet. Il ne paraît pas qu'il y ait de matrice proprement dite. Cependant, bien que je n'aie point constaté sa présence chez l'animal asexué, je ne doute pas qu'il n'existe un orifice spécial pour assurer la ponte, eu égard à la forme et à la persistance des anneaux chez l'animal sexué, et au rudiment qui, chez la larve, prolonge le tube-matrice jusqu'à la zone sous-cuticulaire. La terminaison du tube-matrice se trouve sur un plan latéral en arrière de la poche péniale et du vagin.

Schistocéphale sexué. Les Schistocéphales sexués que j'ai eus à ma disposition étaient conservés depuis longtemps et en trop mauvais état, pour que j'aie pu les étudier convenablement. J'ai observé toutefois un petit nombre de particularités que je vais résumer.

La poche péniale, semblable à celle du Bothriocéphale, est bien plus développée ; les cellules musculaires sous-cuticulaires présentent les caractères qu'elles ont chez cette dernière espèce. On trouve autour des œufs des mailles qui ont probablement une origine vitelline (1). Les follicules testiculaires,

---

(1) J'ai jugé inutile de représenter l'œuf du Schistocéphale ; il s'ouvre par un opercule et contient comme l'œuf de la Ligule, une grande quantité de vitellus nutritif.

même après la disparition complète des spermatozoïdes, conservent les mailles qui séparaient les différents groupes de cellules-mères. Les testicules si peu développés à l'état de rudiment et qui occupent alors un espace très restreint, augmentent de volume en même temps que la forme de l'anneau change et finissent par occuper toute la zone centrale dans la région où ils se sont formés. Ils rappellent ainsi ce qui se passe chez le Bothriocéphale. Les follicules vitellogènes acquièrent aussi un grand développement.

La modification subie par les muscles longitudinaux chez le Schistocéphale sexué est intéressante à noter : les fibres se réduisent considérablement en nombre, et elles perdent leur disposition en faisceaux. En revanche ces éléments acquièrent un volume considérable, énorme même si on les compare aux dimensions premières. Nous avons donné à 400 diamètres, fig. 15 pl. X, la mesure de ces muscles prise sur un individu asexué, et la fig. 14 (pl. X) réprésente, au même grossissement, les muscles de l'animal sexué. Ces muscles transformés, ont acquis une réfringence spéciale; souvent ils paraissent creusés au centre, où bien, ils semblent partagés par des lignes vagues qui indiquent peut être des soudures. Toutes les fibres musculaires n'ont pas subi cette modification, par exemple, celles qui se trouvent au voisinage des ouvertures sexuelles se rapprochent assez de l'état normal.

Comment s'effectuent ces transformations curieuses? les fibres doivent diminuer en nombre, puisqu'elles ne se multiplient pas et que la chaîne s'allonge considérablement ; elles doivent glisser les unes sur les autres et il peut y avoir des atrophies. Je ne puis expliquer les faits que je viens de signaler, mais il n'est pas douteux que l'examen d'individus bien conservés ne permette de résoudre la question (1).

(1) Un auteur qui n'avait pas vu le Schistocéphale a prétendu assez récemment que le genre créé pour cet animal est complètement inadmissible et qu'un helminthologiste ne pourrait le distinguer d'une Ligule. Nous ne nous arrêterons pas à plaider la légitimité du genre établi par CREPLIN, nous l'avons suffisamment justifié par notre description, quelque incomplète qu'elle soit,

VIII.

SUR LES ESPÈCES DU TYPE TÆNIA SERRATA.

Les espèces de ce type que nous avons étudiées jusqu'ici, se ressemblent trop pour être décrites sous des chapitres différents. Tel organe d'ailleurs, se voit plus facilement sur une espèce, tel autre organe a été mieux étudié chez une autre; une disposition persiste chez une forme, qui disparait très tôt chez une espèce voisine, etc. L'exposition gagnera comme ensemble si nous réunissons tout ce que nous avons à dire sur un type aussi net que celui-là (1).

Disons toutefois, que notre intention n'est pas de publier dans ce mémoire l'histoire complète des espèces du type *T. serrata*, mais seulement de donner, sur quelques-uns de leurs organes, sur les vaisseaux, l'ovaire, les appareils génitaux, un certain nombre d'observations que l'on peut comparer avec ce que nous avons vu dans les pages précédentes, à propos de types moins différenciés. Nous voulons élargir ainsi le cercle de nos comparaisons, pour les formes que nous étudierons dans les mémoires subséquents.

Nous nous proposons de compléter nos recherches sur le type du *T. serrata*, surtout pour ce qui est relatif aux rudiments des organes, lorsque

(1) On a prétendu à plusieurs reprises que les *Tænia serrata, marginata* et *cœnurus* appartiennent à une seule et même espèce. Nous montrerons sous peu, par des preuves tirées de leur structure histologique que ces animaux sont bien d'espèces différentes.

nous étudierons dans un mémoire que nous publierons ultérieurement, le *Tænia polyacantha*. Rappelons que nous avons déjà publié le résultat de nos observations sur l'appareil de fixation de ces animaux (1).

Vaisseaux. — Les vaisseaux des Tænias de ce type sont au nombre de quatre; ils sont situés deux à deux dans la zone centrale, de chaque côté et en dedans du cordon nerveux. Etudiés dans un anneau mûr, les deux vaisseaux d'un même côté accusent de grandes différences entre eux: l'un est très large, l'autre très étroit; le premier semble dépourvu de paroi, le second est le plus souvent entouré de cellules fort apparentes. Il n'en est pas de même lorsque l'on prend les vaisseaux à la tête ou dans la partie du corps qui suit immédiatement cet organe. Nous allons chercher comment s'établissent ces différences.

D'une manière générale, on peut dire que dans la tête, les quatre vaisseaux ont exactement le même calibre et sont disposés symétriquement de chaque côté; ils descendent de leur anastomose circulaire, chacun d'eux se plaçant d'abord derrière une ventouse, mais ils se rapprochent bientôt des cordons nerveux en dedans desquels ils se placent, tout en conservant leur symétrie. Nous avons déjà représenté les vaisseaux, alors qu'ils passent derrière les ventouses (2).

A une distance de la tête toujours très courte, mais dont la longueur varie avec les espèces, on voit, de chaque côté, l'un de ces vaisseaux tourner en dehors, augmenter de volume, prendre une forme ovale, puis virgulaire, la pointe de la virgule étant tournée vers le bas, gagner ainsi la partie moyenne de la zone centrale (Pl. XII, fig. 10, 11 et 12), pour se placer finalement devant le cordon nerveux et régulariser ensuite sa forme en augmentant considérablement de grosseur (Pl. XII, fig. 13). L'état de ce vaisseau est alors définitif.

Pour plus de commodité, nous appellerons désormais du nom de *lacune longitudinale* ou plus simplement de *lacune*, le vaisseau dont nous venons de décrire la transformation, par opposition au véritable vaisseau qui ne change ni ses caractères ni sa situation. C'est le vaisseau voisin de la face ventrale qui se transforme en lacune.

Quand le développement des œufs est effectué à la suite des modifications

(1) R. Moniez. *Essai monographique sur les Cysticerques: Appendice. Observations sur l'appareil de fixation de certains Tænias*,

(2) R. Moniez. *Loc. cit.*, pl II, fig. 2.

que subit l'anneau, les deux vaisseaux vrais sont plus ou moins oblitérés et difficiles à voir, mais un examen attentif les fait retrouver le plus souvent.

Les différentes espèces du groupe du *Tænia serrata* présentent de légères variantes au schéma que nous venons de tracer : ainsi, chez le *Tænia serrata* lui-même, on n'observe pas cette disposition virgulaire de la lacune qui existe chez le *Tænia marginata*.

Chez le *Tænia crassicollis* la lacune, qui acquiert un calibre considérable, est opposée au vaisseau, très caractérisé dans cette espèce par son enveloppe de cellules fusiformes, de sorte que les deux vaisseaux et les deux lacunes se placent sur une même ligne et que la symétrie primitive est disparue (Pl. XII, fig. 5). Chez le *Tænia serrata*, immédiatement contre les ventouses, au point où la coupe passe encore par le fond de ces organes, un des deux vaisseaux est déjà beaucoup plus large que l'autre ; c'est à ce même point que cesse par conséquent la disposition musculaire en quatre masses et que les muscles se répartissent sur toute la circonférence du corps. Chez le *Tænia marginata*, la lacune grandit moins vite et se met plus tard en opposition avec le cordon nerveux.

Nous avons observé la persistance du vaisseau supérieur de chaque côté, et la transformation du vaisseau inférieur en lacune, chez les espèces suivantes : *T. cœnurus*, *felis-pardi*, *saginata*, *marginata*, *Krabbei*, *serrata* et *solium*. Les figures 10, 11, 12 et 13 de pl. XII représentent, à 75 diamètres, les dimensions successives de la lacune, selon qu'elle marche de la tête vers les anneaux développés. Chez le *Tænia serrata*, la lacune quoique très grande, n'atteint pas cependant toute la hauteur de la zone centrale. On voit, par la fig. 14, qu'elle peut être encore plus développée et s'étendre comme chez *Tænia felis-pardi*. Dans cette dernière espèce, la lacune touche de part et d'autre les deux plans musculaires supérieur et inférieur. Chez le *Tænia polyacantha* la lacune est une longue fente horizontale.

Le vaisseau transformé en lacune et le vaisseau qui a conservé à peu près tous ses caractères primitifs, présentent entre eux une différence d'un autre ordre que celles que nous venons de signaler : tandis que les lacunes sont reliées entre elles par une large anastomose située à le partie postérieure de l'anneau, il n'existe aucune communication entre les deux véritables vaisseaux.

Cette particularité importante semble marquer une signification morphologique différente entre deux organes primitivement semblables. L'étude du *Cysticercus fasciolaris* et du *Tetrarhynchus claviger*, nous a donné la solution du problème.

Les coupes du *Cysticercus fasciolaris* montrent que, chez cette larve, il y a dans chaque anneau, deux vaisseaux transverses pourvus de parois très nettes et très délicates, dont l'un réunit les deux vaisseaux vrais et dont l'autre sert de communication entre les deux lacunes, celles-ci étant moins développées dans le Cysticerque que dans l'animal parfait.

Ces tubes, très distincts l'un de l'autre, se soudent parfois dans leur trajet, au milieu de l'anneau, pour se bifurquer ensuite. Celui des deux vaisseaux transverses qui joint les lacunes est fortement élargi à ses deux extrémités : le processus de transformation l'a atteint dans ses points de contact ; l'autre vaisseau transverse ne présente pas cette particularité.

Les faits sont fondamentalement les mêmes chez le *Tetrarhynchus claviger*. Détail important, chez le *Cysticercus fasciolaris*, un assez long tube relie la lacune au vaisseau voisin et semble indiquer ainsi que les quatre vaisseaux sont primitivement reliés par un tube circulaire (Pl. XII, fig. 4).

Comment se comportent tous ces organes chez l'animal adulte? chez le *Tænia crassicollis*, la lacune est beaucoup plus développée qu'elle ne l'est chez sa larve, mais le vaisseau transverse est unique et n'établit de communication qu'entre les deux lacunes ; de plus, la branche vasculaire qui unissait la lacune et le vaisseau chez le Cysticerque sont complètement disparus.

La coupe des anneaux très jeunes explique cette différence. D'après l'intéressante observation de LEUCKART l'on sait que le Cysticerque de la Souris, au lieu de développer immédiatement ses organes génitaux, perd au contraire sa chaîne tout entière et ne persiste que par sa portion tout à fait antérieure, lorsqu'il arrive dans son hôte définitif. Or, les anneaux nouveaux qui se forment près de la tête ont ainsi que nous venons de le dire, des caractères très différents des anneaux de la larve.

Toutefois, si on les observe alors qu'ils sont très jeunes, on peut voir assez facilement à la partie postérieure de chaque anneau, deux boyaux espacés l'un de l'autre, formés de cellules tassées qui refoulent les fibres ordinaires du tissu et que l'on retrouve en coupe sagittale (Pl. X, fig. 16.)

Les deux boyaux dont nous parlons, sont évidemment les rudiments des deux tubes transverses que nous connaissons chez le *Cysticercus fasciolaris*, rudiments qui ne se développeront pas chez le *Taenia crassicollis*. En effet, lorsqu'apparaît le vaisseau transverse qui doit relier les lacunes dans l'animal adulte, il se montre d'abord sous forme d'une petite fente, entre les deux rudiments qu'il atteint bientôt. On peut rencontrer sur une même coupe, le vaisseau transverse définitif et les deux rudiments (Pl. X. fig. 17.)

Les notions que nous possédons maintenant sur l'état primitif des vaisseaux, en nous les montrant d'abord absolument semblables entre eux, nous forcent à leur donner la même signification morphologique ; mais le vaisseau transverse définitif n'a pas le même sens que les deux vaisseaux transverses formés tout d'abord. Ces deux derniers sont en rapport avec les deux vaisseaux longitudinaux avant leur différentiation, et ils doivent recevoir la même interprétation qu'eux, tandis que l'existence de la lacune transverse est corrélative de la transformation en lacune de l'un des deux vaisseaux.

L'apparition de la lacune transverse est accompagnée d'un phénomène assez important : le renversement des plis qui marquent les anneaux. Tant que les plis restent droits et parallèles entre eux, il n'y a pas de canal transverse. Peut-être aussi les plis droits sont-ils déterminés par la contraction pure et simple de la partie antérieure de la tête, tandis que les plis renversés marquent les anneaux bien définis.

Quoiqu'il en soit, le mode d'apparition et la signification de la lacune transverse sont encore selon nous environnés de beaucoup d'obscurité : l'espace où elle apparaît, possède des caractères spéciaux que nous étudierons plus tard, nous ne la connaissons pas chez les espèces qui ont un orifice pour la ponte, et ses caractères, partout où nous l'avons vue, sont ceux des lacunes longitudinales avec lesquelles elle est en rapport. La lacune transverse est située entre les anneaux, au point précis où l'un finit et où l'autre commence, et où se fera la séparation.

J'ai retrouvé ces rudiments de vaisseaux chez les *Tænia serrata* et *marginata*, mais ils sont difficiles à voir et il faut s'attendre aux plus grandes différences selon les individus. Cela est dû probablement à leur degré de contraction, à l'abondance des corpuscules calcaires, etc. Ainsi, sur trois individus du *Tænia marginata* conservés de la même façon et pris dans les mêmes conditions, l'un nous a offert une lacune centrale qui apparaît de très bonne heure, de forme presque arrondie, sans rapports avec les deux rudiments des vaisseaux, tandis que chez un autre le vaisseau était large et étroit. Sur deux *Cysticercus fasciolaris* observés, l'un présentait ses deux tubes transverses de la façon la plus nette, tandis que chez l'autre ils étaient difficiles à voir. Dans le premier cas, les anneaux étaient si serrés, que chaque coupe montrait les vaisseaux. A cet égard le *Tetrarhynchus claviger* nous a paru plus facile à observer qu'aucun autre Cestode.

Nous n'avons pas voulu interrompre l'exposé de nos observations sur les vaisseaux par la discussion des faits acquis antérieurement à leur sujet et des interprétations auxquelles ils ont donné lieu. Nous voulons, toutefois, les rappeler brièvement pour établir ce qui nous revient dans l'état actuel de la question.

Von SIEBOLD, WAGENER, van BENEDEN, LEUCKART, SOMMER, etc., sont tous d'accord pour attribuer quatre vaisseaux aux Tœnias proprement dits : nous ne nous arrêterons pas aux divergences peu importante des ces auteurs. Les renseignements les plus complets qui ont été fournis sur ces organes sont dus à STEUDENER (1).

D'après ce savant, le système vasculaire commence chez tous les Tœnias par un canal disposé en anneau dans la tête, d'où partent des vaisseaux correspondants à chaque ventouse, et qui forment bientôt de chaque côté deux troncs qui pénètrent dans le cou. STEUDENER s'étend à cet égard dans des détails de peu d'importance et dont quelques-uns sont entachés d'erreur, comme nous le verrons plus loin.

Mais, continue l'histologiste de Halle, très vite après leur entrée dans le cou, les vaisseaux, qui étaient égaux en calibre, commencent à présenter des différences. L'un devient plus grand, tandis que l'autre perd progressivement de son diamètre et se place du côté interne du premier. On peut suivre les deux vaisseaux assez loin sur la chaîne des anneaux, ceux-ci deviennent de plus en plus nets, mais le plus petit disparaît, tandis que l'anneau s'accroît, STEUDENER n'a pas réussi à voir s'il y avait des connexions entre les grands vaisseaux et les petits ; il confirma ce que l'on savait avant lui sur l'anastomose tranverse. On voit que le mérite de STEUDENER est d'avoir montré que les différences de calibre des vaisseaux n'étaient pas primitives. Cet auteur est lui-même dans l'erreur, au sujet du processus, puisque, en réalité, le vrai vaisseau ne change ni de calibre, ni de position, et qu'il se continue jusqu'au bout de la chaîne (2).

SOMMER qui publiait peu d'années avant STEUDENER son mémoire sur

---

(1) FR. STEUDENER. Untersuchungen über den feineren Bau der Cestoden. *Abhandlung. der naturf. Gesells. zu Halle* 1877.

(2) Nous étudierons dans un prochain mémoire la question si controversée des ramifications vasculaires. M. FRAIPONT, dans des travaux du plus haut intérêt, a fait des découvertes fort importantes à ce sujet. Notre méthode d'observation et la direction de nos études ne nous ont pas permis jusqu'ici de vérifier les résultatsqu'il a énoncés mais nous ne saurions douter de leur exactitude.

l'anatomie du *Tænia mediocanellata* (1) distinguait parmi les quatre vaisseaux, les deux tubes aquifères, nos lacunes, reliées par une anastomose, et deux autres tubes plus internes, plus petits, sans connexions entre eux ni avec les lacunes et qu'il appelait ***vaisseaux longitudinaux plasmatiques***, les comparant à ce qu'il décrivait sous le même nom chez le Bothriocéphale large. Nous n'insistons pas sur des explications déjà données à propos de ce dernier animal.

Spermiducte. Nous étudierons plus tard la poche péniale, quand nous comparerons entre elles, au point de vue de la spécification, les différentes espèces du type *T. serrata*. Disons seulement maintenant que des fibres musculaires parfois assez nombreuses et qui naissent du plan supérieur des muscles dits circulaires, s'attachent à la partie supérieure de cet organe.

Le spermiducte, qui prolonge la partie postérieure de la poche péniale, n'est pas plus creux à sa naissance que les autres organes : il est formé de plusieurs couches de cellules ; ceux de ces éléments qui sont situés à la périphérie du rudiment sont implantés perpendiculairement et se perdent dans les tissus voisins. D'abord droit, le spermiducte, lorsqu'il se creuse d'un canal, commence à décrire des ondulations qui vont toujours s'accentuant et finissent par être très développées. Si nous prenons comme exemple la spermiducte du *Tænia crassicollis* (Pl. XI fig. 1), nous verrons que, de l'extrémité de cet organe, partent un certain nombre de branches qui vont se terminer à la partie inférieure des follicules testiculaires. Ces branches de division n'ont plus la nature histologique du spermiducte : au lieu d'être formées de cellules nombreuses, fusiformes ou arrondies, elles présentent des fibres délicates. Ce stade intéressant trahit, selon nous, un état antérieur de l'oviducte que nous n'avons pas eu la chance de rencontrer, et dans lequel le rudiment du spermiducte était relié aux rudiments des testicules par des cellules embryonnaires. Ces cellules, qui rattachent les glandes à leur conduit excréteur principal, n'étant plus suffisamment développées dans le cas actuel, se sont étirées en fibres par un processus très habituel chez les Cestodes, sans pouvoir perdre leurs rapports primitifs, de là vient la disposition que nous avons figurée. Nous pensons que, chez d'autres espèces, la régression des cellules qui unissent les follicules testiculaires au spermiducte a été encore plus loin, et que ces connexions n'existent plus.

---

(1) SOMMER. Ueber den Bau und die Entwickelung der Geschlechtsorgane von Tænia mediocanellata und Tænia solium, *Zeitsch. f. wiss. Zoöl.*, t. XXVIV, 1874.

Nous avons rencontré à plusieurs reprises chez les Cestodes que nous avons étudiés jusqu'ici, des faits analogues, déterminés par la séparation d'organes primitivement en contact : ces organes n'en restaient pas moins en dépendance les uns des autres, malgré l'absence de connexions figurées. Nous rappellerons simplement à ce sujet le cas des vitellogènes de la Ligule. Il est probable que la solution de continuité entre les testicules et le spermiducte que nous avons observée chez plusieurs espèces, notamment chez celles du type *T. serrata* n'est pas un fait primitif, mais un fait secondaire et qu'il reconnaît la cause que nous venons d'indiquer.

Quoiqu'il en soit, les rapports qui existent entre le spermiducte et le testicule, dans l'anneau jeune du *Tœnia crassicollis* rapports que nous considérons comme typiques, se retrouvent dans l'anneau mûr.

Les espèces affines du *Tœnia crassicollis* présentent, à l'état très jeune, une structure du spermiducte en tout semblable à celle que nous venons de décrire, mais les caractères de l'organe se modifient considérablement, à tel point que, avant d'étudier le *Tœnia crassicollis*, j'avais donné une interprétation toute différente des faits présentés par les organes mâles complétement développés. D'abord, le spermiducte s'allonge considérablement et décrit des plis qui s'accentuent de plus en plus, tellement qu'ils peuvent arriver à occuper toute la zone centrale de haut en bas, en s'étendant jusque son milieu. Les spermatozoïdes envahissent l'organe en même temps que les circonvolutions deviennent plus nombreuses et se tassent davantage. L'épaisse paroi du spermiducte étirée, dans cet extrême développement, finit même par se détruire complètement ou, tout au moins, cesse d'être facilement visible. En aucun point on ne peut voir de tubes reliant les testicules au spermiducte. Que les parois disparaissent ou qu'elles subissent la transformation conjonctive, elles n'en laissent pas moins le passage aux spermatozoïdes que l'on voit bientôt, sous forme de boyaux, serpenter dans le spermiducte.

La périphérie des boyaux se confond intimement avec la membrane du tube, au point de n'en pouvoir être distinguée. Je dois dire que, à aucun moment, je n'ai pu voir le spermiducte rempli de spermatozoïdes, alors qu'il présentait une lumière et des parois nettes. Jusqu'ici, chez les espèces du type *T. serrata* autres que le *T. crassicollis*, j'ai toujours rencontré le spermiducte soit solide soit remplacé par des spermatozoïdes. C'est la raison pour laquelle j'avais émis l'hypothèse que les cellules des parois de cet organe se transforment directement en spermatozoïdes et que cet organe n'est pour ainsi-dire qu'un testicule de forme particulière.

Nous avons déjà vu, chez les espèces étudiées précédemment, que souvent différents organe comme les vaisseaux, l'oviducte, le vagin, etc. étaient hérissés de grosses cellules ovoïdes ou fusiformes que nous avons considérées comme des cellules résiduales, provenant des rudiments de ces organes. Des cellules semblables, mais de volume considérable, persistent aussi autour du spermiducte, dans les cas où ses parois disparaissent au cours du développement; elles l'enveloppent souvent d'une façon régulière. Leur disposition démontre qu'elles ne peuvent, en aucune façon, servir de paroi, ni former obstacle à l'entrée des spermatozoïdes. Nous avons figuré, Pl XII fig. 7, un fragment de spermiducte entouré de ces cellules géantes; on peut voir qu'elles ne présentent plus de noyau et qu'elles sont uniformément grenues. Nous avons observé ces éléments sur le spermiducte des *Tænia serrata*, *marginata*, *felis-pardi*, *Krabbei*, nous avons jugé inutile de les chercher ailleurs.

Spermatozoïdes. Les spermatozoïdes se trouvent à la partie supérieure de l'anneau ; ils forment des follicules nombreux qui peuvent s'étendre et dépasser la partie médiane. Les testicules sont moins abondants à la partie postérieure, où se développe l'ovaire. Chez toutes les espèces du type que nous étudions, les queues des spermatozoïdes s'enroulent autour des follicules, et c'est dans cet état qu'on les observe le plus fréquemment.

Comme nous venons de le dire, à part chez le *Tænia crassicollis*, nous n'avons trouvé ailleurs de communication entre le spermiducte et ces follicules testiculaires, mais nous avons parfois observé des boyaux de spermatozoïdes allant d'un follicule à l'autre, absolument comme chez le *Leuckartia* et chez la Ligule Étant donnés ces faits, et d'autre part le spermiducte, dont les parois subissent les modifications que nous savons, arrivant à serpenter entre les follicules, nous admettons que c'est par ce canal tout ouvert que les spermatozoïdes trouvent facilement leur voie vers la poche péniale en s'abouchant directement dans le spermiducte.

Nous laissons de côté les témoignages des anciens auteurs sur les rapports des testicules avec le spermiducte; ils s'inspiraient de l'observation par transparence et aussi nous semble-t-il inutile de les discuter. En effet les rapports entre les testicules et le spermiducte ne sont pas douteux, mais il s'agit de savoir si ces organes sont reliés entre eux par un tube propre ou si ce sont les boyaux de spermatozoïdes qui se rendent au spermiducte, en traçant dans leur trajet des voies improprement appelées tubes. C'est une question purement histologique que les premiers observateurs n'ont même pas pu toucher. SOMMER est le premier qui ait cherché à faire des observations précises sur ce point.

Pour cet auteur, les follicules testiculaires se forment de la façon suivante: « entwickeln sich aus gleichen Bildungszellen wie sie auch in dem » Samenleiter-Scheidenstreif und in dem Uterinstreif von ganz jungen » Gliedern der Wurmkette angetroffen werden. Diese Bildungszellen scheiden » nach Aussen hin eine structurlose Hülle ab, welche Grenzmembran des » Hodenkörperchens wird und stellen hiernach den Inhalt des jungen » Hodenblaschens dar. Die Vermehrung der Inhalts erfolgt durch Kern » und Zellentheilung...... » On voit que SOMMER ne dit pas quelles sont ces cellules ni d'où elles viennent; le dessin qu'il donne à ce sujet, ne fournit aucun renseignement.

Le spermiducte a été étudié avec beaucoup de détails par l'anatomiste de Greifswald; il en décrit minutieusement toutes les modifications de forme et les rapports successifs qu'il présente dès l'apparition de son rudiment: nous ne le suivrons pas, pour le moment du moins, dans les développements qu'il donne à ce sujet et qui ne nous fournissent aucune donnée histologique. Nous citerons toutefois diverses observations faites par cet auteur sur les rapports de l'organe avec les follicules testiculaires chez le *Tænia saginata*. Les conduits qui amènent les spermatozoïdes au spermiducte, dit-il, ont une paroi extrêmement délicate; si on les cherche ailleurs qu'au point où ils s'abouchent avec le spermiducte, on ne les trouve pas dans la plupart des anneaux, à moins qu'ils ne soient bourrés par les produits sexuels. Les anneaux de forme carrée sont les plus favorables à cet égard. On peut voir, à l'extrémité interne du canal déférent, les canaux séminaux remplis de spermatozoïdes, qui rayonnent dans toutes les directions en décrivant des courbes variées, et qui se subdivisent pour aller chercher les follicules. Ce sont seulement les follicules testiculaires dans lesquels la production de spermatozoïdes est énergique, qui possèdent des tubes extérieurs; où cette production n'a pas lieu, on ne trouve que des vésicules arrondies et closes. Il est difficile de décider, continue SOMMER, si les canaux extérieurs des testicules possèdent bien une membrane comme les follicules ou le canal déférent, ou s'ils sont simplement des conduits creusés dans la substance du corps.

En résumé, SOMMER, après avoir attribué des parois extrêmement minces aux canaux excréteurs du testicule et avoir reconnu qu'ils sont seulement visibles lorsqu'ils sont remplis de spermatozoïdes, se demande, en voyant que les testicules non développés en sont dépourvus, si les canaux excréteurs qui se rendent dans le spermiducte ne sont pas des conduits creusés dans la substance fondamentale. D'autre part les dessins qu'il donne sont schématiques. On voit quelle incertitude régnait jusqu'ici sur la question. Quoiqu'il en soit, un fait certain et qui repose sur des bases histologiques, c'est celui que nous avons figuré à propos du *T. crassicollis;* nous avons dit comment, selon nous, il faut interpréter les tubes excréteurs et les rapports du spermiducte avec les follicules testiculaires.

Ovaire. — Nous étudierons d'abord la figure 1 pl. XI; elle est fort intéressante au point de vue de l'origine de l'ovaire : c'est une coupe verticale, prise sur un anneau jeune du *Tænia crassicollis.*

A la partie supérieure du dessin, qui correspond en réalité à la partie ventrale de l'animal, on trouve une large traînée formée d'éléments serrés dont on ne peut voir les connexions, large au milieu et allant en se rétrécissant sur les côtés, jusqu'à se terminer en pointe dans les tissus. Cette traînée marque une portion importante de l'ovaire.

Plus bas, on peut remarquer de nombreux amas cellulaires, formés d'éléments très serrés et très petits. La forme générale de ces amas est celle d'ovoïdes très allongés; les uns sont situés au voisinage de la bande ovarienne que nous venons de décrire et semblent s'y rattacher, d'autres n'offrent avec elle aucune espèce de rapports. Les plus volumineux sont situés au centre et paraissent isolés au milieu des tissus.

Sur certains anneaux, on voit très nettement ces sortes de follicules formés de cellules pluripolaires. Nous n'avons pas observé l'ovaire à un état de développement moins avancé, mais nous ne pouvons douter que ces follicules ovariens ne se forment à la manière des follicules vitellogènes des Cestodes, c'est-à-dire que leurs éléments prennent naissance isolément, par le développement des cellules du réseau qui forme le tissu fondamental, cellules qui entrent bientôt en coalescence. De même, nous ne doutons pas davantage que la bande ovarienne inférieure fig. 1, pl. XI, n'ait la même origine.

La figure 2 (Pl. XI), prise sur le même animal, mais dans un anneau plus âgé, représente l'ovaire à un égal grossissement. D'importantes modifications se sont produites et leur mécanisme est facile à saisir : les ovules ayant considérablement augmenté de volume, refoulent de toutes parts et déchirent les tissus qui les emprisonnent; les amas qu'ils forment au sein de la zone centrale se rencontrent, entrent en connexion les uns avec les autres, et se mettent en rapport avec les éléments de la bande ovarienne supérieure, contre laquelle s'applique le pavillon. Détail caractéristique, ce que l'on serait tenté de prendre pour les conduits des culs-de-sac est rempli d'œufs. On ne distingue à l'ovaire tout entier, aucune autre paroi que celle que lui forment les tissus de la zone centrale au milieu desquels ils est plongé.

Les deux stades que nous venons de décrire et que l'on obtient facilement chez le *Tænia crassicollis*, nous paraissent fort importants : ils éclairent le mode de formation de l'ovaire chez les espèces de ce type, et permettent de comparer cet organe à celui des formes que nous avons étudiées plus haut. L'analogie est frappante à ce degré de développement. Plus tard, les traits de la disposition primitive se perdent de plus en plus et finissent par être complètement méconnaissables, et les follicules communiquent très largement avec la bande ovarienne supérieure, sous forme de culs-de-sac volumineux.

La fig. 2 pl. XI, nous montre quels sont les rapports verticaux de l'ovaire : elle nous fait voir que, chez le *Tænia crassicollis* du moins, il y a vers la partie postérieure et ventrale de l'anneau, les testicules marquant le côté dorsal, une large bande ovarienne qui se prolonge dans les parties moyenne et inférieure, par de longs culs-de-sac nombreux et rapprochés. Les fig. 1 et 2 (pl. XI) prouvent aussi que l'ovaire est symétrique et qu'il occupe la partie inférieure et postérieure de chaque anneau.

La coupe horizontale représentée fig. 6 pl. XI, nous permet de compléter ces notions sur l'ovaire du *T crassicollis*. Elle montre, en effet, quelle est la disposition de ce que nous venons d'appeler la bande ovarienne inférieure : ce n'est autre chose qu'une série de longs culs-de-sac qui convergent en un point commun, et forment un large canal rempli d'œufs, qui réunit les parties droite et gauche de l'ovaire.

On se rappelle que les boyaux ovariens du Bothriocéphale large convergent de la même façon vers l'ouverture du pavillon.

Dans le dessin fig. 6 pl. XII, on voit à la partie postérieure de l'anneau, en *ov*, des tubes qui contiennent quelques ovules à leur intérieur et dont les connexions ne sont pas marquées sur la figure. On se rappelle que nous avons signalé dans la coupe représentée fig. 2 pl. XII, un amas considérable d'ovules, situés au même point (en *ov'*) et dont nous n'avons pas vu davantage les rapports. La fig. 1 pl. XII, fournie aussi par le *Tænia crassicollis*, nous démontre que cet amas cellulaire est formé de culs-de-sac et qu'il fait partie de l'ovaire puisque ses produits sont identiques à ceux de cet organe Il débouche, comme nous le dirons plus loin, sur le tube oviducte, au col de la matrice.

Une autre coupe horizontale du *Tœnia crassicollis* (fig. 4 pl. XI), faite dans un anneau plus jeune et passant un peu plus haut que la coupe représentée fig. 6 pl. XI, nous fait voir, en même temps que la disposition des ovaires latéraux, celle de la partie médiane et postérieure de l'ovaire qui est très développée.

L'ovaire des autres espèces du groupe qui a le *Tœnia serrata* comme type, présente une disposition fondamentalement semblable à celle que nous venons de décrire chez le *Tœnia crassicollis*. Il est très facile de s'assurer, par exemple, que, chez le *Tœnia saginata* l'ovaire présente aussi, deux parties symétriques, situées l'une à droite l'autre à gauche et réunies toutes deux par un tube semblable à celui qui joint les ovaires chez les *Tœnia serrata*, *T. crassicollis* et *T. Felis-pardi*. La troisième portion de l'ovaire, celle qui est intermédiaire et tout à fait postérieure, existe aussi chez cette espèce, mais avec une légère modification, semble-t-il : nous l'avons représentée en coupe horizontale fig. 5 pl. XI. On voit par ce dessin que la troisième branche de l'ovaire présente des culs-de-sac horizontaux comme ceux que nous avons figurés chez le *Tœnia crassicollis* avec la différence que ces culs-de-sac sont beaucoup plus développés.

Chez le *Tœnia Krabbei*, les deux branches latérales de l'ovaire sont peut être plus nettes encore que chez les espèces précitées, mais la troisième branche présente des particularités remarquables, sur lesquelles nous aurons à revenir Elle est considérablement plus développée que chez les *T. serrata* et *crassicollis* aussi, au lieu d'être peu visible sur les coupes verticales, s'y montre-t-elle avec la plus grande évidence.

Autant qu'on en peut juger par la fig. 3 pl. XI, la branche médiane de l'ovaire occupe une très grande partie de l'anneau, mais au lieu de s'aboucher directement par ses culs-de-sac sur l'oviducte, elle possède un appareil collecteur spécial. L'extrême développement de cette partie de l'ovaire du *Tœnia Krabbei* et l'existence d'un pavillon spécial, dispositions qui n'influent pas sur le développement du reste de l'ovaire, semblent indiquer que cette espèce nous offrirait plutôt l'indication d'un état primitif, tandis que, chez les *T. saginata*, *serrata* et *crassicollis*, la troisième partie de l'ovaire serait en état de régression.

Les anneaux jeunes du *Tænia Krabbei* nous ont montré avec la plus parfaite netteté, au point de vue des ovaires, une autre particularité que nous avons ensuite retrouvée sur les anneaux très jeunes des *Tænia saginata*, *crassicollis* et *serrata*. Tandis qu'au stade auquel nous avons représenté ces deux dernières espèces, la partie qui réunit les deux ovaires latéraux, était bourrée d'ovules et impossible à distinguer en rien du reste de l'organe, ici, les cellules qui en forment le rudiment, se différencient en un tube très net et dont les éléments quoique très petits, sont bien visibles ; on ne trouve point d'œufs à son intérieur.

Ce tube se prolonge loin de chaque côté et c'est seulement dans les culs-de-sac qui semblent tirer de lui leur origine qu'il faut chercher les éléments femelles. Notre observation montre qu'il y a bien, dans l'ovaire des espèces que nous étudions, deux glandes symétriques, réunies par un conduit commun. Ces deux parties droite et gauche de l'ovaire, débouchent, comme nous l'allons voir, dans un appareil collecteur unique, mais la branche impaire a son conduit spécial qui, en général, s'ouvre directement dans l'oviducte.

Le troisième ovaire présente une autre particularité qu'il importe de signaler. La fig. 6, et la fig. 1 Pl. XII, qui, toutes deux, représentent des coupes prises sur des anneux assez âgés, montrent cette partie de la glande ovarienne, presque vide tandis que les branches latérales de l'ovaire regorgent d'ovules. Il n'en était pas de même à un stade antérieur Pl. XII fig. 2 : il semble que, dans la plupart de ces espèces, la troisième branche de l'ovaire mûrisse ses produits en premier lieu, et qu'elle les déverse de suite dans la matrice, les culs-de-sac ovulaires restant béants, pendant quelque temps au moins. Les ovules que l'on retrouve toujours en plus ou moins grande quantité à leur intérieur ne laissent pas de doute au sujet de son rôle. Il ne doit pas en être de même chez toutes les espèces et, chez le *Tænia Krabbei*, par exemple le volume considérable de cette branche s'oppose à ce qu'elle soit vite débarrassée de ses œufs. Quoi qu'il en soit, l'aspect particulier que prend la glande sous cette influence, lui a fait assigner par les auteurs un rôle différent sur lequel nous reviendrons à propos des glandes accessoires.

Il est relativement facile d'obtenir chez le *Tænia Krabbei* des coupes verticales qui montrent dans son entier la troisième branche de l'ovaire et le pavillon dans lequel se déversent les ovules. Bien que très étendue dans l'anneau et parfaitement symétrique, cette portion de l'ovaire ne possède plus un tube collecteur de ses moitiés droite et gauche : le pavillon s'insère directement au milieu de la glande. La troisième branche de l'ovaire ne présente pas non plus ces culs-de-sac verticaux rattachés aux deux branches latérales : au contraire la solution de continuité qu'ils présentent en *ft* fig. 3 Pl. XII, montre qu'elle est formé de deux longs boyaux d'ovules qui se soudent dans leur trajet. Cette disposition rappelle complètement ce qui se passe à l'origine dans l'ovaire central de certains types inférieurs, et je ne puis m'empêcher de la comparer à ce que nous avons vu chez le *Leuckartia*, espèce dans laquelle l'ovaire apparaît sous la forme de trois boyaux. (Pl. III fig. 11.)

Les diverses opinions émises par les auteurs tels que von SIEBOLD, Max SCHULTZE, PLATNER, LEUCKART, sur la nature de l'ovaire que les uns considèrent, comme un véritable ovaire, les autres comme une glande vitelline, ne reposant pas sur un examen histologique suffisant, étaient basées principalement sur l'analogie ou sur des vues *a priori*. SOMMER, au contraire, dans son important mémoire (1) précise à cet égard un certain nombre de faits et en établit définitivement un certain nombre. Le travail de cet auteur sera notre point de départ, et c'est aux données qu'il a fournies que nous comparerons le résultat de nos observations.

Pour SOMMER, qui a *injecté l'ovaire*, cet organe est situé à la partie postérieure et inférieure de l'anneau : c'est un corps glanduleux étalé, formé chez le *Tænia saginata* par deux portions latérales très développées, reliées par une partie moyenne. Chez le *Tænia solium*, il existe aussi deux lobes latéraux, mais il y a de plus un troisième lobe qui naît de la partie moyenne ; ce lobe intermédiaire, de petites dimensions, s'intercale aux deux grands lobes latéraux. L'ovaire a un volume important chez ces deux espèces ; il atteint en hauteur presque la moitié de l'anneau et laisse en arrière, entre lui et le bord postérieur, un espace occupé par la glande albumineuse. SOMMER donne avec beaucoup de précision les rapports topographiques de l'ovaire avec les organes voisins.

C'est la portion moyenne de l'ovaire, celle qui relie les deux grands lobes latéraux, qui donne naissance au canal excréteur de la glande. Celui-ci, dirigé vers le bord postérieur de l'anneau, atteint la glande albumineuse et se recourbe brusquement au dessus d'elle, pour revenir en avant se fixer à la partie postérieure de l'utérus, en décrivant des circonvolutions accentuées.

---

(1) SOMMER. Ueber den Bau und die Entwickelung der Geschlechtsorgane von Tænia mediocanellata und T. solium. *Zeitsch. f. wiss. Zool.* t. XXIV, 1874.

Le canal excréteur reçoit successivement sur son trajet le canal qui provient du *receptaculum seminis*, celui qui amène le produit des glandes albumineuses et les nombreux conduits excréteurs qui viennent des glandes coquillères. Le premier tube s'ouvre dans sa partie droite et supérieure et le second, dans sa partie ondulée, en même que les troisièmes.

L'étude de la structure intime de l'ovaire démontre qu'il n'est autre chose qu'une glande en tube. Les conduits glandulaires communiquent entre eux dans les lobes latéraux, à la manière d'un réseau, à la partie périphérique toutefois, ils s'anastomosent principalement par des anses. Les tubes présentent toujours sur leur parcours soit de petites dilatations, soit des appendices en culs-de-sac. Ils se dirigent tous vers la partie moyenne de l'organe, en se réunissant les uns aux autres avant d'y pénétrer. « In dem Mittelstück selbst, vereinigen sich theils diese Gänge von beïden Seiten her mit einander (ohne dass daselbst noch blindsackartige Ausstülpungen, vorkamen), theils offnen sie sich in einen kleinen Hohlraum der in und dicht oberhalb der Spitze gelegen ist, von welcher der Eileiter ausgeht. »

Les renseignements fournis par l'auteur allemand sur le développement de l'ovaire sont fort primitifs. Dans le stade le moins développé qu'il ait observé, les rudiments de l'ovaire se montrent « als dicht nebeneinander gelegene Linien. » Plus tard, ces *lignes*, « unter vielfacher, spitzwinkliger Theilung entsprechend den Seiten lappen des Organs, weithin lateralwarts sich ausgedehnt, auch waren die kleinen blindsackartigen Anhange der spateren Drüsengange als intensiver gefarbte Puncte bereits in ihrer Anlage kenntlich. » Le conduit extérieur apparaît ensuite. Si Sommer ne nous renseigne pas sur les processus histologiques que subit la glande, en revanche, il calcule avec grand soin les anneaux dans lesquels il a trouvé les différents organes de plus en plus distincts les uns des autres. Des coupes sur les anneaux développés ont fourni à l'anatomiste de Greifswald les données suivantes que nous résumons, en éliminant toutefois les nombreuses mensurations. Les tubes, dit-il, ont une membrane extrêmement mince et contiennent à leur intérieur une masse protoplasmique très délicate, peu dense, régulièrement grenue, pourvue de nombreux noyaux. Ceux-ci ont une forme arrondie, les uns sont finement granuleux, les autres sont homogènes et réfringents ou très clairs. *Soixante* anneaux plus loin, on reconnaît nettement les cellules ovulaires à l'intérieur des glandes qui les produisent. Ces éléments ont une vésicule germinative de nature homogène, autour de laquelle est une couche mince et délicate de protoplasme « dem Dotter protoplasma oder Hauptdotter, » de plus, ils possèdent une ou deux granulations réfringentes qui forment le vitellus accessoire (Nebendotter). Ces granules de vitellus sont plongés dans le protoplasme cellulaire (Dotterprotoplasma) et serrés contre la vésicule germinative. Il n'y a pas de membrane d'enveloppe (1). La vésicule germinative n'a pas de nucléole, SOMMER n'a pu suivre la transformation du contenu des tubes ovariens entre les deux stades que nous venons de décrire d'après lui.

Les glandes albumineuses forment, d'après SOMMER, un organe bien développé, situé à la partie postérieure de l'anneau, et étendu en direction transversale. Cet organe est beaucoup plus développé au milieu qu'aux extrémités, et sa partie médiane se prolonge en une sorte de pointe, d'où part le canal extérieur; comme l'ovaire, c'est une glande du type des glandes en tube. Les conduits glandulaires communiquent entre eux à la manière d'un réseau; ils se groupent en plusieurs canaux qui finissent par former un tube excréteur unique, lequel va s'ouvrir dans la boucle la plus voisine de l'oviducte. La membrane de la glande albumineuse est très délicate et fort élastique.

Le contenu de la glande est formé d'éléments serrés, de dimensions très variables : à côté de très nombreuses cellules possédant un seul noyau, aux petites dimensions, on en trouve d'autres, contenant plusieurs ou un grand nombre de noyaux; leur protoplasme est très délicat, semé de granulations, elles semblent posséder une membrane qui est d'autant plus nette que leurs granules sont nombreux. Mêlées à ces cellules, on trouve d'autres formations que SOMMER considère comme provenant d'éléments en voie de dissolution. Ce sont des débris protoplasmiques qui enferment des groupes de vésicules sécrétrices. Sur les anneaux bien développés chez lesquels les glandes albumineuses fonctionnent activement, on les trouve en grande abondance au milieu d'un liquide sécrété. La glande albumineuse disparaît comme l'ovaire, à un moment déterminé.

On sait que LEUCKART appelait du nom d'ovaire l'appareil considéré comme glande albumineuse par SOMMER, tandis que les deux lobes latéraux de l'organe appelés *ovaire* par ce dernier, n'étaient autre chose que les glandes vitellogènes

(1) Nous avons reproduit les dessins de Sommer relatifs aux œufs et aux ovules du *Tænia saginata* dans notre planche XI, figures 15 à 24, cela était nécessaire pour faciliter la discussion.

pour le professeur de Leipzig. Sommer appuie sa manière de voir sur trois raisons: d'abord, dit-il, les fonctions de cette glande, sont corrélatives de celles de l'ovaire : elle commence à déverser ses produits dans l'utérus un peu avant que les ovules envahissent cet organe, et elle se détruit bientôt après sa disparition. La nature du contenu de la glande albumineuse est aussi d'une considération importante : elle est le siége d'une production extrêmement abondante de cellules qui sont des formations transitoires, puisqu'elles donnent naissance à ces fragments d'éléments qui contiennent de nombreuses vésicules de sécrétion, et l'on trouve fréquemment des sphérules albumineux dans le liquide sécrété par la glande. Enfin, les cellules ovariennes sont entourées d'une couche albumineuse, aussitôt qu'elles ont passé le point où débouche la glande.

La description générale de l'ovaire, telle qu'elle est donnée par l'auteur allemand, concorde assez bien avec ce que nous avons dit plus haut, relativement à l'ovaire développé,et elle serait exacte si l'on pouvait définir un organe d'après ses apparences. Nos observations sur les anneaux jeunes du *Tænia crassicollis* montrent comment nous devons entendre cette expression de *glandes en tubes*.

Le mode selon lequel les follicules ovariens se forment dans les tissus et la manière dont ils gagnent la partie centrale, nous apprennent ce qu'il faut penser de leur paroi et de celle de leur canal excréteur. Nous verrons plus loin ce qu'est en réalité la partie considérée par Sommer comme le tube excréteur de la glande. Quant aux prétendues cellules ovulaires, nous savons qu'il ne s'agit plus là d'ovules, mais bien d'œufs dans lesquels le corpuscule polaire a subi les modifications que nous avons fait connaître ; nous n'ignorons pas, d'ailleurs, à quoi correspondent les *Hauptdotter* et *Nebendotter* de Sommer et nous ne voulons pas insister davantage sur des points que nous avons traités en étudiant l'embryogénie de ces animaux.

On a vu que Sommer donne le nom de glande albumineuse et attribue des fonctions accessoires à la glande que nous avons considérée comme une troisième branche de l'ovaire. Les dessins que nous avons donnés de cet organe montrent que son aspect n'est pas aussi différent de celui des deux autres lobes ovariens que l'a figuré Sommer, et surtout, qu'il n'est pas étendu dans le sens transversal seulement mais possède un grand développement en hauteur (1). Quant aux éléments contenus à son intérieur, nous les avons toujours trouvés semblables entre eux, contrairement à ce que dit SOMMER, et leurs caractères sont ceux des ovules. L'explication de l'erreur de SOMMER nous paraît être la suivante : cet auteur a eu affaire à des tissus et à des éléments en mauvais état, qui avaient macéré plus ou moins longtemps dans l'eau, et avaient pris ainsi l'état qu'il a figuré. Pour nous, le dessin qu'il donne des œufs pris dans l'utérus, est la marque certaine du mauvais état des matériaux d'étude du naturaliste allemand. Nous l'avons établi à propos de l'embryogénie des Cestodes.

Les raisons qu'invoque SOMMER à l'appui de son dire, ne nous paraissent pas valables. Si la glande qu'il appelle albumineuse apparaît et se détruit en même temps que l'ovaire, ce n'est certes pas parce qu'elle est de nature différente, ce phénomène indiquerait plutôt le contraire. Quant au contenu de la glande, indépendamment de la constatation que nous avons faite d'ovules à son intérieur, nous ferons remarquer que SOMMER donne simplement une interprétation des faits qu'il a cru observer et qu'il ne démontre rien à cet égard. SOMMER ne nous dit pas à quoi il reconnaît que les sphérules contenus dans la glande sont de nature albumineuse et l'enveloppe claire qu'il figure autour des œufs et considère comme de nature albumineuse, est, comme nous l'avons dit, une enveloppe artificielle, due à l'endosmose. Si c'est en un point déterminé seulement, un peu au-delà de l'insertion du spermiducte, que l'on observe cette enveloppe des œufs, ce n'est nullement parce qu'une glande albumineuse vient y déverser en ce point son produit sur les œufs, mais bien parce que les ovules viennent d'y rencontrer les spermatozoïdes, que la membrane vitelline s'est formée et que, à sa faveur, l'endosmose a pu se faire. D'ailleurs, si des doutes pouvaient subsister à cet égard, l'observation de la troisième branche de l'ovaire chez le *Tænia Krabbei* trancherait définitivement la question (2).

Tubes génitaux femelles. — Nous avons été assez heureux pour voir com-

(1) Nous parlons de ce que nous avons vu chez les *Tænia serrata*, *crassicollis* et *Krabbei*, pour le point particulier de la situation du troisième ovaire, nous n'avons pas examiné le *T. saginata* à ce point de vue et nous savons que le *Tænia cœnurus*, par exemple, présente des différences avec ce que nous avons décrit chez le *T. crassicollis*.

(2) La branche accessoire de l'ovaire, telle que la décrit SOMMER chez le *Tænia solium* n'a aucun rapport avec ce que nous appelons la troisième branche de l'ovaire. D'après les dessins de SOMMER cette branche est très petite et dirigée en avant. Nous n'avons pas étudié le *Tænia solium* à cet égard.

plètement la disposition des organes génitaux chez les espèces du type *Tænia serrata.*

Du bord de l'anneau, de la papille qui marque l'entrée des organes sexuels, partent deux appareils, le vagin et la poche péniale. Le vagin est situé en arrière, bien que son tube puisse glisser à droite ou à gauche, de manière qu'une coupe un peu oblique l'intéresse en même temps que la poche péniale.

Ce qu'il y a de constant, c'est la direction du vagin : très près de son point d'insertion, il s'abaisse pour gagner la partie inférieure de l'anneau ; il se relève un peu au moment de s'aboucher sur le tube qui conduit au pavillon. Avant de s'unir à cet organe, le vagin se dilate en un réservoir pour les spermatozoïdes. Le *receptaculum seminis* est vaste et plus ou moins arrondi chez le *Tænia Krabbei*, il est aussi très large chez le *Tænia saginata.*

La structure du vagin, chez les espèces du type *Tænia serrata*, est la même que chez beaucoup de Cestodes; nous l'avons décrite chez l'*Abothrium.* Tant que l'anneau est jeune, le vagin est hérissé de grosses cellules fusiformes, plus volumineuses, plus serrées au voisinage de son embouchure, assez lâches plus loin, et, finalement, appliquées contre le tube, à proximité de l'ouverture externe ; il contient à l'intérieur des cils nombreux, dirigés de dedans en dehors. Ces cils deviennent perpendiculaires quand l'organe s'élargit au voisinage de son ouverture. Notre dessin, fig. 8, Pl. XII, représente une très courte portion du vagin du *Tænia serrata* avec ses cils et les grosses cellules qui l'entourent.

Le *pavillon*, constant chez toutes les espèces que nous avons étudiées, se présente avec une grande netteté sous sa forme typique chez le *Tænia crassicollis* ; il est peut-être moins facile à voir chez les *Tænia serrata* et *saginata* et sa forme est un peu différente ; il est globuleux, chez le *Tænia Krabbei.* La structure du pavillon rappelle complètement ce que nous avons décrit pour le *Leuckartia* et le Bothriocéphale large : les mêmes fibres circulaires et le même appareil de cellules musculaires s'y rencontrent.

Le pavillon s'ouvre contre le tube qui réunit les deux ovaires latéraux, et ses bords passent aux parois de ce tube. Cet organe offre à son intérieur des cils dirigés vers son point de jonction avec le vagin, le but de ces cils doit être d'empêcher le refoulement des œufs vers l'ovaire.

Du point où se rencontrent le tube qui prolonge le pavillon et le vagin (Pl. XI, fig. 1), part un tube qui remonte d'abord perpendiculairement et décrit une ou deux boucles régulières, mais plus ou moins serrées suivant le degré de développement de l'anneau. Arrivé au voisinage du côté dorsal, ce tube se renfle en un organe ovoïde, disposé verticalement contre le plan musculaire supérieur, et de l'extrémité duquel, il sort un tube grêle, contourné plusieurs fois, qui redescend brusquement et va en s'élargissant pour se joindre au rudiment de la matrice, lequel court parallèlement aux faces.

Les relations de ces différents organes entre eux, tels que nous venons de les indiquer, se voient dans les fig. 1 et 2, pl. XI, où l'on peut suivre le tube-femelle un peu au-delà du renflement ovoïde dont nous venons de parler, renflement que, pour plus de concision, nous appellerons du nom de *col de la matrice*. Il est très facile d'avoir des coupes qui marquent tous les rapports indiqués dans ces dessins.

La fig. 3 Pl. XI, prise aussi sur le *Tænia crassicollis*, représente une coupe sagittale que nous avons plusieurs fois rencontrée : elle complète ce que marquaient les fig. 1 et 2, en montrant le trajet vers la matrice et les rapports du tube qui prolonge l'extrémité supérieure du col de la matrice. Ce même dessin fait voir comment la matrice peut, à un moment donné, lorsqu'elle est remplie par les œufs, former par ses branches une sorte de selle sur son col, (fig. 1 Pl. XII). En effet elle est appliquée pendant quelque temps contre le bulbe.

La particularité la plus intéressante que nous fournisse la coupe que nous analysons, particularité que nous ne pouvions rencontrer dans les deux coupes précédentes qui sont des coupes verticales, c'est l'existence d'un tube qui court d'arrière en avant, pour s'aboucher à la partie inférieure du bulbe, à l'endroit précis où vient s'ouvrir le tube né au point de réunion du vagin et du pavillon. Ce tube grêle, assez court, dont nous n'avons pas bien étudié la terminaison chez cette espèce, mais que nous avons complètement suivi chez le *T. Krabbei*, se dirige vers la branche impaire de l'ovaire. Il contient à son intérieur des éléments dont la nature est telle que l'on ne peut se tromper sur leur signification : c'est un canal qui amène à la matrice les ovules contenus dans la troisième branche de l'ovaire.

Nous avons reconnu une disposition semblable chez le *Tænia serrata*.

Le dessin que nous publions Pl. XII, fig. 3, confirme complètement ce que nous venons de dire. Il représente une coupe verticale du *Tænia Krabbei*. Le tube *pv'* qui se termine dans un autre plan que celui de la figure, est le même tube qui naît au point de réunion du vagin et du pavillon, et qui est en évidence dans toute sa longueur dans les figures 1 et 2, pl. XII ; le tube marqué *pv'* constitue l'appareil collecteur pour le troisième ovaire. Ce tube est généralement court ; avant de se terminer à la base du troisième ovaire, il décrit une courbe assez forte, et il s'insère, d'autre part, à la base du col de la matrice. La forme du pavillon de la troisième branche de l'ovaire chez le *Tænia Krabbei*, est complètement différente de celle que présente le pavillon des branches latérales de l'ovaire chez le *T. crassicollis*. Il n'est pas douteux, néanmoins, que ce soit là un second pavillon, mais beaucoup moins différencié que l'autre, assez semblable, d'ailleurs, au pavillon unique de la Ligule que nous avons figuré et décrit plus haut. Je conserve une préparation dans laquelle on voit les fibres dirigées de bas en haut dans la zone centrale. Il faut noter que le second pavillon du *Tænia Krabbei* est plus développé que le pavillon de la Ligule, puisqu'on peut y reconnaître des fibres circulaires propres, analogues à celles qui entourent le col de la matrice.

De cette observation, jointe à celle que nous avons exposée à propos de la coupe sagittale du *Tænia crassicollis*, (Pl. XI, fig. 3), nous croyons être autorisé à conclure que, d'une manière générale, il existe chez les Tænias du type *T. serrata* trois branches ovariennes dont les produits sont déversés dans deux pavillons, et que la glande décrite sous le nom de *glande albumineuse* n'est qu'une partie de l'ovaire.

Autour de cette partie ovoïde allongée du tube femelle qui reçoit les deux pavillons, on peut voir Pl. XI, fig. 1, 2, 3, un appareil spécial qui tranche nettement sur les autres tissus de la zone centrale : il est dû à l'entrecroisement de fibres serrées, au milieu desquelles on peut observer de nombreuses cellules. Ces fibres, dont on peut suivre facilement le trajet, passent d'un côté aux tissus de la zone centrale et s'attachent de l'autre aux parois du col de la matrice. Les cellules de cette enveloppe fibrillaire du col sont-elles simplement des cellules fusiformes, douées de propriétés musculaires, ou bien jouent-elles le rôle de glandes dont le produit se déverserait dans l'oviducte? Je n'ai pu trancher la question, bien que je penche fort pour la première hypothèse.

L'organe que nous venons de décrire autour du col de la matrice et que nous avons figuré chez les *Tænia serrata et crassicollis*, se retrouve, entre autres, chez le *Tænia Krabbei*, où il nous a paru trancher moins nettement sur les tissus de la zone centrale (fig. 3, pl. XII). Dans cette coupe, on peut voir des fibres entremêlées de cellules, qui rayonnent du col de la matrice : elles correspondent évidemment à l'espèce de bulbe du *Tænia crassicollis* et n'en diffèrent que parce qu'elles sont moins serrées entre elles et moins nettement détachées du reste des tissus. Cet organe caractérise, semble-t-il, le groupe naturel de Cestodes que nous étudions; nous verrons dans un instant quelle interprétation les auteurs en ont donné.

La *matrice*, qui termine l'appareil oviducte, est un organe primitivement solide, qui se creuse d'une cavité au cours du développement. La fig. 3, pl. XI, nous renseigne sur sa situation et sur sa forme. Elle commence à la base du col, descend au-delà du milieu de l'anneau, et s'étend parallèlement à la face inférieure, sur la ligne médiane, en se dirigeant vers le bord antérieur. A aucun moment, cet organe ne se met en communication avec la face ventrale par un rudiment; c'est par là seulement qu'il diffère de l'*Abothrium* que nous avons étudié plus haut.

Chez les espèces de ce type aussi, les cellules des rudiments sont intimement unies entre elles et avec les tissus, aussi, la matrice s'élargit-elle quand l'anneau s'agrandit et ses parois deviennent-elles de moins en moins épaisses.

L'augmentation en volume de l'anneau est corrélative de l'arrivée des œufs à l'intérieur de la matrice; ceux-ci s'accumulent dans la cavité de cet organe. Les fig. 2, pl. XI, et 3, pl. XII, montrent la coupe verticale de la matrice, contre le bulbe qui environne le col, mais la coupe horizontale fig. 6, pl. XI, est particulièrement instructive à cet égard.

Cette coupe est prise sur un anneau d'âge moyen. Le corps de la matrice est resté peu développé, mais il a donné naissance, de chaque côté, à de nombreuses branches qui s'étendent dans une grande partie de l'anneau et peuvent se ramifier plusieurs fois. Les extrémités de ces ramifications sont souvent renflées en cul-de-sac et la matrice elle-même, se termine par une très vaste dilatation qui s'étend à droite et à gauche. L'organe entier est bourré d'œufs.

La même coupe montre aussi les rapports de l'ovaire avec la matrice et avec le pavillon. Le principal intérêt que présente le stade que nous décrivons est dans la structure de la paroi de la matrice. Cet organe est tapissé par une couche de très petites cellules nucléées et serrées les unes contre les autres, en d'autres termes, disposées en membrane. On peut voir ces petites cellules suivre les branches qui se détachent du corps de la matrice, et les tapisser jusqu'à une certaine distance, au-delà de laquelle elles s'arrêtent brusquement. Je n'ai pu retrouver ces éléments en d'autres points des culs-de-sac; ils se comportent de même à l'extrémité de la matrice.

On conçoit que si le corps de la matrice devenait beaucoup plus large, les cellules qui le tapissent ne pouvant guère se multiplier et étant d'ailleurs en nombre relativement petit, seraient écartées les unes des autres : l'organe paraîtrait alors dépourvu de parois. C'est ce qui arrive parfois chez le *Tænia crassicollis*, et c'est peut-être la raison qui nous a empêché de voir ces éléments chez plusieurs autres espèces du même groupe.

Quoiqu'il en soit, nous croyons pouvoir considérer comme typique la disposition que nous venons de décrire et que l'on retrouvera certainement ailleurs, et notre interprétation sera la suivante : la matrice, d'abord solide, se creuse d'une cavité que distendent les œufs ; elle se présente d'abord sous l'aspect d'un organe tapissé d'une couche entièrement cellulaire. L'accumulation des œufs, par suite de leur accroissement continu en nombre et en volume, détermine sur les parois de la matrice, un certain nombre de hernies bientôt remplies, mais qui ne tardent pas à céder en écartant les éléments cellulaires qui les limitent ; les œufs se répandent alors dans la zone centrale et se disposent assez régulièrement, sans toutefois être maintenus dans une membrane propre. Chez certaines espèces, les traces de rupture des hernies s'indiquent par la persistance à la base de ces fausses ramifications de quelques-unes des cellules qui tapissaient la matrice.

Dans d'autres cas, les cellules du rudiment, au lieu de conserver leurs traits primitifs se transforment en fibres ou s'écartent les unes des autres, ce qui altère la disposition typique.

Les œufs déversés dans la matrice restent longtemps indépendants les uns des autres, tant que leur évolution n'est pas complète, mais, lorsque la membrane de l'embryon hexacanthe est achevée, il se passe un phénomène que nous devons indiquer et qui a échappé à tous les observateurs.

On se rappelle que l'œuf des Tænias du type *T. serrata* n'est pas simplement un œuf, mais que, sous la membrane vitelline, il se trouve un embryon différencié, et deux grosses masses rejetées, dont l'une au moins, s'est réduite en granules indépendants qui entourent l'embryon.

Si l'on cherche à savoir, par la dilacération pratiquée sur un anneau mûr, ce que deviennent les œufs après ce stade, on trouve que les œufs obtenus de cette manière sont réduits à l'embryon, et il n'y a plus trace de la membrane ni des deux masses vitellines. Des coupes pratiquées sur des anneaux dont les œufs présentent cette particularité montrent que, contrairement à ce qui existait au stade antérieur, tous les œufs sont enfermés dans un système de mailles étroites, à l'aspect réfringent, dont on ne peut a priori s'expliquer l'origine.

Un examen attentif permet bientôt de reconnaître, par le moyen de stades intermédiaires, que les mailles, dans ce cas, n'ont pas de rapports avec les tissus de la zone centrale, mais qu'elles sont dues à une transformation des résidus de la matière vitelline, enfermés à côté de l'œuf, transformation analogue à celle qui détermine la genèse des couches cuticulaires, et qui suit de près la désagrégation de la seconde sphère vitelline.

Les mailles que nous venons de décrire sont moins accentuées chez le *Tænia saginata* que chez les autres espèces du type, telles que *T. serrata, Krabbei, felis-pardi, marginata, cœnurus, crassicollis*, mais elles n'en existent pas moins. C'est même chez le *Tænia saginata* que j'ai pu le plus facilement suivre leur formation.

Nous rappellerons, à ce propos, que nous avons signalé chez le Bothriocéphale large des formations analogues, qui prennent naissance aux dépens des granules vitellins déversés en trop grand nombre dans le tube-matrice.

D'après SOMMER, le vagin contient à son intérieur une fine lamelle chitineuse que nous n'avons pas observée, laquelle serait disposée entre ce canal et le *receptaculum seminis*; on trouve sur cette lamelle « sehr zierliche feine und kurze Spitzen aus, deren freies Ende gegen die Scheidenöffnung gerichtet ist; communément, selon cet auteur, il y aurait aussi des cils plus longs mais de même direction à l'intérieur, dans toute l'étendue du du vagin, ou seulement dans sa moitié interne. Où ces cils manquent, on trouve une pigmentation du vagin due à de très fins granules. L'auteur allemand décrit ainsi sans doute les cils du vagin, mais les renseignements qu'il donne sont erronés : les cils, qui existent constamment sur les jeunes anneaux, se détachent plus tard et ne sont pas remplacés, et c'est dans les vieux anneaux que se fait le dépôt de pigment. Il n'y a pas d'autre rapport entre ces deux faits. SOMMER avait vu que le vagin est entouré de cellules serrées sur deux ou trois rangées, mais il les décrivit comme plus abondantes à l'entrée et à l'extrémité interne de l'organe; pour lui ces cellules ont sécrété la membrane qui limite la cavité du vagin. Les autres renseignements fournis par SOMMER sur le vagin et sur le *receptaculum seminis* ne se rattachent pas au point de vue auquel nous nous sommes placé.

SOMMER, après d'autres auteurs, étudie longuement l'organe qu'il appelle *glandes coquillères* (corps de Mehlis auct. plur.) C'est l'ensemble formé par la dilatation de l'oviducte que nous avons appelée le *col de la matrice*, et par le tissu spécial qui l'entoure.

Mehlis (1), qui découvrit cet organe, confondit le col de la matrice avec le bulbe et le décrivit comme une vésicule d'où part un tube qui va se réunir avec un conduit parti du *receptaculum seminis*.

Platner conteste l'observation de Mehlis : pour lui le corps de Mehlis n'est autre chose que l'ovaire, Platner juge ainsi lui-même ses observations sur l'organe et les parties qui s'y rattachent : « Alles ist aber so blass und undeutlich, dass man die Richtigkeit des Geschehenen in Frage stellen muss » (2).

Leuckart étudia l'organe de plus près : il vit ses rapports avec le *receptaculum seminis*, l'ovaire et l'utérus ; il admit que les œufs acquéraient à son intérieur leurs caractères définitifs.

Sommer considère le corps Mehlis comme formant les glandes coquillères ; c'est, dit-il, un complexe de glandes unicellulaires, disposées autour de l'oviducte. Ces glandes sont serrées, leur forme est ovale ou arrondie ; leur noyau n'est pas toujours net. Ces glandes persistent très longtemps, puisqu'on les retrouve sur les anneaux de l'extrémité de la chaîne qui tombent spontanément Ce sont là les seuls faits qui se détachent de la longue étude de Sommer sur cet organe, le reste consiste en une interminable description des rapports de l'appareil, avec les différents points de la chaîne, rapports étudiés d'ailleurs par transparence, sur des préparations colorées. En résumé, Sommer n'a pas vu plus que ses prédécesseurs le col de la matrice, et ses prétendues observations histologiques sont erronées. Comme nous l'avons fait voir, cet appareil n'a pas du tout la disposition que lui attribue cet auteur. Nous devons ajouter que, si les fibres qui forment le bulbe renferment des glandes, ce que nous ne croyons pas, celles-ci n'ont aucun rapport avec la formation de la coquille. Nous savons en effet que la coque des embryons des Tænias de ce type n'est nullement un produit de sécrétion.

Selon Sommer, l'utérus des *T. solium* et *saginata*, après avoir été linéaire, se développe tellement en se ramifiant, qu'il finit par remplir presque tout l'anneau; la membrane qu'il forme est anhiste et extrêmement élastique; la matrice manque complétement d'appareil musculaire, et, par conséquent, de contractilité propre. L'auteur allemand décrit longuement et avec le plus grand soin les ramifications de l'utérus ; il compare ses observations avec celles de Platner et expose ensuite non moins longuement l'évolution de l'utérus. Cette description, faite d'après des observations par transparence, ne renferme rien

(1) Oken's Isis, 1831, p. 70.
(2) *Platner* loc. cit. 279.

qui nous intéresse au point de vue où nous nous sommes placé, nous la passerons donc sous silence et nous nous contenterons d'opposer, aux vues de Sommer sur une membrane élastique qui tapisserait l'utérus, nos propres observations sur le *Tænia crassicollis* et l'interprétation que nous en avons donnée plus haut.

Nous ne pouvons laisser l'histoire des Tænias du type *T. serrata* sans mentionner les différences intéressantes qui distinguent le *Tænia crassicollis* du *Cysticercus fasciolaris*. Nous nous contenterons de rappeller la disparition des deux canaux transverses primitifs de la larve, remplacés chez l'adulte par une lacune, et celle de l'anastomose qui unissait les deux vaisseaux chez le Cysticerque ; nous ferons remarquer, en outre, l'augmentation notable du diamètre de la lacune et la diminution considérable du nombre des corpuscules calcaires, par suite des modifications imprimées aux tissus. La différence la plus importante concerne le système musculaire. Nous avons opposé la fig. 4, Pl. XII, qui représente la moitié d'un anneau du *Cysticercus fasciolaris*, à la fig. 5, Pl. XII, où se trouve dessinée une portion d'un jeune anneau du *Tænia crassicollis*, avant que les œufs soient déversés dans la matrice. Je ne parlerai point de l'épaisseur de la couche musculaire circulaire, j'appellerai seulement l'attention sur les muscles longitudinaux. Dans la larve comme dans l'animal sexué, il y a bien deux couches distinctes de ces muscles, mais, tandis que dans la larve, les deux couches sont séparées par une zone assez large de tissu, chez l'animal parfait elles sont au contact (1) et de plus, la zone interne est réduite et la zone externe est plus développée que chez le Cysticerque. La zone externe des muscles longitudinaux est prolongée chez le *Tænia crassicollis* par une série de petits groupes de muscles longitudinaux qui atteint les couches sous-cuticulaires ; ces petits groupes musculaires de la zone intermédiaire, rappellent une disposition analogue que l'on observe chez les autres espèces du groupe. Les muscles longitudinaux des côtés présentent aussi des différences dans les deux formes : ils sont en gros faisceaux très serrés chez la larve, et disjoints chez l'adulte en de très nombreux petits groupes.

Naturellement, nous ne croyons pas ces différences fondamentales et nous ne pensons pas qu'il y ait une bien grande distance pour la structure entre la larve et l'animal parfait, mais il n'en était pas moins utile de signaler ces particularités.

---

(1) Ces deux groupes de muscles longitudinaux sont bien distincts dans la nature, le dessin ne montre pas ce fait d'une manière satisfaisante.

CONCLUSIONS.

Il est impossible de tracer l'histoire générale des Cestodes, après l'étude d'un nombre aussi restreint d'espèces. Néanmoins, il se détache de nos observations un certain nombre de données générales que nous voulons faire ressortir, en les présentant maintenant sous une forme schématique. Notre façon d'interpréter l'anatomie et l'histologie des Cestodes, nous aidera à comprendre la structure des types que nous étudierons dans la seconde partie de ce travail.

L'organisation générale des Cestodes est la suivante : un réseau conjonctif aux mailles serrées, forme toute la masse du corps. Ce réseau se termine à la périphérie par des cellules volumineuses, douées de propriétés contractiles, serrées les unes contre les autres et souvent disposées en plusieurs couches. La cuticule, qui enveloppe le corps tout entier, est due à une modification de la partie terminale externe de ces grosses cellules.

Au milieu du réseau conjonctif dont nous venons de parler, et en intime connexion avec lui, on trouve des fibres différenciées qui forment ce qu'on appelle les muscles chez les Cestodes, bien que ces éléments n'aient aucun rapport avec les véritables muscles des autres animaux. Une partie de ces prten dus muscles s'étend de l'extrémité antérieure à l'extrémité postérieure et envoie des branches nombreuses dans la zone sous-cuticulaire : ce sont les muscles longitudinaux, disposés en une couche épaisse à quelque distance des grosses cellules sous-cuticulaires. Souvent, des fibres se séparent en plus ou moins grand nombre de la couche principale, et une série longitudinale secondaire peut ainsi prendre naissance. Fréquemment aussi, un certain nombre de ces mêmes fibres se groupent en petits faisceaux, distribués entre la cuticule et la couche musculaire longitudinale principale.

C'est en dedans des muscles longitudinaux que l'on rencontre les muscles dits circulaires.

Ces muscles forment en réalité deux plans : l'un supérieur, l'autre inférieur ; ils ne sont nullement disposés en cercle, mais ils s'étendent de droite à gauche pour aller se perdre sur les côtés dans les zones sous-cuticulaires.

Les muscles circulaires circonscrivent une portion du corps du Cestode que nous avons appelée la *zone centrale*. C'est à l'intérieur de cette zone que naissent les produits et les organes génitaux.

Ces données principales établies, il importe, avant d'aller plus loin, de connaître exactement le tissu qui forme la masse du corps des animaux que nous étudions.

Le réseau dont nous avons parlé, est formé de cellules plus ou moins développées, complètes ou réduites à l'état de simple nodule ; ces éléments sont pluripolaires et leurs prolongements, anastomosés avec ceux des cellules voisines, forment le reticulum. Les cellules du tissu, généralement très nombreuses et très marquées dans les jeunes anneaux, deviennent rares et souvent disparaissent dans les anneaux âgés ; le réseau conjonctif s'accroît corrélativement à la régression des cellules. Tout le tissu du corps présente les mêmes caractères.

Nous pouvons nous expliquer maintenant l'origine et la structure des appareils plongés au sein de ce tissu homogène. Nous croyons qu'ils naissent tous aux dépens des cellules dont nous venons de parler. En effet, lorsqu'un organe doit apparaître en un point quelconque du tissu réticulé qui forme la masse du corps, on voit les éléments plus ou moins réduits, origine du réseau, augmenter de volume et présenter bientôt les caractères ordinaires des cellules jeunes. Les mailles étant très petites, et les cellules rudimentaires qui forment le point de convergence des fibres étant très nombreuses, l'organe qui va se former à leurs dépens, se présente d'abord comme une masse solide de cellules serrées les unes contre les autres, qui ont toutes conservé leurs rapports primitifs. Cette disposition n'est généralement pas changée quand les organes ont acquis leurs caractères définitifs, et les cellules qui les forment continuent à être rattachées aux tissus voisins.

Ce que nous venons de dire ne s'applique pas seulement aux organes génitaux, les vaisseaux et les cordons nerveux sont dans le même cas.

Les grosses cellules qui rayonnent au dehors des tubes vasculaires, se perdent dans les mailles voisines et sont en continuité avec elles par leur extrémité périphérique ; elles se continuent de l'autre côté avec les tissus de la paroi. Nous ne reviendrons pas sur ce que nous avons dit touchant l'histologie de l'appareil vasculaire chez diverses espèces. Au point de vue morphologique, constatons que, si les vaisseaux sont constants chez les Cestodes, ils présentent dans cette famille les dispositions les plus variées. Parmi les formes que nous avons étudiées dans ce mémoire, il en est dont les vaisseaux sont très nombreux, très irréguliers, très intimement anastomosés dans la zone centrale ; la zone intermédiaire est, de plus, richement pourvue de vaisseaux longitudinaux réguliers (*Ligule*). Ailleurs, il existe un seul vaisseau dans la zone centrale, et il est dépourvu d'anastomoses transverses, mais on rencontre de très nombreux vaisseaux dans la zone intermédiaire (*Bothriocéphale large*). Ailleurs encore, les vaisseaux ont un autre caractère ; ils sont beaucoup plus nombreux et très régulièrement disposés dans la zone centrale, tout contre la couche musculaire circulaire ; un vaisseau annulaire les réunit tous dans chaque métamère (*Leuckartia*). Une autre forme nous a montré, de chaque côté du corps, trois vaisseaux devenus indépendants du tissu réticulaire et logés dans une sorte de gaîne musculeuse très particulière (*Abothrium* large). Citons encore la partie du système vasculaire étendue dans la chaine anneaux chez les espèces du type du *Tænia serrata*. Il existe chez ces animaux, deux vaisseaux semblables de chaque côté du corps mais, de très bonne heure, l'un d'eux se transforme en une vaste lacune. Nous avons vu que, chez cet animal deux vaisseaux transverses, correspondant à un vaisseau circulaire, unissent les quatre troncs longitudinaux dans chaque anneau. Plus tard, au lieu de ces deux vaisseaux, il se forme une lacune transverse, qui unit les deux lacunes longitudinales.

Les cordons nerveux sont uniquement formés de cellules bipolaires ou pluripolaires, qui, chez certains types, sont très développées et nettement séparées les unes des autres, tandis que dans la plupart des espèces elles sont très petites et très serrées. Le plus souvent, les cellules sont entraînées dans le processus de transformation conjonctive auquel sont soumis les tissus voisins, et elles s'étirent de la même façon, en perdant leurs caractères cellulaires : de véritables mailles se forment ainsi aux dépens des éléments nerveux.

Les Cestodes ne présentent de communication entre les deux cordons nerveux que dans la tête. Chez les formes étudiées dans ce mémoire, à part les espèces du type *T. serrata*, on ne trouve comme commissure nerveuse qu'une seule bande, étendue dans le sens de la largeur de l'anneau. Il n'en est plus de même, chez les Cestodes dont la tête est symétrique par rapport à un axe.

Les différents produits contenus dans le tissu des Cestodes ont la même origine que les organes. Corpuscules calcaires, cellules vitellogènes, éléments testiculaires, ovules, ne sont autre chose que des cellules du tissu réticulaire modifiées dans un sens spécial.

La cellule qui doit donner naissance à un corpuscule calcaire subit d'abord une transformation assez analogue à la cuticularisation ; elle augmente aussi de volume. Elle se divise ensuite en deux parties, dont l'une, plus volumineuse, forme le corpuscule calcaire même, et dont l'autre s'atrophie progressivement. La membrane cellulaire reste intacte, aussi, lorsqu'elle est déchirée par un accident et que le corpuscule calcaire tombe au dehors, elle persiste à la façon d'une maille, maintenue qu'elle est par ses prolongements. On ignore la signification exacte de ces cellules encroûtées, mais, leur répartition, très-inégale parfois entre deux individus de la même espèce, leur extrême abondance dans les parties du Cysticerque qui doivent se détruire, etc., semblent leur enlever tout sens morphologique pour ne leur laisser qu'une valeur physiologique de peu d'importance.

Les cellules vitellogènes, de même que les éléments testiculaires, sont d'abord des cellules embryonnaires avec tous les caractères ordinaires de ces éléments. Au lieu de subir la transformation conjonctive, elles continuent à augmenter de volume et tranchent ainsi sur le tissu environnant. Les follicules testiculaires, aussi bien que les follicules vitellogènes, sont dus au groupement d'un certain nombre de ces cellules. Insistons sur le fait qu'elles restent longtemps en continuité avec le tissu réticulaire voisin. On comprend que les deux sortes de follicules ainsi formés soient dépourvus de membrane d'enveloppe propre.

Les follicules testiculaires appartiennent généralement à la face dorsale de l'anneau ; nous ne voulons rien ajouter à ce que nous avons dit de ces produits.

Les follicules vitellogènes, nous le savons, ne se rencontrent pas chez tous les Cestodes et ils paraissent manquer chez les Tænias. Ils peuvent se présenter sous deux aspects : ils se développent dans la zone centrale, soit à la partie supérieure et à la partie inférieure (*Abothrium*), soit à la face ventrale seulement (*Leuckartia*). Plus fréquemment, ces glandes prennent naissance dans la zone intermédiaire, un peu en-dedans des couches sous-cuticulaires. (*Ligule*, *Bothriocéphale*). Nous ignorons encore la raison morphologique de ces différences. Nous nous sommes longuement exprimé, au sujet des canaux par lesquels les granules vitellins se rendent au vitelloducte.

Les ovules sont des cellules embryonnaires qui se sont considérablement développées, tout en conservant leurs connexions avec le tissu réticulaire au sein duquel elles sont plongés. L'ovaire se présente comme les vitellogènes, sous deux aspects, l'un de ces aspects dérive de l'autre. La disposition qui semble primitive est celle dans laquelle l'ovaire occupe le milieu de la zone centrale et est, en quelque sorte, perpendiculaire à la face ventrale (*Leuckartia*, *Abothrium*). Une modification importante est celle que nous avons observée chez la Ligule et chez le Bothriocéphale : ces types présentent encore un ovaire central, mais moins développé, qui ne fournit pas d'ovules, mais qui est destiné à la régression. L'ovaire principal, chez ces derniers types, s'étend parallèlement à la face inférieure du corps. L'ovaire central est complètement disparu chez les espèces du type du *Tænia serrata* et il est remplacé par un ovaire ventral, analogue à celui du Bothriocéphale large. Si les follicules ovariens qui naissent au milieu de la zone centrale chez les espèces du type *T. serrata*, ont des rapports phylogéniques avec l'ovaire central typique, rappelons qu'ils sont devenus au moins très différents de cet organe.

Nous avons rencontré deux dispositions principales des organes génitaux chez les différentes espèces de Cestodes que nous avons étudiées jusqu'ici. Dans l'une, tous les organes sont réunis à la face ventrale, dans l'autre, ils prennent naissance sur le côté de l'anneau. Dans ce dernier cas, ils présentent deux dispositions qui dérivent l'une de l'autre, selon que la partie terminale de l'oviducte, la matrice, s'ouvre à l'extérieur ou que cet organe ne présente pas d'orifice pour la ponte.

Etudions d'abord les rapports de ces organes entre eux.

L'appareil génital mâle des Cestodes est essentiellement formé d'une poche péniale et d'un spermiducte. Le spermiducte se termine quelquefois par un large pavillon dans lequel se rendent les spermatozoïdes (*Ligule*); ailleurs, il est en connexion avec les testicules par des canaux spéciaux *Tænia crassicollis*; ailleurs encore, il laisse passer les produits mâles à travers ses parois *Leuckartia*, etc.

L'appareil femelle est un peu plus complexe. Chez les formes inférieures, celles qui sont pourvues de glandes vitellogènes, il est formé essentiellement par un organe collecteur des œufs, le pavillon, qui se continue par l'oviducte. L'oviducte, à son origine, reçoit d'une part le vagin, qui lui amène les spermatozoïdes, et d'autre part le tube vitelloducte, qui apporte les granules vitellins. L'oviducte est le plus souvent très long; il s'ouvre dans la matrice. La matrice se distend par l'afflux des œufs, et ses parois s'amincissent: il peut arriver qu'elles cèdent et laissent ainsi les œufs pénétrer dans la zone centrale et nous avons des exemples de ce fait dans les formes les plus éloignées. La matrice en refoulant les tissus, gagne progressivement la face ventrale qu'elle finit par atteindre; la tension des œufs contenus à son intérieur déchire peu à peu les couches sous-cuticulaires, et ces produits arrivent ainsi au dehors. Nous avons vu, dans un cas, une invagination de l'extérieur, marcher à la rencontre de la matrice, sans se mettre toutefois en communication avec elle (*Leuckartia*).

Différentes modifications peuvent être apportées au type que nous venons de décrire. En ce qui concerne les vitellogènes d'abord, nous pouvons constater la disparition du tube vitelloducte dans les cas où ces glandes appartiennent à la zone centrale. Nous employons à dessein ce mot de *disparition*, car, différentes particularités que nous avons signalées, en attendant une confirmation basée sur la morphologie, autorisent à admettre comme primitive l'existence d'un vitelloducte.

Les modifications de l'appareil récepteur des œufs sont de plusieurs sortes. La matrice, cette dilatation de la partie terminale de l'oviducte, peut n'être pas marquée et l'oviducte s'ouvrir néanmoins à l'extérieur. L'organe tout entier joue alors le rôle de matrice et subit des dilatations considérables (Bothriocéphale large). Dans les cas où la matrice manque, il se peut que l'oviducte, le tube-matrice, comme nous l'avons appelé, se perde dans les tissus et n'atteigne pas l'extérieur. Il n'existe alors ni matrice, ni orifice pour la ponte (Ligule).

L'arrêt de développement peut être porté plus loin encore et l'oviducte se trouve réduit à sa portion initiale; la Ligule aussi, nous a donné un exemple de cette disposition.

La principale différence que les Tænias du type *T. serrata* présentent avec les formes précédentes, consiste dans l'absence des formations vitellogènes et, par conséquent, du tube vitelloducte. L'oviducte est relativement court et ne se dilate pas; la matrice, dont l'existence est constante, ne communique jamais avec l'extérieur. Cette forme est trop éloignée des autres types que nous avons étudiés dans ce mémoire, pour que nous cherchions à établir les homologies de leur appareil génital. Nous attendrons, pour nous prononcer, d'avoir étudié les formes intermédiaires.

EXPLICATION DES PLANCHES.

PLANCHE I.

Fig. 1 à 10. *Tænia marginata.*
Fig. 11 à 13. *Tænia serrata.*
Fig. 14 à 15. *Tænia marginata.*
Fig. 16 à 34. *Tænia cucumerina,*
Fig. 35 à 37. *Tænia saginata.*
Fig. 38 à 58. *Tænia expansa.*
Fig: 59. *Tænia sp.*
Fig. 60. *Tænia pectinata.*

Toutes ces figures sont à un grossissement de 550 diamètres environ, à part les figures 35, 36 et 37 qui sont à 800 diamètres et la figure 60 qui est schématique.

LÉGENDE GÉNÉRALE

fml. Fibres musculaires longitudinales.
b.l. Cellules blastodermiques.
mvt. ou *mb.* Membrane vitelline.
cd. Zone délaminée.
vt. Masses vitellines.
éb. Embryon hexacanthe.
cp. Corpucule polaire.
ovc. Ovaire central.
ct. Cuticule.
ov. Ovaire.
mt. Matrice.
pv. Pavillon.
œ. Œuf.
ovd. Oviducte.
spd. Spermiducte.
cc. Corpuscule calcaire.
sp. Spermatozoïdes.

rs. Receptaculum seminis.
vt. Vitellogénes.
tt. Testicules.
zmc. Zone musculaire circulaire.
zml. Zone musculaire longitudinale.
zit. Zone intermédiaire.
vs. Vaisseau.
vg. Vagin.
pp. Poche péniale.
zsc. Zone sous-cuticulaire.

Fig. 1. Premier stade observé dans l'œuf du *Tænia marginata*; l'ovule s'est partagé en deux sphères de caractère différent, qui restent soudées.

Fig. 2. Une première cellule blastodermique fait saillie sur l'une des sphères primitives qui a un peu modifié ses caractères.

Fig. 3. La première cellule blastodermique est presque dégagée, les deux masses vitellines sont devenues très distinctes l'une de l'autre.

Fig. 4. La première cellule blastodermique est indépendante, les deux masses vitellines sont séparées, l'une d'elles, très diminuée de volume, se montre en voie de régression.

Fig. 5. Deux cellules blastodermiques; les deux masses vitellines sont réduites; l'un des deux éléments blastodermiques présente quelques caractères d'une cellule en voie de division.

Fig. 6. Deux cellules très distinctes qui viennent de se séparer; une masse vitelline est en complète régression.

Fig, 7. Trois cellules distinctes; l'une des masses vitellines s'est réduite en très fins granules qui enveloppent tous les éléments de l'œuf, l'autre a persisté avec tous ses caractères. On aperçoit sur le côté l'élément très réfringent, à noyau plein, qui était inclus dans la masse vitelline détruite.

Fig. 8. Disposition fréquente des masses vitellines; l'une d'elles a des caractères optiques différents de l'autre; 4 cellules blastodermiques dont l'une va achever sa division.

Fig. 9. Une masse vitelline a persisté, la seconde est détruite et ses éléments se voient en *vt'* 6 cellules blastodermiques, dont l'une va bientôt se diviser.

Fig. 10. Les deux masses vitellines sont intactes; il y a un grand nombre de cellules blastodermiques. La plus volumineuse va vraisemblablement se diviser.

Fig. 11. Les deux masses vitellines et la membrane vitelline n'ont pas été représentées. Les cellules blastodermiques, après s'être encore multipliées et avoir formé une masse compacte, se sont partagées en deux parties : toute la couche périphérique de ces cellules s'est détachée des éléments sous-jacents.

Fig. 12. Les deux masses vitellines et la membrane vitelline n'ont pas été représentées. La couche délaminée, dont les éléments sont encore distincts au stade représenté dans la figure précédente. ont subi une dégénérescence granuleuse, à la suite de laquelle ils se sont confondus ; l'ensemble de la couche délaminée a augmenté de volume.

Fig. 13. Les deux masses vitellines et la membrane vitelline n'ont pas été réprésentées. Les granules de la partie périphérique de la couche délaminée *cd* ont modifié leurs caractères et se détachent nettement en *cd'* sous forme de granules contigus ; la transformation de la couche délaminée continuant de la même façon, formera la couche des bâtonnets.

Fig. 14. Œuf complet sous sa forme normale, avant qu'il entre en coalescence avec les œufs voisins, Les deux masses vitellines avec leurs caractères différentiels et la membrane vitelline sont intactes. La couche délaminée a acquis son aspect définitif : elle s'est transformée presque entièrement en une couche d'éléments allongés, perpendiculaires à l'embryon, d'aspect chitineux (*bt*) ; une mince couche granuleuse a persisté à son intérieur (*cd'*) ; plus en dedans il semble exister une lame réfringente, provenant aussi de la couche délaminée. A ce grossissement les crochets ne pourraient être rendus que par des traits.

Fig. 15. Aspect fréquent. L'une des deux masses vitellines est intacte, l'autre s'est réduite en granulations comme dans la fig. 7 ; on voit en *a* l'élément cellulaire réfringent qui était inclus dans cette masse vitelline. Les lettres *b h* et *v t* ont été interverties par le graveur. A ce grossissement les crochets ne pourraient être rendus que par des traits.

Fig. 16. Ovule avec son noyau très petit.

Fig. 17. Le globule polaire est expulsé ; la membrane vitelline s'est détachée, l'aspect du noyau est plus clair.

Fig. 18. Deux cellules blastodermiques ont pris naissance ; elles sont égales, aplaties l'une contre l'autre par une face ; corpuscule polaire.

Fig. 19. Les éléments du stade précédent ont augmenté de volume avant de se diviser ; l'un d'eux est sur le point de se partager.

Fig. 20. Deux cellules avant leur division ; le gros élément marqué *cp* est-il bien un corpuscule polaire ? Stade anormal.

Fig. 21. Stade trois, avec corpuscules polaires.

Fig. 22. Stade quatre ; la grosse cellule ne va pas tarder à se diviser ; irrégulier.

Fig. 23. Stade quatre bien régulier ; deux corpuscules polaires.

Fig. 24. Stade six ; une cellule plus volumineuse va être le point de départ d'une nouvelle division.

Fig. 25. Sept cellules dont une plus volumineuse.

Fig. 26. Stade douze ; corpuscules polaires disparus.

Fig. 27. Stade morulaire ; toutes les cellules sont égales.

Fig. 28. Les éléments figurés au stade précédent ont continué à se multiplier ; leur couche périphérique s'est détachée (stade de délamination).

Fig. 29. La lame cellulaire rejetée est caractérisée davantage ; l'embryon s'est arrondi, la couche délaminée est devenue granuleuse; des granules ont déjà subi la transformation vitreuse.

Fig. 30. L'œuf complètement développé; l'embryon a acquis ses crochets, la couche délaminée formée par une seule rangée de cellules, s'est transformée en une enveloppe épaisse granuleuse.

Fig. 31. Stade anormal; par suite d'un arrêt de développement, deux cellules sont restées indivises, tandis que les autres se segmentaient régulièrement, d'où une disposition qui rappelle l'œuf des espèces du type *T. serrata.*

Fig. 32 et 33. Stades analogues au précédent

Fig. 34. Embryon complètement développé; on voit qu'il présente une cavité; les crochets semblent s'insérer sur une masse musculaire commune qui se rattache aux parois de la cavité.

Fig. 35. *Tænia saginata* : œuf normal; deux masses vitellines avec leur élément vitreux (globule polaire); nombreuses petites cellules blastodermiques.

Fig. 36. Stade anormal; nombreuses cellules blastodermiques; les masses vitellines sont confondues.

Fig. 37. Œuf complet et normal; embryon après la délamination; les deux masses vitellines sont bien distinctes l'une de l'autre. Ce stade montre que l'évolution du *Tænia saginata* est fort analogue à celle des autres espèces de Tænias du type du *T. serrata.*

Fig. 38. Ovule pris sur l'ovaire.

Fig. 39. Le noyau de l'œuf est devenu vitreux et a pris les caractères du corpuscule polaire avant qu'il ait donné naissance à un élément blastodermique.

Fig. 40. Stade normal; la membrane vitelline se détache; la première cellule blastodermique commence à sortir de la masse vitelline; la cellule-sœur ne s'est pas encore transformée en corpuscule polaire.

Fig. 41 et 42. Avant d'émerger de la masse vitelline, la première cellule blastodermique s'est divisée; dans l'un de ces œufs on voit le corpuscule polaire. Stade très peu fréquent.

Fig. 43. La membrane vitelline est détachée et deux cellules blastodermiques sont sorties au dehors avant la transformation du futur corpuscule polaire.

Fig. 44 et 45. Stades fréquents, une grosse masse vitelline encore indivise est accompagnée de trois cellules vitellines; le globule polaire n'est pas transformé.

Fig. 46. Stade normal bien qu'il ne soit peut être pas fréquent à ce moment. Il y a deux masses vitellines et plusieurs éléments blastodermiques.

Fig. 47 et 48. Une masse vitelline encore indivise, plusieurs corpuscules polaires, plusieurs cellules blastodermiques de dimensions inégales; les plus volumineuses de ces cellules ne vont pas tarder à se diviser.

Fig. 49. Stade régulier dans lequel l'une des deux masses vitellines contient deux

corpuscules polaires par un phénomène très peu fréquent ; un certain nombre de cellules blastodermiques.

Fig. 50. Stade avancé ; les cellules embryonnaires forment une *morula* ; elles sont cependant encore très indépendantes les unes des autres. Les masses vitellines, sont très bien développées, elles commencent à glisser sur les côtés du rudiment embryonnaire.

Fig. 51. Les cellules de la morula sont entrées en connexion entre elles, elle forment une masse cohérente ; les masses vitellines enveloppent complètement le rudiment de l'embryon. Les globules polaires sont très développés.

Fig. 52. Les masses vitellines se remplissent de vacuoles ; l'embryon est délaminé ; les cellules de la couche rejetée sont assez inégales et parfois superposées.

Fig. 53. L'œuf est considérablement accrû ; une seconde lame s'est détachée de l'embryon ; les éléments rejetés commencent à se confondre et à subir la dégénérescence granuleuse. Les vacuoles s'accentuent dans les masses vitellines.

Fig. 54. Stade ultérieur ; la plus externe des deux couches délaminées est complètement en dégénérescence ; elle a beaucoup augmenté de volume ; la couche interne s'est aplatie. — Les masses vitellines n'ont pas été reproduites dans les figures.

Fig. 55. Les principaux changements portent sur la couche délaminée interne qui présente deux proéminences sur sa face aplatie. Les masses vitellines n'ont pas été reproduites.

Fig. 56. La couche délaminée interne a subi sa transformation et est devenue entièrement chitineuse, sauf en un point restreint. Les cornes, nées aux dépens de la face aplatie, marchent l'une vers l'autre. A ce stade, les crochets de l'embryon sont développés. Les masses vitellines n'ont pas été reproduites.

Fig. 57. Prise sur un œuf beaucoup plus âgé ; la couche délaminée externe augmente de volume par une sorte de gélification, et sa portion qui est enfermée d'abord par les deux cornes, suit le développement de ces appendices et se trouve portée en haut ; la transformation de la seconde couche délaminée est complète. Les masses vitellines n'ont pas été reproduites.

Fig. 58. Œuf complet ; développement achevé ; les masses vitellines se sont transformées en grosses vésicules ; la première couche délaminée est considérablement gélifiée ; la masse pincée entre les cornes a pris ses caractères définitifs ; un vide reste à la base de ces deux appendices. L'embryon a sécrété une très mince membrane.

Fig. 59. Œuf du Tænia *sp. ind.* délamination et transformation granuleuse de la couche rejetée.

Fig. 60. Appareil pyriforme isolé de l'œuf, pour montrer la disposition des deux cornes et faire voir leur indépendance relativement à la masse granuleuse qu'elles maintennent entre elles.

PLANCHE II.

Fig. 1. *Tænia expansa.*
Fig. 2. *Tænia denticulata.*

Fig. 3 à 16. *Tænia multistriata.*
Fig. 17 à 28. *Tænia anatina.*
Fig. 29. *Tænia sp*
Fig. 30 à 32. *Tænia lævigata.*
Fig. 33 à 38. *Tænia sp* (Canard).
Fig. 39 à 41. *Tænia serpentulus.*
Fig. 42 à 49. Bothriocéphale du Saumon.
Fig. 50 à 55. *Phyllobothrium thridax.*
Fig. 56 à 58. *Tænia colliculorum.*
Fig. 59 à 62. *Tænia bacillaris.*
Fig. 63. *Tænia Barroisii.*
Fig. 64. *Tænia dispar.*
Fig. 65 à 66. *Tænia* du Râle de Baillon.
Fig. 68. *Tænia pectinata.*
Fig. 70. Œuf du *Leuckartia.*

Tous ces dessins d'embryogénie sont à 550 diamètres, sauf 62, 66, 68 qui sont à 400.

Fig. 1. *Tænia expansa.* Stade très développé mais différent du stade fig. 58 Pl. 1 par un moindre développement de l'appareil pyriforme. Les vacuoles des masses vitellines sont considérables.

Fig. 2. *Tænia denticulata.* Les masses vitellines sont désorganisées ; la première couche délaminée est devenue complètement granuleuse ; la seconde lame commence à se détacher du reste de l'embryon.

Fig. 3. *Tænia multistriata.* La membrane vitelline s'est formée ; on voit plusieurs globules polaires.

Fig. 4. La cellule-œuf s'est partagée en deux éléments dont l'un est déjà subdivisé.

Fig. 5. Même stade ; deux noyaux nettement formés dans la cellule indivise annonçent qu'elle va se diviser.

Fig. 6. Montre comme la précédente que les éléments de même valeur ne se segmentent pas nécessairement en même temps. La très grosse cellule est sur le point de se diviser ; la cellule moyenne est évidemment de même âge que la petite cellule, mais, d'après les dimensions on peut croire qu'elle se segmentera plus tôt.

Fig. 7. Stade analogue au précédent. Corpuscules polaires.

Fig. 8. Stade quatre régulier ; deux éléments opposés indiquent par leurs deux noyaux qu'ils vont se partager. Corpuscules polaires.

Fig. 9. Stade ultérieur ; la petite cellule du centre est-elle de nature blastodermique ? Stade rare, tout au moins.

Fig. 10. Un des éléments primitifs resté indivis donne à l'œuf l'apparence des éléments représentés Pl. 1, fig. 44, 45, 48. La signification est toutefois absolument différente, puisqu'il s'agit dans un cas d'une cellule blastodermique très volumineuse et dans l'autre cas d'une masse vitelline épuisée de matières nutritives.

Fig. 11, 12, 13. Stade morulaire ; la sphère centrale en se divisant, rendra tous les éléments blastodermiques semblables.

Fig. 14. Stade de délamination. La couche périphérique des cellules blastodermiques s'est détachée des éléments sous-jacents.

Fig. 15 et 16. Stades d'apparence anormale dus à un léger retard dans la segmentation.

Fig. 17. Ovule du *Tænia anatina*.

Fig. 18. Œuf ; la membrane vitelline et le corpuscule polaire existent. Le graveur a donné à tort à la cellule-œuf l'apparence d'un amas de cellules.

Fig. 19. Deux cellules blastodermiques dont l'une va se diviser ; nous avons figuré la seconde cellule par un trait. Les autres dessins relatifs à cette espèce sont aussi schématiques.

Fig. 20, 21. Stade quatre.

Fig. 22. Stade cinq ; deux éléments sont sur le point de se diviser pour former en tout sept cellules blastodermiques.

Fig. 23. 24. Stade cinq dont l'un arrive au stade six.

Fig. 25. Stade morulaire; dans tous les stades précédents comme dans celui-ci, le corpuscule polaire est resté très net.

Fig. 26. Même stade, mais à un degré plus avancé.

Fig. 27. Stade de la délamination ; la dégénérescence granuleuse a frappé la couche rejetée, dans laquelle on aperçoit quelques noyaux devenus vésiculeux ; l'embryon s'est allongé, il semble s'amasser à ses deux extrémités un liquide qui refoule en ces points la couche déleminée ; un contour très net termine en dedans la lame rejetée.

Fig. 28. L'embryon est complètement développé et l'œuf a acquis sa forme définitive ; la couche délaminée est limitée en dedans par une lame chitineuse à double contour qui était indiquée au stade précédent.

Fig. 29. Stade morulaire de l'œuf d'un Tænia du Canard domestique.

Fig. 30 et 31. Deux stades de segmentation régulière avec émission de corpuscules polaires dans l'œuf du *Tænia lævigata*.

Fig. 32. Figure destinée à montrer le renversement des crochets médians chez l'embryon du *Tænia lævigata*.

Fig. 33. *Tænia* sp. Stade dans lequel six cellules blastodermiques sont accompagnées d'une vésicule de mêmes dimensions. (Corpuscules polaires).

Fig. 34. Stade ultérieur, la vésicule ou corpuscule polaire a augmenté de volume.

Fig. 35. et 36. Deux stades morulaires ; la vésicule incolore a été détruite.

Fig. 37 et 38. Deux stades morulaires dans lesquels la vésicule incolore persiste, mais où elle est située en des points différents.

Fig. 39. *Tænia serpentulus* au stade de délamination.

Fig. 40. Embryon hexacanthe au cours de son évolution ; la couche délaminée devenue granuleuse, se chitinise à sa partie interne ; une cavité circulaire s'est creusée en arrière des crochets et une partie des cellules qui forment l'embryon se sont différenciées. Les éléments périphériques sont devenus granuleux, ils paraissent plus intimement unis entre eux : ceux du centre ont formé à la base des crochets médians, une sorte de bulbe rattachée à la partie postérieure par deux faisceaux que nous supposons de nature musculaire (*mc*). Un peu de liquide, pénétré par endosmose, a détaché la membrane vitelline de la couche délaminée, et celle-ci de l'embryon. L'embryon a secrété une cuticule autour de lui.

Fig. 41. Embryon complètement développé ; la couche délaminée (*c d*) est à peu près disparue ; la transformation des cellules embryonnaires est achevée ; la cavité de l'embryon s'est considérablement accrue ; le bulbe *bb*, formé à la base des crochets médians, est nettement dessiné ; il est enveloppé d'une couche réfringente d'aspect chitineux d'où partent deux muscles qui vont se perdre à la partie postérieure du corps de l'embryon au milieu des éléments cellulaires. L'espèce de cuticule qui enveloppe le bulbe se prolonge sur les côtés de l'embryon.

Fig. 42. Bothriocéphale du Saumon. Ovule pris dans l'ovaire.

Fig. 43. Œuf non développé ; on y distingue la cellule-œuf (*o v*), des matières vitellines (*v i*) qui l'entourent en abondance.

Fig. 44 et 45 La cellule-œuf a donné très rapidement naissance à un grand nombre d'éléments intimement unis entre eux, vaguement distincts les uns des autres, contrairement à ce que nous avons vu jusqu'ici dans les cellules blastodermiques des autres Cestodes. On ne distingue dans ces éléments ni noyau ni nucléole ; le vitellus est devenu plus vésiculeux.

Fig. 46. Les cellules blastodermiques, qui forment maintenant un amas considérable, sont devenues granuleuses et bien distinctes les unes des autres ; le vitellus continue à diminuer d'importance, sans doute à mesure que les vésicules se crèvent.

Fig. 47. Stade morulaire ; les éléments, tout-à-fait indépendants les uns des autres, présentent maintenant un noyau et un nucléole.

Fig. 48. Stade de la délamination ; la couche délaminée devient vitreuse, les matières vitellines sont très réduites.

Fig. 49. Embryon complet ; les plis de la couche délaminée lui donnent un aspect tout particulier. Les crochets, trop minces pour pouvoir être dessinés à cette échelle, sont indiqués par des traits.

Fig. 50. *Phyllobothrium thridax*. Le noyau de l'ovule s'est segmenté en deux parties ; premier phénomène après la fécondation.

Fig. 51. L'un des deux éléments formés au stade précédent est devenu vésiculeux en augmentant de volume ; l'autre est resté intact.

Fig. 52. Même stade que le précédent, mais la membrane vitelline s'est détachée.

Fig. 53. Légère modification au stade fig. 51.

Fig. 54 La vésicule s'est détruite et l'autre élément est resté seul. Ne serait-ce pas l'ovule ?

Fig. 55. La cellule-œuf est enfermée sous une coque avec des vésicules vitellines.

Fig. 56. *Tænia colliculorum*. Stade trois ; la grosse cellule est en retard pour sa segmentation ; il y a un globule polaire.

Fig. 57. Stade postérieur à la délamination. Les éléments de la couche rejetée se sont accumulés aux deux extrémités.

Fig. 58. Avant-dernier stade observé ; transformation des deux extrémités de l'œuf (57 Pl II), en deux long bras ; l'embryon n'a pas de crochets. A un stade ultérieur, le contenu des bras devient vitreux.

Fig. 59. *Tænia bacillaris* ; stade deux ; deux corpuscules polaires.

Fig. 60. Stade sept ; marque une segmentation régulière.

Fig. 61. Stade morulaire.

Fig. 62. Stade postérieur à la délamination. En 1, membrane vitelline ; en 2, couche délaminée, siége de la différenciation spéciale à la suite de laquelle les granules de ses faces interne et externe s'allongent, et deviennent vitreux (ils vont se détacher en formant des membrane ?) ; en *3*, couche chitineuse sécrétée sans doute par l'embryon ; en *4*, gros disque formé aux dépens de la couche délaminée et qui n'a aucun rapport avec les deux appendices de l'œuf ; en 5 appendices solides.

Fig. 63. *Tænia Barroisii* ; en 1, membrane vitelline ; en 2, couche délaminée ; en 3, seconde couche délaminée ?, avec un épaississement aux deux pôles ; en 4, partie d'aspect chitineux appartenant à la membrane précédente ; en 5, membrane sécrétée par l'embryon.

Fig. 64. *Tænia dispar*, pour montrer la segmentation régulière.

Fig. 65. Tænia du Râle de Baillon, au stade de la délamination.

Fig. 66. La couche délaminée est devenue granuleuse.

Fig. 67. Partie antérieure de la *Ligula simplicissima*, pour montrer sa ventouse et, principalement l'annélation. De grandeur naturelle.

Fig. 68. *Tænia pectinata*, pour sa membrane *an* ; en *mb*, membrane vitelline ; en *vt*, matière vitelline formée aux dépens des deux masses rejetées dès le début de la segmentation ; *cd* couche délaminée externe ; *cd''* appareil pyriforme, né aux dépens de la seconde couche délaminée.

Fig. 69. *Leuckartia*, de grandeur naturelle.

Fig. 70. Œuf du *Leuckartia*, un peu distendu par l'eau.

PLANCHE III.

Les figures 1 à 5, consacrées à la Ligule, sont à un grossissement de 400 diamètres.

Fig. 1. Œuf de la Ligule ; la cellule-œuf et le vitellus devenu vésiculeux.

Fig. 2. La cellule-œuf est peu modifiée dans ses dimensions, mais le noyau est disparu. Les vésicules vitellines ont augmenté de volume.

Fig. 3. La cellule-œuf a donné naissance à une masse celluleuse dont les éléments sont petits, mal délimités et ne présentent pas de noyau.

Fig. 4. La massse blastodermique, après avoir augmenté considérablement de volume, a délaminé la couche externe de ses cellules qui est devenue vitreuse ; les six crochets sont formés ; le vitellus a été refoulé à la périphérie.

Fig. 5. Embryon libre de la Ligule, avec son épaisse enveloppe de cils vibratiles ; la couche délaminée a donné naissance au réseau irrégulier sous-jacent aux cils, et à une lame interne d'aspect chitineux d'où partent les trabécules du réticulum.

Fig. 6. Un crochet de l'embryon hexacanthe à 1.200 diamètres.

Fig. 7. Crochets de la Ligule étudiée par WILLEMOES-SUHM ; d'après cet auteur.

Lettres *a* à *m* développement des spermatozoïdes ; dessins à 400 diamètres.

a—k. *Tænia cucumerina*.

k. *Tænia denticulata*.

l. *Trienophorus nodulosus*.

m. *Tænia serrata*.

Fig. 8. *Leuckartia* à 75/1 pour montrer le rudiment de la matrice ; sa paroi *pr* va persister, tandis que sa partie centrale *pd* va disparaître ; elle se glisse entre les tissus de la face inférieure ; des fibres rayonnantes rattachent l'organe aux tissus. Le pavillon est encore rudimentaire. Testicules et vitellogènes sont sur le point de donner leurs produits.

Fig. 9. *Leuckartia* 75/1 ; la matrice est plus développée qu'au stade précédent et une cavité s'est creusée à son intérieur ; on voit l'oviducte déboucher à sa partie supérieure. Les spermatozoïdes sont en marche ; ils forment un gros amas *sp'* à l'extrémité du spermiducte. Le vitellus envahit les ovules ; on voit la bifurcation d'où partent l'oviducte et le vagin et à laquelle s'attache le pavillon (en 1).

vsl. vaisseaux longitudinaux.

vst. vaisseau transverse.

ovd. coupes de l'oviducte dans ses circonvolutions.

En 1 insertion du pavillon ;

Le tube marqué par erreur *spd* n'est autre que le vagin.

Fig. 10. Coupe d'un anneau jeune du *Leuckartia* à 75/1 pour montrer les rudiments de la matrice (1), du vagin (3), et du spermiducte (2).

Fig. 11. *Leuckartia* à 100/1 ; pour montrer le rudiment de l'ovaire sous forme de trois bandes ondulées dont les moyennes se continuent avec le rudiment du pavillon.

Fig. 12. *Leuckartia* à 100/1. Rapports des différents organes et de l'amas de granules que nous avons appelé l'*ovoïde vitellin*. Le pavillon est complètement développé, l'oviducte rempli d'œufs. L'ovaire est vu sur une très petite étendue. La masse principale appartient à un autre plan.

Fig. 13. Ligule à 275/1 coupe transverse d'un vaisseau pour montrer les grosses cellules musculaires qui l'entourent.

Fig. 14. id ; coupe longitudinale d'un vaisseau.

PLANCHE IV.

Fig. 1. *Leuckartia* à 100/1. Coupe montrant les traînées vitellines et les granules vitellins épars sur l'ovaire ; ces derniers sont proportionnellement beaucoup trop volumineux. L'ovaire fait voir des éléments de toutes formes, très développés et dont plusieurs sont déjà détachés et prêts à passer dans l'oviducte. L'ovaire est entouré d'œufs sortis de la matrice et complètement développés ; en *m* mailles vides par la chûte des œufs. En *œ*, d'un côté, œufs formés aux dépens d'un follicule homologue des follicules testiculaires ; de l'autre côté, œufs situés au-delà des testicules.

En *rt*. Spermiducte dont les éléments se sont transformés en un reticulum qui permet l'entrée directe des spermatazoïdes.

Fig. 2. *Id., id.* Coupe verticale comme la précédente. Un fort boyau de spermatozoïdes court à la partie supérieure de l'anneau ; on voit des spermatazoïdes le rejoindre en partant des follicules (*sp'*).

L'ovaire présente des éléments inégalement développés, non encore envahis par les granules vitellins qui commencent à arriver à la partie inférieure ; un ovule est arrêté à l'extrémité inférieure du pavillon. La matrice commence à se distendre sous l'influence des œufs qui s'accumulent à son intérieur.

mt'. Point où l'oviducte débouche dans la matrice.

pmt. Paroi de la matrice.

pl. Poussée en coin de la matrice pour gagner la face inférieure du corps.

sp'. Spermatozoïdes enroulés autour du follicule.

Fig. 3. *Leuckartia* à 75/1. Dans les coupes précédentes nous n'avions représenté que la zone centrale ou seulement la zone centrale et la zone musculaire longitudinale de la face inférieure. Ici nous avons figuré les couches sous-cuticulaires. Le dessin montre l'asymétrie de l'ovaire, la disposition non symétrique de la matrice et la manière dont cet organe se prolonge vers la cuticule.

Fig. 4. Pavillon jeune passant aux tissus voisins ; arrangement des œufs dans l'ovaire ; fusées vitellines.

En 1 insertion du vagin et de l'oviducte par une branche commune.

Fig. 5. Ligule ; 275/1 ; coupe verticale d'un cordon nerveux. Paroi de fibres serrées, d'où partent les éléments des grosses mailles. Celles-ci enferment un réticulum très fin ; en haut et en bas les fibres verticales sont écartées par le développement du cordon nerveux. La forme du réseau est très variable.

Fig. 6. Coupe d'une Ligule asexuée pour montrer les différents stades par lesquels passent les corpuscules calcaires (400/1).

PLANCHE V.

Fig. 1. *Leuckartia* : 25/1 ; pour montrer la différence de largeur des deux côtés de l'anneau et l'inégal développement de la matrice et des testicules dans les deux côtés.

Fig. 2. *Id., id.*, anneau mûr ; matrice complètement développée, atteignant la cuticule et sur le point de crever à l'extérieur ; des cils hérissent la cuticule.

an. Sillon marquant l'anneau.

mc. Coupe de la couche musculaire circulaire.

mc'. Rentrée de cette couche circulaire comme cela se passe toujours aux extrémités de l'anneau.

iv. Invagination qui ne s'étendra pas plus loin.

Fig. 3. *Ligule* ; 75/1 ; coupe verticale passant par le tube-matrice, la poche péniale, le vagin, le vitelloducte et l'ovaire. Le tube-matrice est court, il se termine brusquement dans les tissus ; les œufs sortis du tube-matrice sont plongés au milieu de granules vitellins (*vt*) ; un très long boyau de spermatozoïdes (*sp*) contourne l'amas d'œufs renfermés dans le tube-matrice, ou sortis de ce tube et versés dans la zone centrale (*œ'*).

vg'. Ouverture du vagin.

pp'. Ouverture de la poche péniale.

bb. Bulbe de la poche péniale.

pvsp. Pavillon formé par l'extrémité dilatée du spermiducte.

pv'' pv'''. Parois du pavillon, très peu différencié chez la Ligule.

qsp. Spermatozoïdes en marche.

ovc. Ovaire central.

ml. Mailles de vitellus après la chûte des œufs.

esp. Espace entre les circonvolutions du tube-matrice.

Fig. 4. *Id., id.* Coupe verticale dans un individu asexué pour montrer les rudiments des organes. Les muscles circulaires supérieurs n'ont pas été représentés. La dépression inférieure marque le point où déboucheront les organes de la reproduction. La cuticule n'est pas complètement anhiste.

pp. Rudiment de la poche péniale.

bb. Rudiment de bulbe de la poche péniale.

sp. Rudiment du spermiducte.

rs. Rudiment du *receptaculum seminis*.

vg. Point d'insertion du vagin.

mt. Rudiment très peu développé du tube-matrice.

vtd. Rudiment du vitelloducte.

pv. Rudiment du pavillon.

ov. Ovaire.

Fig. 5. *Id., id.* Coupe verticale passant par un tube-matrice très développé. La coupe est complète et comprend les portions sous-cuticulaires supérieure et inférieure : elle fait voir l'interruption des follicules vitellogènes en des points correspondants des deux faces, mais elle ne marque pas les rapports complets des organes génitaux établis dans la fig. 4. Le spermiducte est représenté avec son mode de terminaison le plus habituel. Un gros boyau de spermatozoïdes court au sommet des circonvolutions décrites par le tube-matrice.

pmt. Paroi du tube-matrice.

Fig. 6. *Id.*, *id.* ; coupe horizontale dans une portion très jeune pour montrer le rudiment de deux anneaux et leur alternance.

Fig. 7. *Bothriocephalus latus ;* 275/1 ; portion de coupe verticale montrant le pavillon (*pv*) de côté et le tube qui le prolonge (*pv'*). On voit l'ovaire central (*ovc*) avec ses éléments très peu développés comparativement à ceux du véritable ovaire (*ov*) ; l'espace *ov'* marque le point où s'accumulent les œufs, le pavillon se perd par ses extrémités dans les fibres qui le circonscrivent. On voit en *rs* le *receptaculum seminis* avec sa mince paroi celluleuse, qui se continue avec le vagin. Cette coupe ne montre pas la communication de l'organe récepteur des produits mâles avec le tube-matrice.

PLANCHE VI.

Fig. 1. *Ligule asexuée* ; 50/1 ; coupe horizontale passant au voisinage des muscles circulaires inférieurs. L'alternance des anneaux est manifeste ; les rudiments génitaux sont indépendants, mais les éléments de la zone centrale ne présentent point de démarcation d'un anneau à l'autre. L'ovaire se présente comme une demi-ellipse dont l'ouverture regarde le centre ; du sommet de cette demi-ellipse rayonnent des traînées ovariennes anastomosées qui forment le véritable ovaire de la Ligule. Au milieu de l'ellipse, rudiments des organes génitaux.

Fig. 2. *Ligule asexuée* ; 75/1 ; coupe sagittale ; quelques fibres longitudinales seulement sont représentées à la partie supérieure ; elles sont figurées dans toute leur épaisseur à la face inférieure.

rt. Rudiment des organes génitaux.

mc. Rudiment de l'ovaire.

Fig. 3. *Ligule sexuée* ; 75/1 ; coupe sagittale ; trois anneaux complets, séparés par la rentrée des muscles circulaires. La coupe a rencontré le tube-matrice dans chaque anneau ; elle l'a traversé deux fois dans l'anneau figuré au centre. La différence d'aspect est dûe à l'alternance des anneaux ; le faisceau de spermatozoïdes qui, en fig. 3 et 5, pl. V, court au sommet des circonvolutions du tube-matrice, est figuré en coupe (*sp*) ; il n'est pas au sommet de la circonvolution dans l'anneau du milieu, mais a glissé sur le côté. La fig. 4, pl. VI, explique la disposition des ovules (*ov'*) en un point de notre coupe.

pr. Paroi du tube qui traverse la poche péniale.

vg. Ouverture du vagin.

Fig. 4. La coupe représentée par cette figure est prise dans les mêmes anneaux que la précédente La rentrée des muscles circulaires est très accentuée, l'ovaire central se présente sous plusieurs aspects. Dans le premier anneau, une portion du tube-matrice ou une série d'œufs disposée en lame, l'a refoulé de part et d'autre et s'est logée en son milieu; par suite de l'alternance des anneaux, la coupe n'a rencontré que l'extrémité de l'ovaire central dans l'anneau suivant, mais elle a passé au milieu du troisième anneau. La connexion des ovaires entre eux est expliquée dans le texte. Les fig. 1 et 2 qui montrent les rudiments des organes génitaux inclus dans l'espèce de gouttière que forme l'ovaire, expliquent la disposition du *receptaculum seminis* et de la partie inférieure du tube matrice telle qu'elle a été donnée.

ovr. ovaire central.
ml. muscles longitudinaux.
pr. paroi du tube matrice.
tb. portion du tube qui prolonge le pavillon.

Fig. 5. *Leuckartia*, coupe d'un anneau très jeune pour établir les différences d'épaisseur de la zone centrale avec les parties périphériques.

fmt. Fibres musculaires transverses (correspondant aux fibres musculaires circulaires).
zc. Zone centrale.
zsc. Zone sous-cuticulaire et zone intermédiaire.
fml. Zone des muscles longitudinaux.

Fig. 6. *Leuckartia*. Coupe d'un anneau bien développé, montrant les changements survenus dans la puissance des différentes zones comparativement à la figure précédente. La zone centrale (*zc*) est considérablement accrue : les fibres musculaires longitudinales (*fml*) ont subi une forte réduction ; la zone intermédiaire (*zsc*) s'est beaucoup développée.

Fig. 7. *Ligule asexuée* ; 400/1 ; coupe sagittale ; transformation incomplète de la cuticule *ct* ; zone granuleuse sous-jacente; éléments de la zone sous-cuticulaire, qui sont de grosses cellules fusiformes, grenues, disposées en couche épaisse; en *vt* rudiment d'un follicule vitellogène; *vs*, coupe de l'un des vaisseaux sous-cuticulaire ; *zi*, zone intermédiaire ; *fml*, fibres musculaires longitudinales.

Fig. 8. Extrémité antérieure de la *Ligule* étudiée sur un individu asexué ; 75/1. Coupe horizontale. Une légère dépression médiane marque le sillon qui unit les deux ventouses ; un réseau vasculaire occupe la zone centrale.

gg. Ganglions nerveux.
nv. Cordons nerveux.
cg. Enveloppe faite au cordon nerveux par de grosses cellules.
vs' Vaisseau sous-cuticulaire.

Fig. 9. Coupe de la tête de la Ligule prise sur un même individu dans le même sens, mais passant plus bas, au milieu de la couche musculaire longitudinale ; même échelle ; la ventouse est rencontrée par son milieu ; les muscles et autres éléments vont se terminer dans la zone sous-cuticulaire sans présenter aucune particularité.

Fig. 10. *Ligule asexuée* ; 100/1 ; coupe verticale d'un anneau très jeune. Elle montre le peu d'épaisseur de la zone centrale et la disposition des muscles longitudinaux en petits faisceaux séparés par des fibres transverses et des fibres verticales ; cette disposition est très différente de ce qu'elle sera plus tard.

Fig. 11. *Ligule asexuée* ; 25/1 ; schématique ; verticale ; demi-anneau ; pour montrer la position du système nerveux et les vaisseaux sous-cuticulaires.

Fig. 12. *Bothriocephalus latus* ; 75/1 ; coupe verticale passant par le milieu de la tête ; l'orientation est indiquée par les deux cordons nerveux *nv* ; vaisseaux sous-cuticulaires (*vs'*) ; vaisseaux de la zone centrale *vs* ; deux dépressions sur les côtés, l'une droite, l'autre gauche.

PLANCHE VII.

Fig. 1. *Bothriocephalus latus* ; 275/1 ; coupe verticale établissant les rapports des organes génitaux entre eux et montrant le pavillon de face.

tbm', partie du tube-matrice revêtue d'une enveloppe celluleuse épaisse et qui est susceptible d'une grande extension.

tbm'', le tube-matrice en se courbant passe dans un plan autre que celui de la figure.

tbm''', partie du tube-matrice caractérisée par ses parois minces ; il y a des œufs *œ* à son intérieur.

tbm'''', portion initiale du tube-matrice naissant à la rencontre du vitelloducte, marqué *tvt* à sa base, et du pavillon *pv*.

cmc, cellules musculaires insérées sur le pavillon.

tbc, tube de communication entre le tube qui prolonge le pavillon et le *receptaculum seminis* (*rcs*) : il amène les spermatozoïdes.

vg, point où le receptaculum se continue par le vagin.

Une mauvaise interprétation du graveur a figuré les cils du tube prolongeant le pavillon comme des cellules ovoïdes.

Fig. 2. *Bothriocephalus latus* ; 75/1 ; anneau mûr ; coupe verticale ; une moitié de la région centrale et une partie des champs latéraux ; l'ovaire et les sortes de follicules *ov*³, *ov''*, *ov'*, dus à la rencontre des traînées ovariennes qui rayonnent du point *ov*² dans lequel les œufs sont libres ; ovaire central très développé, avec ses cellules devenues granuleuses ; *ovc* œufs accumulés dans le tube-matrice ; tube-matrice pris tantôt dans le sens de la longueur, tantôt dans le sens de la largeur, d'où les aspects divers ; des cellules musculeuses entourent d'ordinaire cet organe ; à droite de la figure une seule portion de tube extrêmement dilatée et occupant toute la zone centrale ; les œufs sont séparés par des éléments vitellins qui leur forment des mailles ; deux follicules testiculaires ; follicules vitellogènes et façon dont les granules s'élèvent dans le vitelloducte.

vs, vaisseaux de la zone centrale.

rs, coupe du *receptaculum seminis*.

tb, coupe du vagin.

cmc, couche des cellules musculaires sous-cuticulaires.

tcv, tube qui amène au centre les granules vitellins formés sur les côtés.
tvt, tube vitelloducte.

Fig. 3. *Bothriocephalus latus*; dessin emprunté à SOMMER et LANDOIS et réduit de moitié; il provient de leur Pl. V, fig. 3 et montre d'après ces auteurs la connexion des différentes parties de l'appareil génital :

a. Extrémité du vagin.
b. Canal qui va de l'extrémité du vagin au conduit excréteur de l'ovaire
c. Tube collecteur des vitellogènes.
d. Dilatation de ce tube.
e. Extrémité de la partie centrale de l'ovaire.
f. Conduit excréteur de l'ovaire.
g. Courbe par laquelle le canal excréteur de l'ovaire se rend dans la partie initiale de l'utérus conformée en fuseau.
h. Partie initiale de l'utérus.
i. Première circonvolution de l'utérus.
k. Glandes coquillères unicellulaires. (Légende prise à Sommer et Landois).

Fig. 4. Figure représentant un fragment du tube vitellogène et ses granules à 400 diamètres; des coupes de traînées ovariennes à 275 diamètres, pour montrer leurs formes et les prolongements qui les rattachent aux tissus. Pris sur le *Bothriocephalus latus*.

Fig. 5. *Ligule*; 400/1; demi-schématique; faisceaux musculaires sous-cuticulaires (*msc*); portion de la zone musculaire longitudinale (*zml*).

Fig. 6. *Ligule*. Granules vitellins fusant dans les tissus de la zone centrale.

PLANCHE VIII.

Fig. 1. *Bothriocephalus latus*; empruntée à SOMMER et LANDOIS (Pl. IV, fig. 1) et réduite.

A. Couche périphérique ou verticale; B. zone centrale; C. cuticule.
a. Fibres plongées dans la subtance cuticulaire,
b. Fibrilles protoplasmiques.
c. Cellules musculaires homogènes fusiformes de la face interne de la cuticule.
D. Tissus sous-cuticulaires.
d. Cellules protoplasmiques fusiformes de la zone sous-cuticulaire.
E. Couche de substance fondamentale conjonctive.
e Grosses cellules rondes ou ovales de la zone centrale.
f. Corpuscules calcaires.
g. Système plasmatique.
F. Chambres vitellines.
F[1] Chambre vitelline avec les éléments vitellins formés à son intérieur.
G. Muscles circulaires.
H. Coupe des muscles longitudinaux.
J. Fibres musculaires verticales.
K. Coupe transverse d'un vaisseau latéral,
L. Follicule testiculaire avec les éléments séminaux formés à son intérieur. (Légende donnée par Sommer et Landois).

Fig. 2. *Bothriocephalus latus*; 75/1; coupe horizontale; tissus supprimés; disposition de l'ovaire pour expliquer les coupes verticales ; l'ovaire est déprimé en plusieurs points par le tube-matrice.

pr. Bords du pavillon se perdant dans les tissus.

œ. Ovules détachées.

œ. Œufs développés.

Fig. 3. *Bothriocephalus latus* ; 50/1 ; coupe sagittale d'un anneau mûr, pour marquer les rapports de la poche péniale, du vagin et de l'ouverture destinée à assurer la ponte (*mt*) ; le tube-matrice est coupé en différents points et se présente avec son enveloppe de cellules musculeuses ; la partie initiale de ce tube dont les parois sont primitivement minces est reconnaissable à son faible calibre ; le sens d'orientation de l'anneau est marqué par des plis. Spermiducte *sp* et vagin sur une grande étendue de leur trajet (*vg*, *vg'*, *vg''*), poche péniale dans son complet développement.

pl, pli marquant la partie antérieure de l'anneau.

pn, ouverture du canal qui traverse la poche péniale.

mt, ouverture pour la ponte des œufs.

cl, cellules musculaires qui entourent le tube-matrice.

ov, ovaire proprement dit.

vt, colonne vitelline ascendante.

ovr, ovaire rudimentaire.

mt, coupe du tube-matrice.

mt', *mt''*, partie initiale du tube-matrice.

Fig. 4. *Bothriocephalus latus* ; 400/1 ; verticale ; renversée par la gravure ; pour montrer les rudiments très-jeunes et les cellules pluripolaires qui les forment.

rd. rudiment de la poche péniale et du tube-matrice.

ov, rudiment de l'ovaire proprement dit.

Fig. 5. *Bothriocephalus latus* ; 75/1 ; verticale; schématique ; demi-anneau jeune ; montre la situation primitive du cordon nerveux et celle du vaisseau et la puissance des diffrentes zones ; forme de l'anneau ; vaisseaux sous-cuticulaires.

Fig. 6. *Bothriocephalus latus* ; 400/1 ; œuf ; différences de l'ovule (*ov*) avec les éléments vitellins ; *p* marque l'opercule.

Fig. 7. *id* ; 400 ; portion étroite de la zone centrale pour montrer les rudiments des testicules avant qu'ils se soient séparés en follicules.

Fig. 8. *id* ; 270 ; corne repliée d'une ventouse, pour montrer la forme et la dimension des espèces d'oscules (?) que nous avons signalées.

PLANCHE IX.

Fig, 1. Terminaison du tube-matrice (*pt*) et grosse partie de ce canal chez le Bothriocéphale ; 100/1 ; anneau jeune.

Fig. 2. Partie antérieure du tube-matrice complétant la fig. 1 et prise aussi sur le Bothriocéphale; rapports avec le vagin, le *receptaculum seminis*, union du pavillon (*pv*) avec le vitelloducte *vt*; le tube-matrice (*mt*) naît à la jonction de ces deux derniers canaux; 100/1. Anneau jeune.

Fig. 3. Organes mâles chez le Bothriocéphale large, pris au même stade que les deux figures précédentes; 100/1; circonvulutions du spermiducte; les deux tubes *sp'* sont collecteurs des spermatozoïdes.

Fig. 4. *Bothriocephalus latus*; 400/1; verticale; anneau jeune de 0,005 de largeur; coupe allant de la cuticule à la couche musculaire circulaire; elle fait voir les grosses cellules sous-cuticulaires *cm*; la zone granuleuse immédiatement sous-jacente à la cuticule (*sc*) et un vaisseau (*vs*). La zone intermédiaire, encore très peu étendue, montre de grosses cellules grenues qui sont l'origine des cellules vitellogènes (*zit*).

Fig. 5. *id* 400/1; verticale; prise dans un anneau plus âgé; une portion seulement de la zone intermédiaire est représentée; les follicules vitellogènes se sont développés et les éléments qui les forment montrent leurs rapports avec les tissus voisins; les cellules intermédiaires aux follicules se sont étirées en fibres conjonctives.

cm, cellules sous-cuticulaires.

fvt, follicules vitellogènes.

cgc, couche granuleuse sous-jacente à la cuticule.

Fig. 6. *id*; 400/1; verticale; anneau très développé; pour montrer le reticulum dont les mailles ont été prises pour des cellules, quelques corpuscules calcaires, quelques fibres verticales.

Fig. 7. *id*; schématique; les follicules vitellogènes passent sans interruption d'un anneau à l'autre; *tm* coupe du tube-matrice; *ov* ovaire central; *rp* pli de l'anneau; *zc* zone des muscles circulaires.

Fig. 8. Coupe du bulbe du Bothriocéphale; *lm* cavité; *cl*, longs cils cellulaires; *ccl* grosses cellules insérées sur les fibres propres du bulbe et rattachées aux tissus de la zone centrale.

Fig. 9. *Abothrium Gadi* (v. Ben.) de grandeur naturelle; *p* orifice de la ponte.

Fig. 10. *id*; 25/1; horizontale; partie antérieure; plis ne correspondant à aucune disposition interne; la couche musculaire longitudinale n'est pas représentée d'un côté; uniformité des tissus de la zone centrale; la terminaison des tissus dans la tête ne présente aucune particularité.

Fig. 11. *id*; 75/1; verticale; anneau jeune; zone centrale seule représentée.

ov, le rudiment de l'ovaire; *vt*, rudiment des follicules vitellogènes;

tt. rudiment des testicules.

Fig. 12. *id*, 75/1; verticale; anneau plus âgé; rudiments différenciés; *pr* poussée de la matrice vers la face ventrale; *mc*, muscles circulaires.

Fig. 13. *id*; 400/1; coupe transverse d'un vaisseau; *lm*, lumière laissée par l'enroulement du vaisseau à l'intérieur de sa gaîne musculaire (*mc*).

ts, tissu de la zone centrale entre les fibres verticales refoulées par le tube.

Fig. 14. *id*; 400/1 ; coupe sagittale d'un vaisseau pour montrer les différentes dispositions que le tube (*tb*) peut prendre à l'intérieur de sa gaîne musculaire, et son indépendance des tissus de la zone centrale.

Fig. 15. *id* ; schématique ; pour montrer les plis qui marquent véritablement l'anneau (*an*) par opposition au pli *pl*; extension de la matrice.

Fig. 16. *Schistocephalus dimorphus* ; grandeur naturelle.

Fig. 17. *Schistocephalus dimorphus;* coupe horizontale de la partie antérieure, 25/1 ; pour montrer l'anse nerveuse et les cordons, les vaisseaux sous-cuticulaires et les vaisseaux de la zone centrale ; *an* pli de l'anneau.

Fig. 18. Anneau mûr du Schistocéphale ; grandeur naturelle.

Fig. 19. Anneau très développé du Schistocéphale ; grandeur naturelle.

PLANCHE X.

Fig. 1. *Abothrium Gadi*; 100/1 ; sagittale; anneau d'âge moyen, rapports de position des organes ; l'oviducte est par erreur marqué *ov* comme l'ovaire; *sl* coupe de l'oviducte : *pl* point où se forme la membrane vitelline et où se transforme le vitellus de l'œuf.

Fig. 2. *Id* ; 100/1 ; verticale ; anneau plus jeune ; zone centrale ; cordon nerveux et vaisseaux rejetés par le développement de la poche péniale ; migration des spermatozoïdes et des granules vitellins ; fusée de granules (*tr*) vers le pavillon ; grosses cellules revêtant extérieurement le vagin (*vg'*) ; rapports du vagin, du pavillon, de l'oviducte ; rudiment de la matrice ; *sp'* spermatozoïdes dans la poche péniale.

vitr. Traînée vitelline formée par des granules venant des côtés droit et gauche de l'anneau.

ovd'. Branche descendante de l'oviducte.

Fig. 3. *Id*; 400/1 ; verticale ; pour montrer l'histologie des cordons nerveux *nv*. Faisceaux musculaires *fm*.

Fig. 4. *Id.*; 75/1 ; sagittale; pour montrer le débouché de la matrice à l'extérieur, et les vrais plis ; la matrice remplit presque tout l'anneau.

Fig. 5. *Id.*; 100/1; verticale; vieil anneau; trois faisceaux de muscles longitudinaux pour marquer la différence de leur groupement, comparée à celui des muscles des anneaux jeunes (Pl. IX, fig. 12); les tissus sont remplis de granules graisseux indépendants, (en relation avec la nutrition).

Fig 6. *Id.*; 400/1, fragment d'un vaisseau ; enveloppes musculeuses et cellules qui en partent pour rattacher les muscles au tissu voisin ; couche granuleuse formant la paroi du tube d'où partent des trabécules irrégulières. — État jeune des tubes ?

Fig. 7. *Abothrium* ; 100/1 ; coupe transverse de la poche péniale ; une couche circulaire externe ; couche longitudinale moyenne ; couche circulaire interne ciliée.

Fig. 8. *Abothrium* : 400/1 ; œuf avant tout développement ; la cellule-œuf est entourée de vésicules vitellines dont nous connaissons l'origine.

Fig. 9. *Id.* ; 400/1 ; œuf après le stade de délamination ; la couche rejetée a subi un commencement de dégénérescence ; le double contour de la membrane vitelline est nettement accusé.

Fig. 10. *Id.* ; 400/1 ; œuf complètement développé ; la couche cellulaire délaminée est représentée par des vésicules dont la plupart sont volumineuses,

Fig. 11. *Schistocephalus dimorphus* asexué ; 75/1 ; verticale ; le tube *mt*, qui est le rudiment de la matrice, marque le centre de l'anneau ; rudiments des testicules (*tt*), de l'ovaire, des vitellogènes ; fibres verticales très développées ; vaisseaux (*vs*).

ml'. Couche musculaire longitudinale qui fait le tour complet de l'anneau.

ml. Couche musculaire longitudinale principale ; elle forme deux plans, l'un supérieur, l'autre inférieur.

zmc. Muscles circulaires correspondant à la couche circulaire des autres Cestodes.

zmc' zmc''. Couches musculaires limitant la couche musculaire longitudinale accessoire.

tb. Tube qui réunit les deux parties symétriques de l'ovaire et sur lequel s'insère le pavillon.

pp. Point où, sur un plan très rapproché, s'insère la poche péniale.

Fig. 12. Figure demi-schématique destinée à compléter la précédente ; tous les organes sont représentés avec leurs dimensions et dans leur situation relative, à cela près qu'ils appartiennent à plusieurs plans ; les tissus ont été supprimés ; 100/1 ; Ligule asexuée ; l'extrémité marquée 2 se raccorde à l'extrémité du rudiment du tube-matrice dans la fig. précédente. Rapports des différentes parties de l'appareil reproducteur, l'ovaire n'est plus représenté que d'un côté et par trois ovules.

tb. Tube qui réunit les deux portions de l'ovaire.

1 marque l'espace occupé par une masse destinée sans doute à entrer en régression.

Fig. 13. Dépression en forme de ventouse observée à la partie antérieure du Schistocéphale 75/1 ; *sc*, zone sous-cuticulaire.

Fih. 14 et 15. *Schistocéphale* : 400/1 ; comparaison de l'épaisseur des fibres musculaires de l'animal sous ses formes sexuées et sexuées.

Fig. 16. *Tænia crassicollis* ; 100/1 ; anneau jeune ; rudiments des deux vaisseaux transverses (*vs*).

Fig. 17. *Tænia marginata* : 100/1 ; anneau jeune ; rudiment des deux vaisseaux transverses (*vs*) ; la lacune *lc* existe en même temps et n'atteint pas encore les rudiments des vaisseaux.

PLANCHE XI.

Fig. 1. *Tænia crassicollis* ; 75/1 ; anneau jeune, pour montrer l'origine de l'ovaire sous forme de follicules disséminés dans la zone centrale, les rapports du spermiducte avec les testicules et une partie des tubes génitaux.

pt. Très large bande ovarienne qui apparaît d'abord et sur laquelle viennent aboutir tous les follicules ovariens, directement ou indirectement.

cds. Follicules ovariens.

spd'. Ramifications du spermiducte.

tt. Testicules, ils marquent la face dorsale de l'anneau.

bb. Appareil fibrillaire qui entoure la partie renflée en fuseau de l'oviducte.

Fig. 2. Le même à un stade un peu plus avancé ; les follicules ovariens (*ovc*) se sont mis en rapport avec la bande ovarienne inférieure marquée *ovp*, on voit en *mt* la coupe de la matrice.

Fig. 3. *Tænia crassicollis*, sagittale ; 75/1 ; la coupe passe entre les deux ovaires, traverse la matrice et montre les rapports de cet organe avec l'oviducte ; elle fait voir l'insertion du second pavillon *pv* ; *ov'''* marque la portion médiane de l'ovaire ; *tt* testicules marquant la face dorsale ; *tm* la séparation des anneaux.

Fig. 4. *Tænia crassicollis* ; 75/1 ; horizontale ; anneau jeune, matrice non développée, montre le troisième ovaire *ov'* et les anastomoses des deux parties principales de cet organe ; elle complète la fig. 2 (Pl. XI).

Fig. 5. *Tænia saginata* ; 75/1 ; horizontale ; forme de la portion médiane de l'ovaire.

Fig. 6. *Tænia crassicollis* horizontale ; 75/1 ; anneau développé ; montre le mode de ramification de la matrice ; le contenu de la portion médiane de l'ovaire (*ov*), le pavillon ; les cellules qui forment la paroi du tube-matrice et façon dont elles s'étendent sur les culs-de-sac latéraux (*mt*).

PLANCHE XII.

Fig. 1. *Tænia crassicollis* ; coupe horizontale, un peu oblique passant à la partie supérieure du bulbe (4) et à la base de la matrice, montre le troisième ovaire (2, 3, 7,) ; 8, culs-de-sac de la matrice ; 9, testicules ; 6, troncs de la matrice avec son revêtement celluleux.

Fig. 2. *Tænia serrata* ; 75/1 ; sagittale ; anneau jeune ; les testicules marquent la face dorsale ; pour montrer le troisième ovaire et l'extension des parties droite et gauche de l'ovaire principal en hauteur ; *pt* coupe de la bande vers laquelle convergent les follicules ovariens.

Fig. 3. *Tænia Krabbei* ; 70/1 ; verticale ; pour montrer la branche médiane de l'ovaire extrêmement développée dans cette espèce et son pavillon spécial (*pv*). Le pavillon proprement dit (*pv'*) ne se trouve pas dans le plan de la figure ; la forme du bulbe qui entoure la partie ovoïde de l'oviducte (*bb*) est un peu différente de celle du bulbe des espèces précédentes ; la coupe de la matrice est marquée *mt*. Les testicules (*tt*) dont deux montrent les queues des spermatonoïdes (*spq*) enroulés autour des follicules, marquent le côté supérieur de l'anneau.

Fig. 4. *Cysticercus fascio*laris ; 45/1 ; coupe verticale ; moitié d'anneau, deux vaisseaux transverses ; anastomose les reliant entre eux et avec les troncs longitudinaux (*vsu*).

lc, lacune; *dl* dilatation du vaisseau en arrivant à la lacune.
zml, marque les deux zones musculaires longitudinales.

Fig. 5. *Tænia crassicollis*; 45/1; verticale; petite portion d'anneau; pour opposer à la coupe précédente; *lc* lacune; *zml*, colonne musculaire principale; *zml'* seconde colonne musculaire; *zml''*, zone intermédiaire dans laquelle on trouve de nombreux petits faisceaux musculaires.

Fig. 6. *Schistocephalus dimorphus*; 75/1; verticale; individu asexué; *pp* poche péniale surmontée de son bulbe bien développé et prolongé par le spermiducte, *sp*, qui se termine brusquement au milieu des tissus. Cette figure est schématique, en tant seulement qu'elle ne représente pas les tissus au milieu desquels l'organe est plongé.
cl, cils cellulaires qui revêtent le bulbe à l'intérieur.
cll, cellules fusiformes musculaires qui rattachent le bulbe et le spermiducte aux tissus de la zone centrale.

Fig. 7. Portion du spermiducte de *Tænia serrata*, pour montrer les grosses cellules qui entourent cet organe; 400/1. Le tube est bourré de spermatozoïdes.

Fig. 8. Fragment du vagin pris sur le *Tænia serrata* pour montrer la direction des cils qui le tapissent à l'intérieur et les grosses cellules qui l'enveloppent 400/1.

Fig. 9. Éléments sous-cuticulaires du *Tænia marginata*, obtenus par dissociation; 400/1.

Fig. 10. 11. 12. 13. rapports successifs des vaisseaux entre eux et avec le système nerveux chez le *Tænia serrata*; figure schématique quant à l'absence des tissus seulement; 75/1; coupes verticales.

Fig. 14. *Tænia felis-pardi*; 75/1; anneau mûr; dimension et situation respective des vaisseaux.

Fig. 15. à 24. dessins empruntés au travail de Sommer sur l'anatomie du *Tænia mediocanellata* Pl. V.

Fig. 15. 16. 17. 18. 19. 20. *a* œuf primordial.
b vésicule germinative.
c vitellus principal.
d vitellus accessoire.
e granule isolé de vitellus provenant d'un œuf détruit.

Fig. 21. *a* membrane albuminouse.
b vésicule germinative.
d tache germinative.
c granules de vitellus accessoire.

Le cercle foncé sur lequel reposent dans ce dessin les granules de vitellus accessoire est le vitellus principal (*Dotterprotoplasma*) Légende donnée par Sommer.

Les stades figurés en 22. 23. 24, d'après Sommer, sont formés par les cellules embryonnaires au nombre de deux, trois, quatre, etc.

LILLE, IMP. L. DANEL.

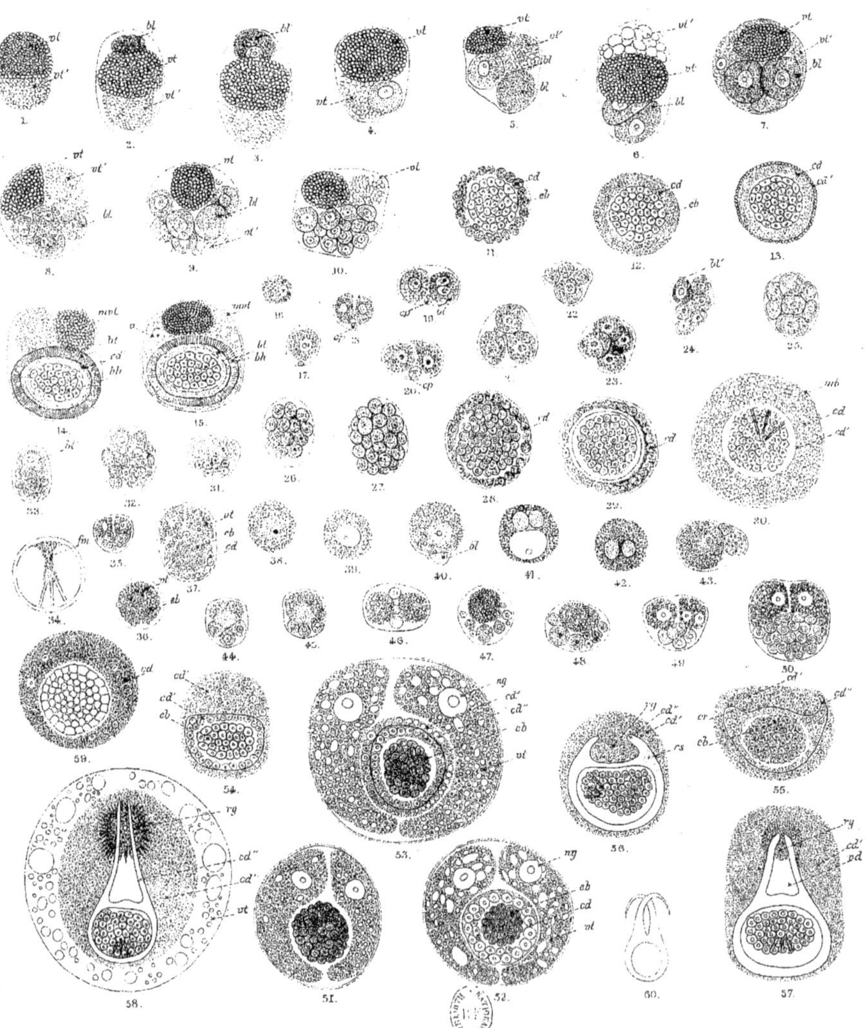

R. Moniez, ad nat. del.

Lith. G. Severeyns, Bruxelles.

Embryogénie des Cestodes.

PL.II.

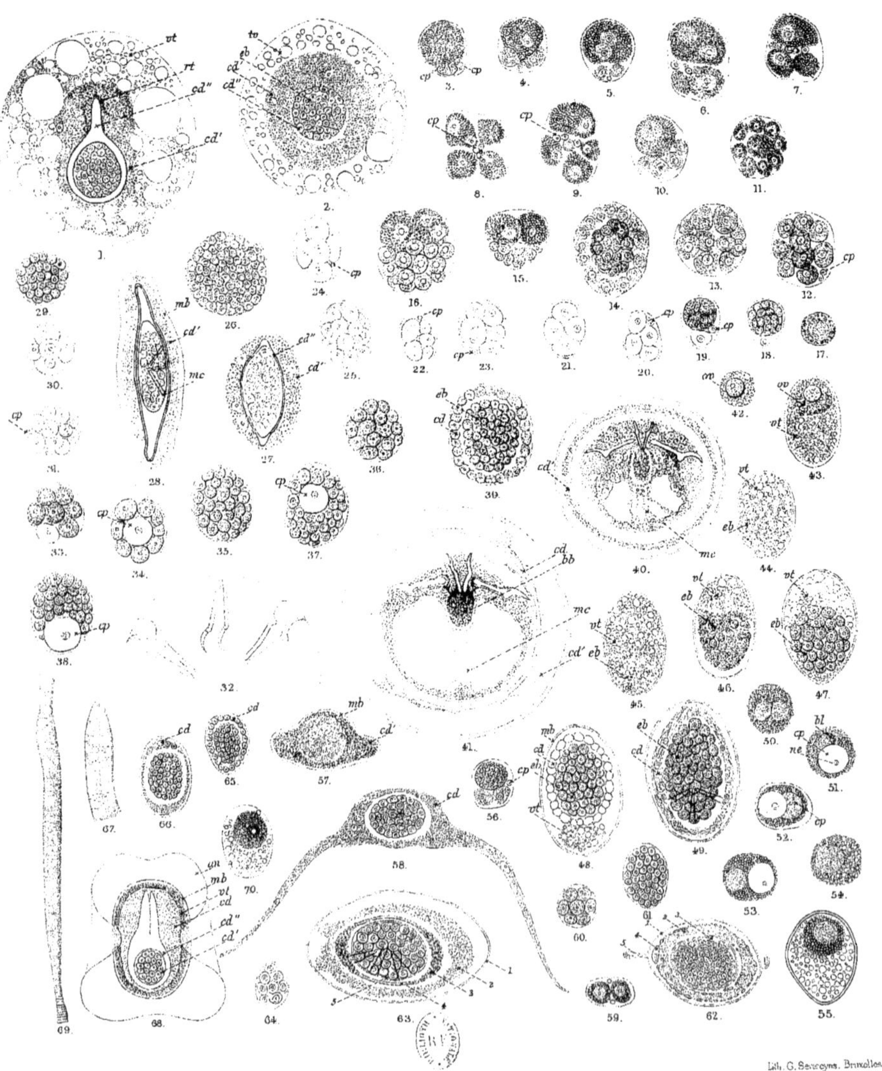

R. Moniez, ad nat del.

Lith. G. Severeyns, Bruxelles.

Embryogénie des Cestodes.

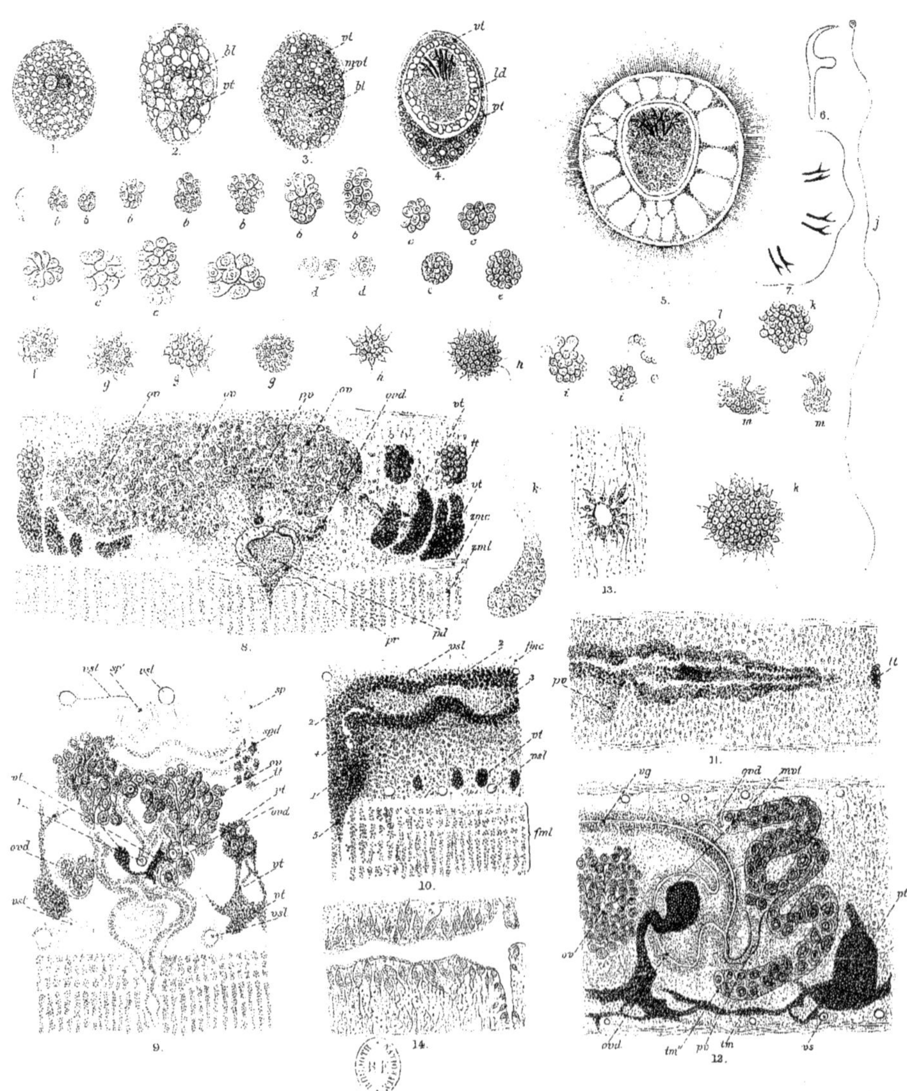

R. Moniez ad nat. del.

Lith. G. Severeyns. Bruxelles.

Embryogénie des Cestodes. Développement des Spermatozoïdes. Anatomie des Cestodes.

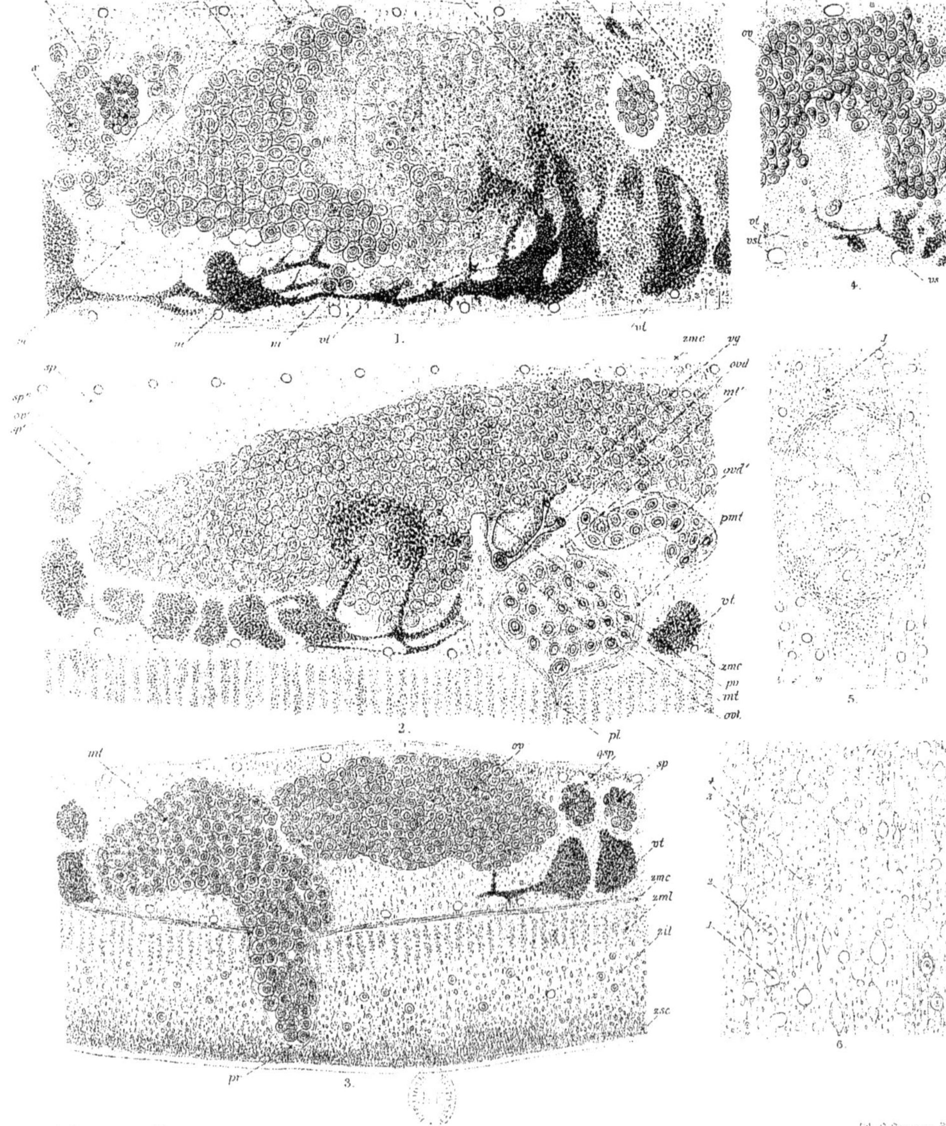

Anatomie des Cestodes.

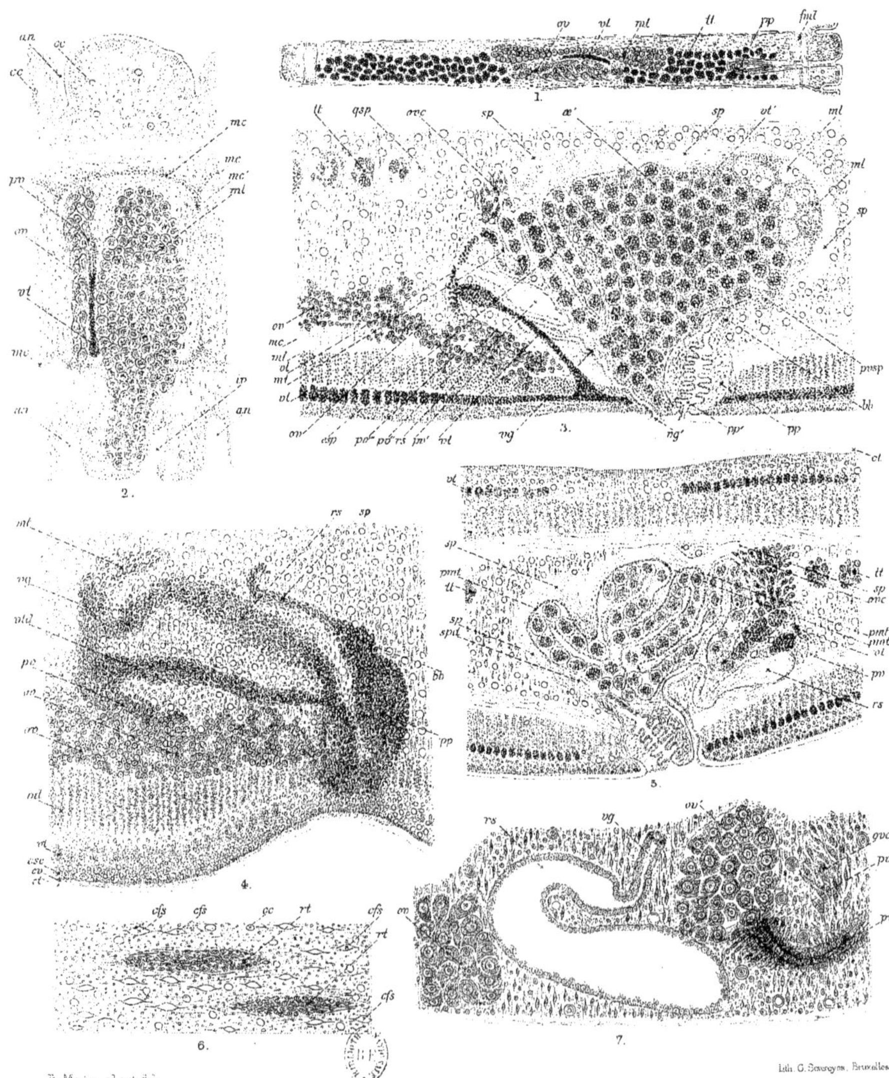

Anatomie des Cestodes.

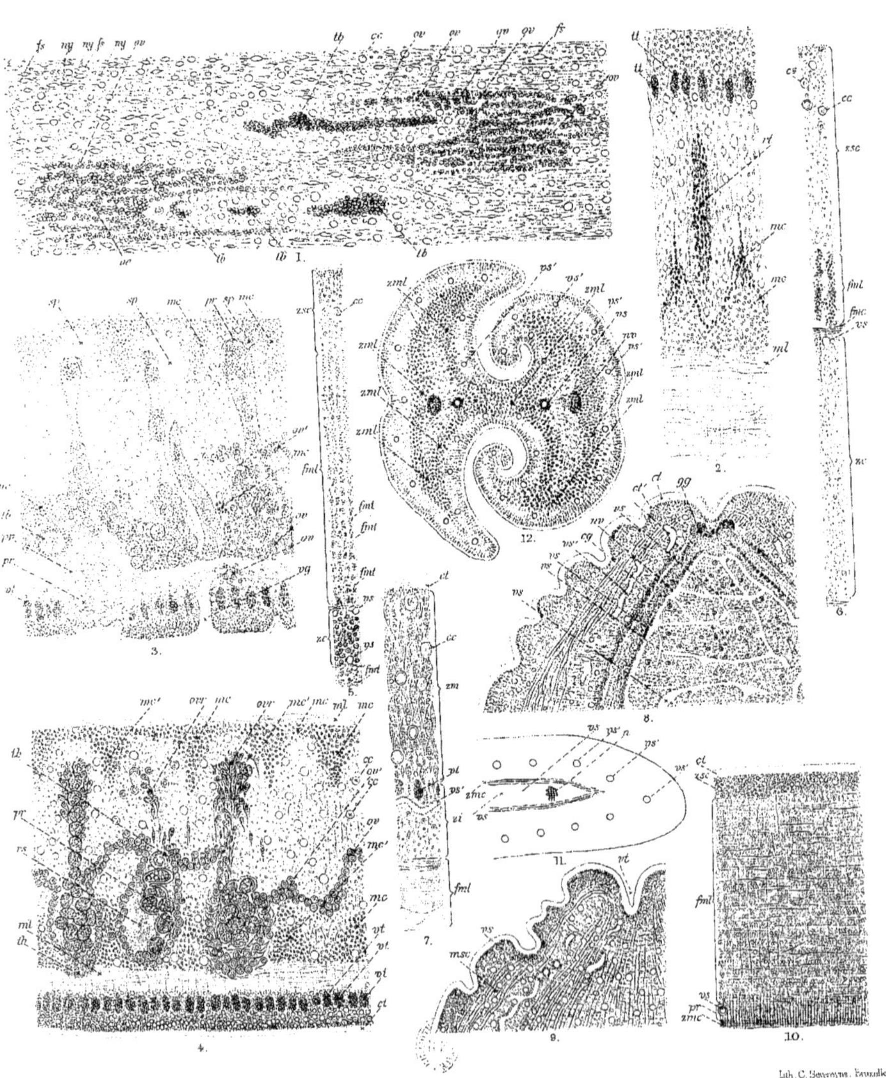

R. Moniez, ad nat. del.

Lith. C. Severeyns, Bruxelles

Anatomie des Cestodes.

PL.VII.

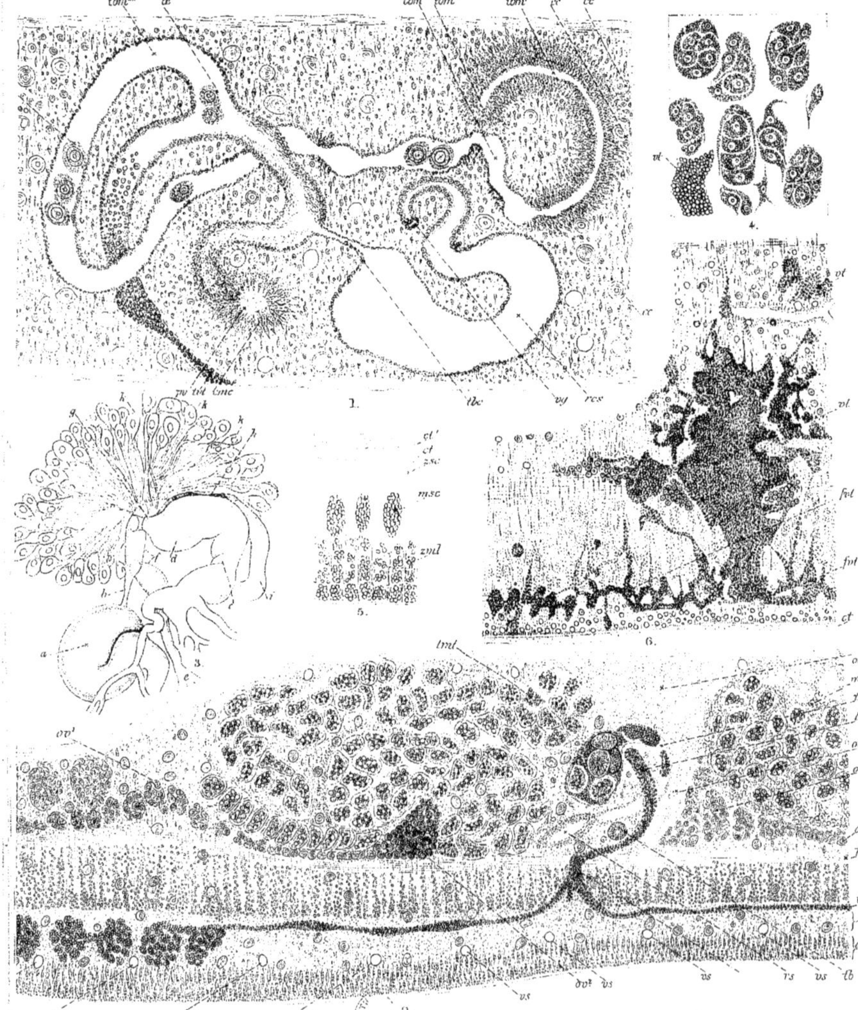

mez. ad nat. del.

lith. G. Severeyns. Bruxelles.

Anatomie des Cestodes.

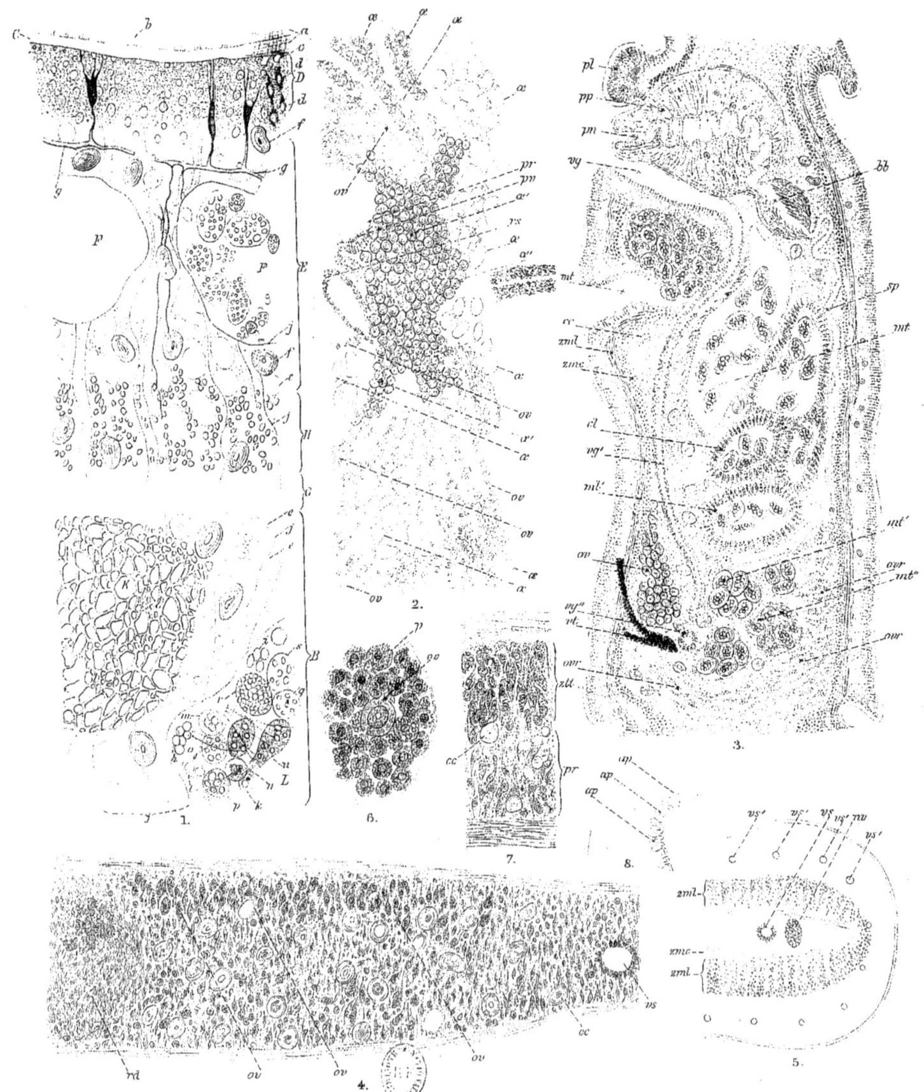

R. Moniez, ad nat. del.

Lith. C. Severeyns, Bruxelles.

Anatomie des Cestodes.

PL.IX.

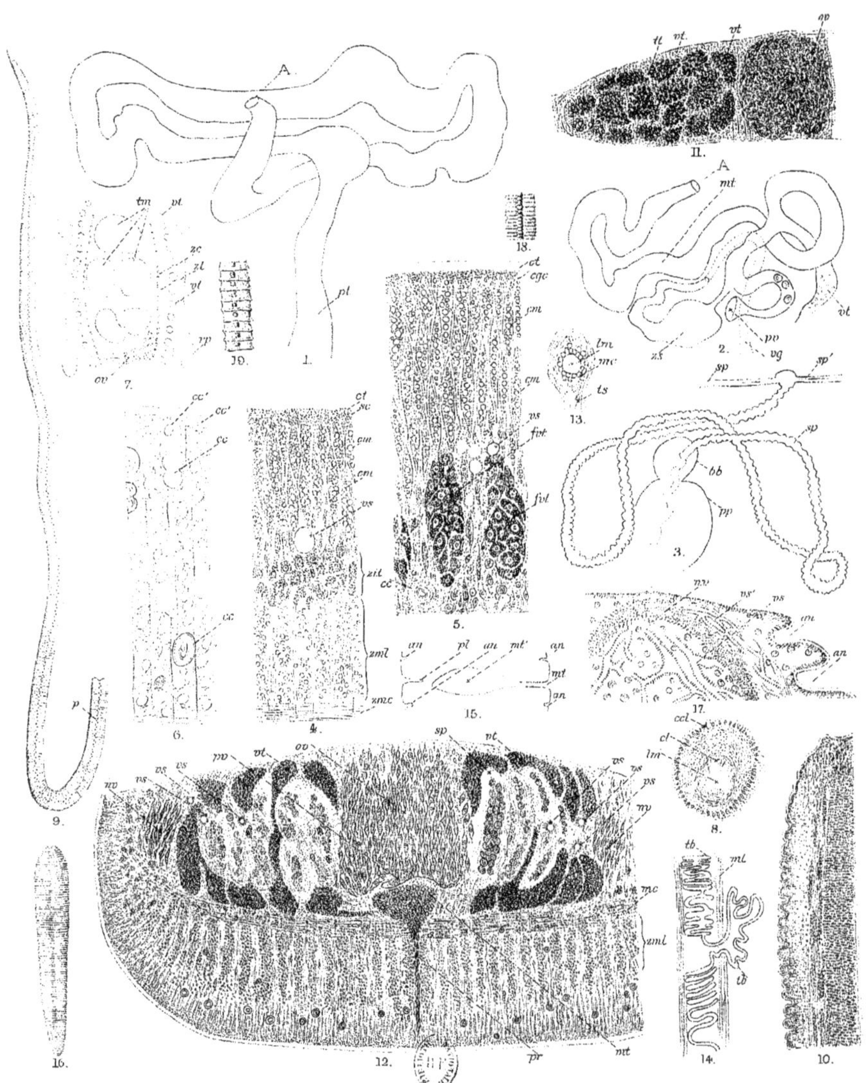

R. Moniez, ad nat. del.

lith. G. Severeyns, Bruxelles.

Anatomie des Cestodes.

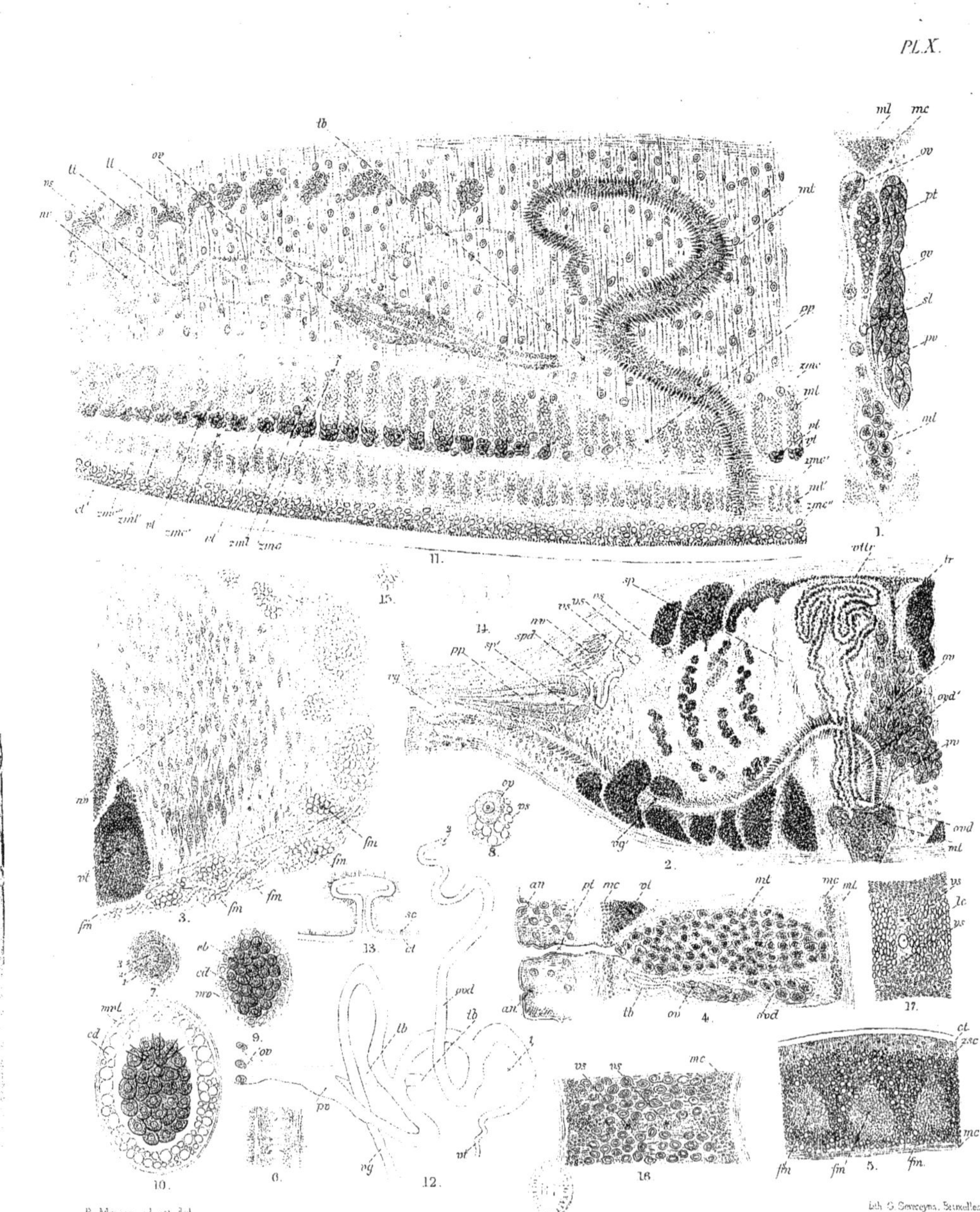

R. Moniez ad nat. del.

Lith. G. Severeyns, Bruxelles.

Anatomie des Cestodes

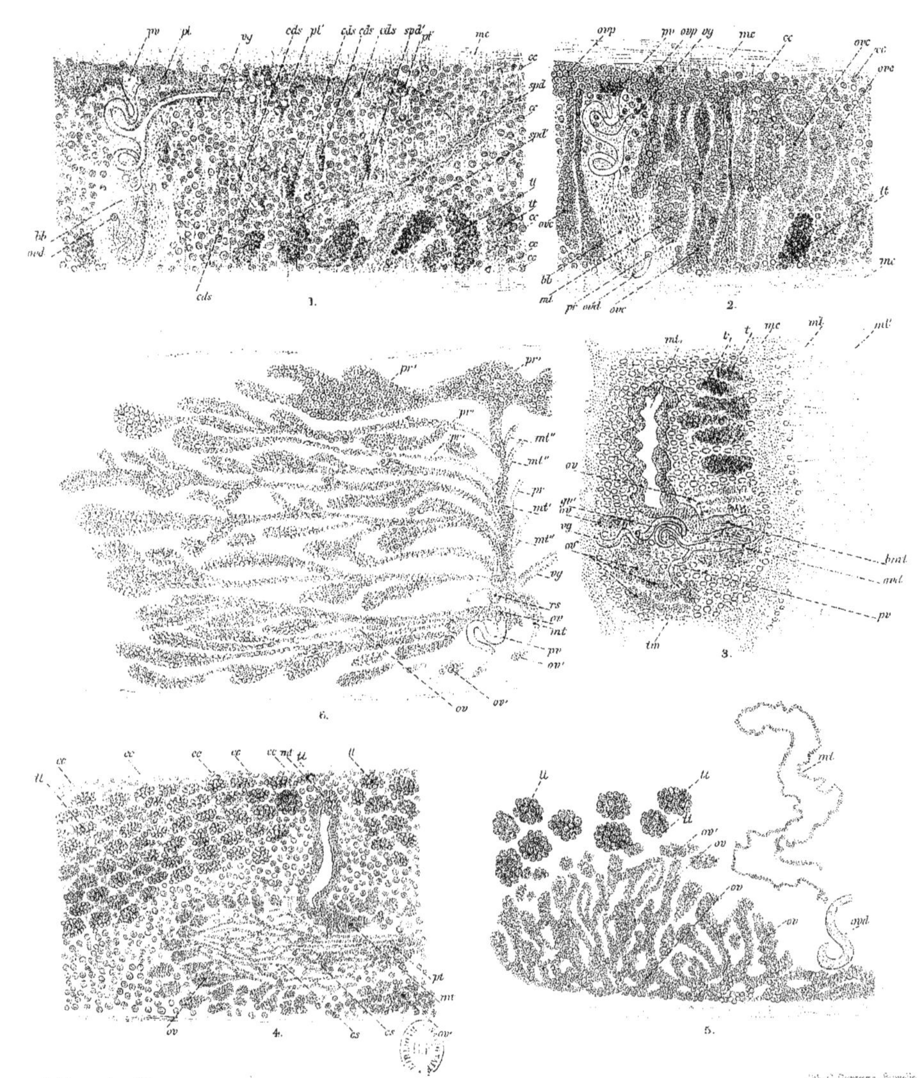

E. Moniez, ad nat. del.

Lith. G. Severeyns, Bruxelles.

Anatomie des Cestodes.

R. Moniez, ad nat. del.

lith. G. Severeyns, Bruxelles.

Anatomie des Cestodes.

www.ingramcontent.com/pod-product-compliance
Ingram Content Group UK Ltd.
Pitfield, Milton Keynes, MK11 3LW, UK
UKHW020112200726
13856UKWH00002B/514